EPLAN
电气设计
从入门到精通

—— 云智造技术联盟　编著 ——

化学工业出版社
·北京·

本书根据电气设计的流程及特点，通过具体的实际案例，结合二维码教学视频，详细介绍了利用EPLAN进行电气设计的方法和技巧。本书主要包括以下内容：EPLAN P8概述、原理图基础设置、原理图的绘制、端子和插头、原理图的后续操作、报表生成、符号与部件设计、电缆设计、多页原理图的设计、图框与表格、PLC设计、安装板设计等。

本书内容实用性强，操作案例丰富；双色图解超直观，视频学习效率高；讲述细致透彻，语言简洁易懂。同时为了便于读者对照实践，举一反三，还提供全部实例源文件。

本书非常适合从事电气设计的技术人员自学使用，也可用作高等院校、培训学校相关专业的教材及参考书。

图书在版编目（CIP）数据

EPLAN电气设计从入门到精通/云智造技术联盟编著.
—北京：化学工业出版社，2020.5（2024.9重印）
ISBN 978-7-122-36269-8

Ⅰ.①E… Ⅱ.①云… Ⅲ.①电气设备-计算机辅助设计-应用软件 Ⅳ.①TM02-39

中国版本图书馆 CIP 数据核字（2020）第 031614 号

责任编辑：耍利娜 文字编辑：吴开亮
责任校对：王 静 装帧设计：王晓宇

出版发行：化学工业出版社（北京市东城区青年湖南街13号 邮政编码100011）
印 装：高教社（天津）印务有限公司
787mm×1092mm 1/16 印张20½ 字数560千字 2024年9月北京第1版第10次印刷

购书咨询：010-64518888 售后服务：010-64518899
网 址：http：//www.cip.com.cn
凡购买本书，如有缺损质量问题，本社销售中心负责调换。

定 价：78.00元

前　言

EPLAN 是以电气设计为基础的跨专业的设计平台，包括电气设计、流体设计、仪表设计、机械设计（如机柜设计）等。EPLAN 拥有一个家族系列产品，其产品系列丰富，主要分为：EPLAN Electric P8、EPLAN Fluid、EPLAN PPE 和 EPLAN Pro Panel，这四个产品被认为是面向工厂自动化设计的产品，也被形象地称为工厂设计自动化的帮手。从标准来看，EPLAN 符合几大国际设计标准，如 IEC、JIC、GOST、GB 等。EPLAN Electric P8 从1984 年开始一直在研发，是一款主要面向传统的电气设计和自动化集成的系统设计和管理软件。

目前，新版 EPLAN Electric P8 2.7 已面市。针对这种情况，为了给 EPLAN 电气设计从业人员及初学者提供一本实用的参考教程，我们组织编写了本书。本书重点介绍了 EPLAN Electric P8 中文版的新功能及各种基本操作方法和技巧，并通过具体的操作实例加以应用。希望读者在学习完本书之后，能够轻松地入门并逐步掌握 EPLAN 的使用方法，从而进一步将其运用到实践工作当中。

本书主要具有如下特色：

① 内容全面，循序渐进，在讲解的过程中及时给出经验总结及注意事项等，提示读者容易忽略的关键点，零基础的读者也能快速掌握。

② 案例丰富实用。每章节均选取了大量具有代表性的操作实例进行讲解，引导读者学以致用，举一反三。

③ 配套学习资源。每个实例均配有相应的教学视频，扫码边看边学，效果更快更好；同时所有实例源文件也可下载使用，方便读者对照学习。

④ 双色印刷，步步图解。双色＋图解的形式突出重要知识点，还提升了阅读体验感，使读者学习更加轻松易懂。

⑤ 提供专业的技术支持。作者团队成员具有丰富的 EDA 工程开发经验，将通过 QQ 群等方式，随时随地为读者答疑解惑。

本书由云智造技术联盟编著。云智造技术联盟是一个集 CAD/CAM/CAE/EDA 技术研讨、工程开发、培训咨询和图书创作于一体的工程技术人员协作联盟，包含 20 多位专职和众多兼职 CAD/CAM/CAE/EDA 工程技术专家，主要成员有赵志超、张辉、赵黎黎、朱玉莲、徐声杰、卢园、杨雪静、孟培、闫聪聪、李兵、甘勤涛、孙立明、李亚莉、王敏、张亭、井晓翠、解江坤、胡仁喜、刘昌丽、康士廷、毛瑢、王玮、王艳池、王培合、王义发、王玉秋、张俊生等。成员精通各种 CAD/CAM/CAE/EDA 软件，编写了许多相关专业领域的经典图书。

由于编者的水平有限，加之时间仓促，书中疏漏之处在所难免，恳请广大专家、读者不吝赐教。如有任何问题，欢迎大家联系 714491436@qq.com，及时向我们反馈，也欢迎加入本书学习交流群 QQ：477013282，与同行一起交流探讨。

编著者

源文件下载

目录

第3章　原理图的绘制　　/ 029

第4章　端子和插头　　/ 079

第5章 原理图的后续操作 / 104

第6章 报表生成 / 128

第 7 章 符号与部件设计 / 147

第 8 章 电缆设计 / 186

第9章　多页原理图的设计　/ 215

第10章　图框与表格　/ 245

第11章 PLC设计 / 263

第12章 安装板设计 / 286

第 **1** 章

EPLAN P8
概述

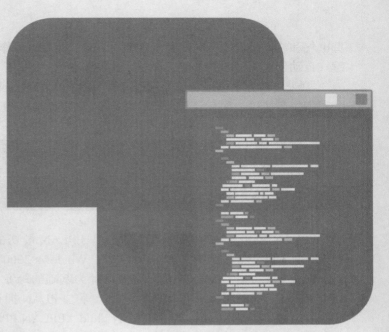

　　EPLAN 作为源自德国的顶级电气设计软件，一直以易学易用而深受广大电子设计者的喜爱。1984 年 EPLAN 软件推出第一个版本，其友好的界面环境及智能化的性能为电路设计者提供了最优质的服务。

　　本章将从 EPLAN 的功能特点及发展历史讲起，介绍 EPLAN P8 2.7 的运行环境和开发环境，以使读者对该软件有个大致的了解。

1.1
EPLAN 的主要特点

　　EPLAN 以 Electric P8 2.7 为基础平台，实现跨专业的工程设计，包含完整的 EPLAN Electric P8 2.7、EPLAN Cogineer、EPLAN Pro Panel、EPLAN Data Portal、EPLAN Fluid、EPLAN Preplanning、PLAN Harness proD。

　　EPLAN 多年来致力于统一的数字化方案，EPLAN P8 2.7 特别针对这一主题进行了更新。EPLAN P8 2.7 提供了开创性的新功能，涵盖所有功能范围和流程步骤。

　　该版本同样注重工程设计主题，使用 EPLAN 进行日常工作将更加简便，主要特点包括下面几个方面：

　　① 导航器中具有个性化属性的视图现在将以更加清晰的条理布局，即使项目较大，也能更方便、快速地定位。

　　② 在 EPLAN 平台与 Siemens TIA Portal 之间的新接口中进行跨学科数据交换成为焦点：以工业 4.0 环境下 AutomationML 格式为基础，确保适应未来。

　　③ 通过在现有项目中用折线标记原理图区域，并将其应用于中央模板库中，可以更快地掌

握电气和流体设计的标准化和重复利用主题。此库也可作为模板，用于掌握 EPLAN Cogineer（一键式自动创建原理图的全新工程设计解决方案）。

④ 采用新方案创建管道及仪表流程图的 EPLAN Preplanning、EPLAN Pro Panel 中全新的设计方式和生产接口，配有全新客户端服务器技术的新版 EPLAN Smart Wiring。

1.2
EPLAN 的发展历程

EPLAN 公司于 1984 年在德国成立。EPLAN 最初的产品是基于 DOS 平台，然后经历了 Windows 3.1、Windows 95、Windows 98、Windows 2000、Windows Vista、Windows 7、Windows 8 等平台发展历史。EPLAN 是以电气设计为基础的跨专业的设计平台，包括电气设计、流体设计、仪表设计、机械设计（如机柜设计）等。EPLAN 拥有一个家族系列产品，其产品系列丰富，主要分为：EPLAN Electric P8、EPLAN Fluid、EPLAN PPE 和 EPLAN Pro Panel。这四个产品被认为是面向工厂自动化设计的产品，也被形象地称为工厂设计自动化的帮手。从标准来看，EPLAN 符合几大国际设计标准，如 IEC、JIC、GOST、GB 等。EPLAN Electric P8 是主要面向传统的电气设计和自动化集成的系统设计和管理软件。

1.3
EPLAN P8 2.7 的运行环境

（1）常规前提条件

EPLAN 平台的操作需要 Microsoft 的 .NET Framework 4.5.2。

（2）操作系统

EPLAN 平台现仅支持 64 位版本的 Microsoft 操作系统 Windows 7、Windows 8.1 和 Windows 10。所安装的 EPLAN 语言必须受操作系统支持。

EPLAN 平台可支持下列系统：

① 工作站。

• Microsoft Windows 7 SP1（64 位）Professional、Enterprise、Ultimate 版。
• Microsoft Windows 8.1（64 位）Pro、Enterprise 版。
• Microsoft Windows 10（64 位）Pro、Enterprise 版（构件编号 1709）。
• Microsoft Windows 10（64 位）Pro、Enterprise 版（构件编号 1803）。

② 服务器。

• Microsoft Windows Server 2012（64 位）。
• Microsoft Windows Server 2012 R2（64 位）。
• Microsoft Windows Server 2016（64 位）。
• 配备 Citrix XenApp 7.15 和 Citrix Desktop 7.15 的终端服务器。

Microsoft 会定期提供操作系统更新。

③ Microsoft 产品。作为通过 EPLAN 创建 Microsoft Office 文件格式的前提条件，必须在计算

机上安装一个 EPLAN 所支持的可运行的 Office 版本。

- Microsoft Office 2010（32 位和 64 位）。
- Microsoft Office 2013（32 位和 64 位）。
- Microsoft Office 2016（32 位和 64 位）。
- Microsoft Internet Explorer 11。
- Microsoft Edge。

根据部件管理、项目管理和词典的数据库选择，必须使用 64 位 Office 版本。

④ SQL-Server（64 位）。

- Microsoft SQL Server 2012。
- Microsoft SQL Server 2014。
- Microsoft SQL Server 2016。
- Microsoft SQL Server 2017。

⑤ PDF-Redlining。

- Adobe Reader Version XI。
- Adobe Reader Version XI Standard / Pro 版本。
- Adobe Reader Version DC。
- Adobe Reader Version DC Standard / Pro 版本。

⑥ PLC 系统（PLC & Bus Extension）。

- ABB Automation Builder。
- Beckhoff TwinCAT 2.10。
- Beckhoff TwinCAT 2.11。
- 3S Codesys。
- Mitsubishi GX Works2。
- Schneider Unity Pro V10.0。
- Schneider Unity Pro V11.1。
- Siemens SIMATIC STEP 7，5.4 SP4 版本。
- Siemens SIMATIC STEP 7，5.5 版本。
- Siemens SIMATIC STEP 7 TIA，14 SP1 版本。
- logi.cals Automation。
- Rexroth IndraWorks。
- Rockwell Studio 5000 Architect V20。
- Rockwell Studio 5000 Architect V21。

（3）64 位版本的 EPLAN 平台

由于可以使用 64 位版本的 EPLAN 平台，请遵循下列特殊注意事项：

① 为了可以将 Access 数据库用于部件管理、项目管理和字典，必须已安装 64 位版本的 Microsoft 操作系统。已安装的 Microsoft Office 应用程序也必须全是 64 位版本的。

② 如果已安装了 32 位版本的 Microsoft Office 应用程序，则必须针对部件管理、项目管理和字典使用 SQL 服务器数据库。

> **提示：**
> 在 EPLAN 平台中使用 Access 数据库还需要 Microsoft Access Runtime 组件。

③ 如果未安装 Microsoft Office 或者当使用的是不含 Microsoft Access 的 Microsoft Office，可以从 Microsoft 的网页上单独下载 Microsoft Access Runtime 组件。如果使用的是含 Microsoft Access 的 Microsoft Office，则与相应的 Microsoft Office 安装相关，将会一并安装该组件：

- 在安装 Microsoft Office 2013 及其之前版本时，便包含了该组件。
- 对于 Microsoft Office 2016 的 "Click-to-Run"（即点即用）安装，在安装 Microsoft Access 时未包含该组件。在这种情况下，同样也必须下载 Microsoft Access Runtime 组件。

1.4 启动 EPLAN P8 2.7

图1-1 EPLAN P8 2.7启动界面

启动 EPLAN P8 2.7 非常简单。EPLAN P8 2.7 安装完毕系统会将 EPLAN P8 2.7 应用程序的快捷方式图标在开始菜单中自动生成。

执行 "开始" → "EPLAN" → "EPLAN P8 2.7"，显示 EPLAN P8 2.7 启动界面，如图 1-1 所示，稍后自动弹出如图 1-2 所示的 "选择许可" 对话框，选择 "EPLAN Electric P8-Professinal" 选项，单击 "确定" 按钮，关闭对话框。

弹出 "选择菜单范围" 对话框，如图 1-3 所示，在选择菜单范围的对话框中有三个选项：初级用户、中级用户、专家，默认勾选 "专家" 选项。

每个用户模式都与由 EPLAN 确定的特定菜单范围相连接。可在下次启动程序时重新修改已设置的模式。

- 初级用户：可访问绘制原理图和使用宏及导航器需要的功能。

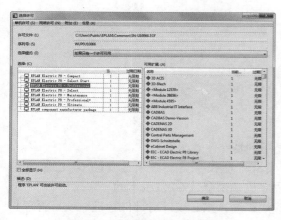

图1-2 "选择许可" 对话框

图1-3 "选择菜单范围" 对话框

- 中级用户：可从中使用特定的舒适功能（例如显示操作，如显示最小字号、显示空白文本框等）。另外可使用数据导入。
- 专家：可访问全部功能，即可另外使用工作准备需要的功能（例如进行系统设置、编辑主数据、使用修订和项目选项、使用数据备份)。

图1-4　EPLAN P8 2.7主程序窗口

- 不再显示此对话框：勾选该复选框，启动主程序时，不再显示该对话框，默认选择"专家"选项。需要重新显示选择界面时，可在菜单栏中选择"设置"→"用户"→"显示"→"界面"下重新激活"不显示的消息"复选框。

完成菜单选择后，单击"确定"按钮，关闭对话框。启动 EPLAN P8 2.7 主程序窗口，如图 1-4 所示。

基本编辑器的启动

EPLAN 的基本编辑器有以下 2 种：
① 原理图项目编辑器。
② 原理图页文件编辑器。

1.5.1　创建新的项目文件

① 选择菜单栏中的"项目"→"新建"命令，或单击"默认"工具栏中的 📄（新项目）按钮，弹出如图 1-5 所示的对话框，创建新的项目。

② 在"项目名称"文本框下输入创建新的项目名称。在"页"面板中显示创建的新项目。

③ 在"保存位置"文本框下显示要创建的项目文件的路径，单击 按钮，弹出"选择目录"对话框，选择路径文件夹，如图 1-6 所示。

④ 在"模板"文本框下输入项目模板。

项目模板允许基于标准、规则和数据创建项目。项目模板含有预定义的数据、指定的主数据（符号、表格和图框）、各种预定义配置、规则、层管理信息及报表模板等。

单击 按钮，弹出"选择项目模板/基本项目"对话框，选择模板路径文件夹，如图 1-7 所示。

项目模板新建有以下几种：

图1-5　"创建项目"对话框　**图1-6　"选择目录"对话框**

图1-7　"选择项目模板/基本项目"对话框

- GB_tpl001.ept 项目模板：中国国家标准，包含主数据，如符号、表格、图表；
- GOST_tpl001.ept 项目模板：俄罗斯电气标准，包含主数据，如符号、表格、图表；
- IEC_tpl001.ept 项目模板：国际电工委员会标准，包含主数据，如符号、表格、图表；
- NFPA_tpl001.ept 项目模板：美国国家消防协会标准，包含主数据，如符号、表格、图表；
- Num_tpl001.ept 项目模板：预设值顺序编号，包含主数据，如符号、表格、图表。

如果使用项目管理或者项目向导建立项目，首先要做的事情就是选择项目模板。项目模板包含项目模板和基本项目模板。

项目模板和基本项目模板都是可以预定义和创建的，选择菜单栏中的"项目"→"组织"命令，弹出如图1-8所示的子菜单。

- 选择"创建基本项目"命令，弹出如图1-9所示的"创建基本项目"对话框，创建基本项目模板。应用基本项目模板创建项目后，项目结构和页结构就被固定，而且不能修改。
- 选择"创建项目模板"命令，弹出如图1-10所示的"创建项目模板"对话框，创建项目模板。
- 设置创建日期：勾选该复选框，添加项目创建日期信息。
- 设置创建者：勾选该复选框，添加项目创建者信息。

图1-8 "组织"子菜单

图1-9 "创建基本项目"对话框

图1-10 "创建项目模板"对话框

⑤ 完成项目参数设置的项目如图1-11所示，单击"确定"按钮，关闭对话框，显示项目进度对话框，即"导入项目模板"对话框，如图1-12所示，完成进度条后，自动弹出如图1-13所示的"项目属性-新项目"对话框。根据选择的模板设置创建项目的参数，同样也可以在属性对话框中添加或删除新建项目的属性。

图1-11 项目参数设置

图1-12 "导入项目模板"对话框

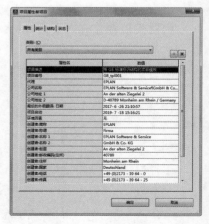

图1-13 项目属性-新项目

完成属性设置后，关闭对话框，在"页"面板中显示创建的新项目，如图1-14所示。

⑥ 项目快捷命令。在"页"面板上选中项目文件，单击鼠标右键，弹出快捷菜单，选择"项目"命令，如图1-15所示，在子菜单中显示新建、打开、关闭命令，可以新建项目、打开项目、关闭项目。

1.5.2 原理图页编辑器的启动

新建一个原理图页文件即可同时打开原理图编辑器，具体操作步骤如下：

① 在如图1-15所示的"页"导航器中选中项目名称，选择菜单栏中的"页"→"新建"命令，或在"页"导航器中选中项目名称上单击右键，弹出如图1-16所示的快捷菜单，选择"新建"按钮，弹出如图1-17所示的"新建页"对话框。

在该对话框中设置原理图页的名称、类型与属性等参数。单击"扩展"按钮，弹出"完整页名"对话框，在已存在的结构标识中选择，可手动输入标识，也可创建新的标识。

② 在"完整页名"文本框内输入电路图页名称，默认名称为"/1"，如图1-17所示。设置原理图页的名称，页结构命名一般采用的是"高层代号＋位置代号＋页名"，该对话框中设置"高层代号""位置代号"与"页名"，输入"高层代号"为AA01，"位置代号"为A1，"页名"为1，如图1-18所示。

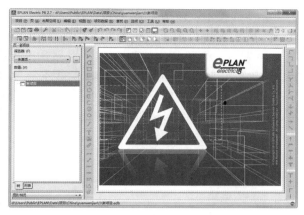

图1-14　新建项目文件

图1-15　快捷菜单

图1-16　快捷菜单

图1-17　"新建页"对话框

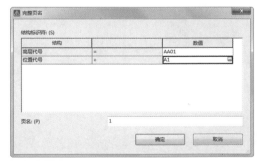

图1-18　"完整页名"对话框

③ 单击 确定 按钮，返回"新建页"对话框，显示创建的图纸页完整页名为"=AA01+A1/1"。

从"页类型"下拉列表中选择需要页的类型。在"页类型"下拉列表中选择"多线原理图"，在"页描述"文本框输入图纸描述"电气工程中的电路图"。

在"属性名 - 数值"列表中默认显示图纸的表格名称、图框名称、图纸比例与栅格大小。在"属性"列表中单击"新建"按钮 ✴，弹出"属性选择"对话框，选择"创建者"属性，如图 1-19 所示，单击"确定"按钮，在添加的属性"创建者"栏的"数值"列输入"ADMINIS TRATOR"，完成设置的对话框如图 1-20 所示。

单击"应用"按钮，可重复创建相同参数设置的多张图纸。每单击一次，创建一张新原理图页，在创建者框中会自动输入用户标识。

图1-19　"属性选择"对话框

图1-20　"页属性"对话框

单击"确定"按钮，完成图页添加，在"页"导航器中显示添加原理图页结果，如图 1-21 所示。

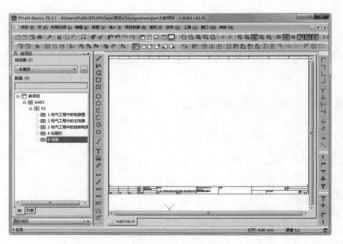

图1-21　新建图页文件

第2章

原理图基础设置

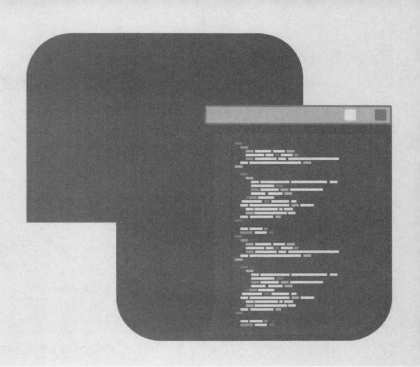

在前面的章节中，我们对 EPLAN P8 2.7 系统做了一个总体且较为详细的介绍，目的是让读者对 EPLAN P8 2.7 的应用环境以及各项管理功能有个初步的了解。EPLAN P8 2.7 强大的集成开发环境使得电路设计中绝大多数的工作可以迎刃而解。

本章将详细介绍关于原理图设计的一些基础知识，具体包括原理图的设计步骤、原理图编辑器的界面、原理图环境设置等。

2.1 初识EPLAN P8 2.7

进入 EPLAN P8 2.7 的主窗口后，立即就能领略到 EPLAN P8 2.7 界面的漂亮、精致、形象和美观，如图 2-1 所示。用户可以在该窗口中进行项目文件的操作，如创建新项目、打开文件等。

主窗口类似于 Windows 的界面风格，主要包括标题栏、菜单栏、工具栏、工作区、工作面板及状态栏 6 个部分。

2.1.1 标题栏

标题栏位于工作区的左上角，主要显示软件名称、软件版本、当前打开的文件名称、文件路径与文件类型（后缀名）。在标题栏中，显示了系统当前正在运行的应用程序和用户正在使用的文件。

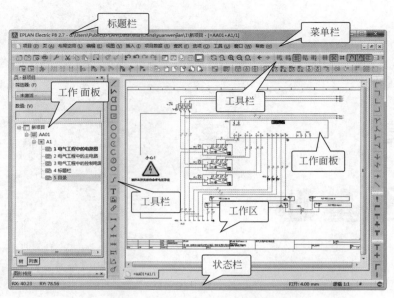

图2-1　EPLAN P8 2.7 的主窗口

2.1.2 工具栏

工具栏位于菜单栏下方或工作区两侧，常用的工具栏包括"默认""视图""符号""项目编辑""页""盒子""连接""图形""连接符号"，如图 2-2 所示。

① 工具栏可以在绘图区浮动显示，如图 2-3 所示，此时显示该工具栏标题，并可关闭该工具栏，可以拖动浮动工具栏到工作区边界，使其变为固定工具栏，此时该工具栏标题隐藏。也可以把固定工具栏拖出，使其成为浮动工具栏。

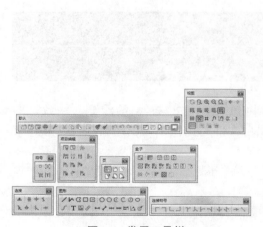

图2-2　常用工具栏

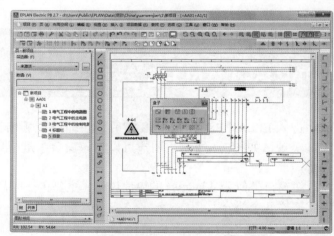

图2-3　浮动工具栏

② 在工具栏上单击右键，弹出快捷菜单，如图 2-4 所示，显示所有工具栏命令，若需要显示某工具栏，选中该命令，在该工具栏命令前显示对钩，表示该工具栏显示在工作区，将其拖动到一侧固定，方便绘图使用。

选择快捷菜单中的"调整"命令，弹出如图 2-5 所示的"调整"对话框，在该对话框中显示所有的工具栏与菜单栏命令，可以进行设置。

图2-4　快捷工具栏命令　　　　　　　　　　　　　　图2-5　"调整"对话框

2.1.3　菜单栏

菜单栏包括"项目""页""布局空间""编辑""视图""插入""项目数据""查找""选项""工具""窗口""帮助"12 个菜单按钮。

2.1.4　导航器

在 EPLAN P8 2.7 中，可以使用系统型导航器和编辑器导航器两种类型的面板。系统型导航器在任何时候都可以使用，而编辑器导航器只有在相应的文件被打开时才可以使用。使用导航器是为了便于设计过程中的快捷操作。

EPLAN P8 2.7 被启动后，系统将自动激活"页"导航器和"图形预览"导航器，可以单击"页"导航器底部的标签"树""列表"在不同的面板之间切换。

可以拖动面板的标签，调整导航器位置。下面简单介绍"页"面板，其余面板将在随后的原理图设计中详细讲解。展开的面板如图 2-6 所示。

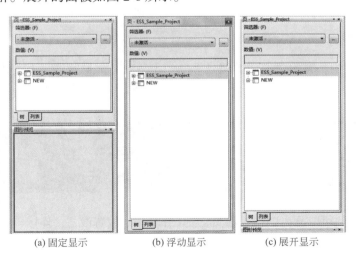

(a) 固定显示　　　　　　　　(b) 浮动显示　　　　　　　　(c) 展开显示

图2-6　导航器

工作区面板有展开显示、浮动显示和固定显示 3 种显示方式。每个面板的右上角都有 2 个按钮，▲ 按钮用于改变面板的显示方式，✕ 按钮用于关闭当前面板。

选择菜单栏中的"页"→"导航器"命令，切换"页"导航器的打开与关闭，默认打开的属性面板如图 2-6（a）所示；向外拖动打开的导航器的标签，浮动显示导航器，如图 2-6（b）所示；单击▲按钮，展开显示导航器，如图 2-6（c）所示。

"页"导航器包含"树""列表"两个标签，按下"Ctrl+Tab"键，在"树"和"列表"标签之间切换。也可利用光标在列表结构和树结构之内单击切换选择。

在图 2-7 中打开的项目文件中，通过按下"Ctrl+F12"键，在当前打开的图形编辑器中进行"页"导航器（"可固定的"对话框）、"图形预览"缩略框切换。

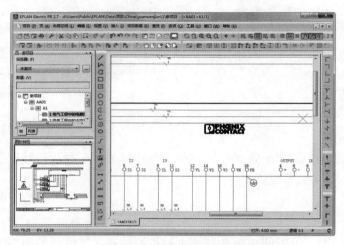

图2-7　在图形编辑器中切换

2.1.5　状态栏

状态栏显示在屏幕的底部，如图 2-8 所示。在左侧显示工作区鼠标放置点的坐标。

RX: 92.85　　RY: 19.24		打开: 4.00 mm	逻辑 1:1	# ~

图2-8　状态栏

2.1.6　光标大小

在原理图工作区中，有一个作用类似光标的"十"或"×"字线，其交点坐标反映了光标在当前坐标系中的位置。在 EPLAN 中，将该"十"或"×"字线称为十字光标。

2.2
电路图的设计步骤

电路图的设计大致可以分为创建工程、设置工作环境、放置设备、连接、生成报表等几个步骤。电路图设计之前，应该准备下面 2 个内容：
① 公司的设计相关的标准已经确定。
② 方案计划已经做好。
在使用 EPLAN 进行项目设计时，如果按照以下步骤/流程进行，则有助于提高设计的效率。
① 创建主数据（公司自己的图框、符号、表格、厂商数据、字典等，如已经创建，则略过）。
② 创建基本项目模板（供今后使用）。

③ 进行原理图设计（包括标识符和项目结构指定等）。电路图设计具体步骤如下。

a. 新建原理图文件。在进入电路图设计系统之前，首先要创建新的项目文件与原理图页文件，在项目中建立原理图页文件。

b. 设置工作环境。根据实际电路的复杂程度来设置图纸参数。在电路设计的整个过程中，图纸的参数都可以不断地调整，设置合适的图纸参数是完成原理图设计的第一步。

c. 放置设备。从部件库中选取设备，放置到图纸的合适位置，并对设备的名称、部件进行定义和设定，根据设备之间的连线等联系对设备在工作平面上的位置进行调整和修改，使原理图美观且易懂。

d. 原理图的布线。根据实际电路的需要，利用原理图提供的各种工具、指令进行布线，将工作平面上的设备用具有电气意义的符号连接起来，构成一幅完整的电路原理图。

④ 进行安装板设计。

⑤ 创建宏供今后使用。

⑥ 自动生成报表。

EPLAN Electric P8 2.7 提供了利用各种报表工具生成的报表，同时可以对设计好的原理图和各种报表进行存盘和输出打印，为印刷电路板的设计做好准备。

2.3 项目文件

EPLAN 中存在两种类型的项目——宏项目和原理图项目。宏项目用来创建、编辑、管理和快速自动生成宏（部分或标准的电路），这些宏包括窗口宏、符号宏和页面宏。宏项目中保存着大量的标准电路，标准电路间不存在控制间的逻辑关联，不像原理图项目那样是描述一个控制系统或产品控制的整套工程图纸（各个电路间有非常清楚的逻辑和控制顺序）。

原理图项目是一套完整的工程图形项目，项目图纸中包含电气原理图、单线图、总览图、安装板和自由绘图，同时还包含存入项目中的一些主数据信息。

在 EPLAN P8 2.7 中，EPLAN 主数据的核心是指符号、图框和表格。符号是在电气或电子原理图上用来表示各种电器和电子设备的图形（导线、电阻电容、晶体管、熔断器等）。图框是电气工程制图中图纸上限定绘图区域的线框。完整的电气图框通常由边框线、图框线、标题栏和会签栏组成。表格是指电气工程项目设计中根据评估项目原理图图纸所绘制的项目需要的各种图表，包括项目的封页、目录表、材料清单、接线表、电缆清单、端子图表、PLC 总览表等。

2.3.1 主数据

主数据除核心数据外，还包括部件库、翻译库、项目结构标识符、设备标识符集、宏电路和符合设计要求的各种规则和配置。

当一个外来项目中含有与主数据不一样的符号、图框、表格时，可以用项目数据同步系统主数据，将同步的信息用于其他项目。

① 选择菜单栏中的"工具"→"主数据"→"同步当前项目"命令，弹出"主数据同步"对话框，如图 2-9 所示，查看项目主数据和系统主数据的关系。

② 在左侧"项目主数据"列表下显示项目主数据信息，该列表下显示的信息包括三种状态："新的""相同""仅在项目中"。"新的"表示项目主数据比系统主数据新；"相同"表示项目主数据与系统

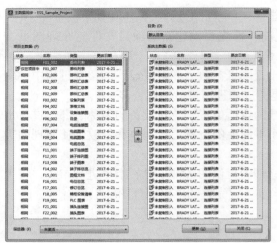

图2-9 "主数据同步"对话框

主数据一致;"仅在项目中"表示此数据仅仅在此项目主数据中,系统主数据中没有。图2-9中F01_007状态为"仅在项目中",系统主数据中没有该信息。

③ 在右侧"系统主数据"列表下显示系统主数据信息。状态包括"相同"和"未复制引入"。"相同"表示系统主数据与项目主数据一致;"未复制引入"表示此数据仅在系统主数据中,项目主数据中没有使用。

④ 选择"项目主数据"列表中的数据,单击"向右复制"按钮 →,可将数据由项目中复制到系统主数据中;选择"系统主数据"列表中的数据,单击"向左复制"按钮 ←,可将数据由系统中复制到项目主数据中。

⑤ 单击 更新(U) 按钮或该按钮下拉列表中的"项目""系统"选项,可以快速一次性地更新项目主数据或系统主数据。

在 EPLAN 格式的项目是以一个文件夹的形式保存在磁盘上的,常规的 EPLAN 项目由 *.edb 和 *.elk 组成。*.edb 是个文件夹,其内包含子文件夹,这里存储着 EPLAN 的项目数据。*.elk 是一个链接文件,当双击它时,会启动 EPLAN 并打开此项目。

2.3.2 项目管理数据库

项目管理始终与 Projects.mdb 项目管理数据库一同打开,将目录读入到项目管理中,然后通过项目管理访问此目录中的全部项目。项目管理数据库包括 Acess 和 SQL 服务器。

选择菜单栏中的"项目"→"管理"命令,设置管理的项目文件目录。选择该命令后,弹出如图 2-10 所示的"项目管理数据库"对话框,显示"Acess(访问)"与"SQL 服务器"路径。

图2-10 "项目管理数据库"对话框

EPLAN 默认使用的数据库是 Access,但是当部件库过大时,在查找、编辑等操作时,将会变得非常缓慢,所以这时候需要考虑使用 SQL 部件库。使用 SQL 不仅可安装在本地(个人用),还可以运行到云端或局域网服务器(多人用),但 SQL 部件库需要定时升级。

单击 ... 按钮,弹出"选择项目管理数据库"对话框,如图 2-11 所示,重新选择 Access 数据库路径;单击 ✱ 按钮,弹出"选择项目管理数据库"对话框,如图 2-12 所示,新建 Access 数据库路径。

图2-11 "选择项目管理数据库"对话框

图2-12 "新建Access数据库"对话框

2.3.3　图纸页文件

一个工程项目图纸由多个图纸页组成，典型的电气工程项目图纸包含封页、目录表、电气原理图、安装板、端子图表、电缆图表、材料清单等图纸页。

EPLAN 中含有多种类型的图纸页，不同类型的图纸页的含义和用途不同，为方便区别，每种类型的图纸页以不同的图标显示。

按生成的方式分，EPLAN 中页的分类有两类，即手动和自动。交互式即为手动绘制图纸，设计者与计算机互动，根据工程经验和理论设计图纸。自动式图纸是根据评估逻辑图纸生成。

交互式图纸包括 11 种类型，具体描述如下：

- 单线原理图（交互式）：单线图是功能的总览表，可与原理图互相转换/实时关联。
- 多线原理图（交互式）：电气工程中的电路图。
- 管道及仪表流程图（交互式）：仪表自控中的管道及仪表流程图。
- 流体原理图（交互式）：流体工程中的原理图。
- 安装板布局（交互式）：安装板布局图设计。
- 图形（交互式）：无逻辑绘图。
- 外部文档（交互式）：可与外界连接的文档。
- 总览（交互式）：总览功能的描述。
- 拓扑（交互式）：原理图中布线路径二维网络设计。
- 模型视图（交互式）：基于布局空间3D模型生成的2D绘图。
- 预规划（交互式）：用于预规划模块中的图纸页。

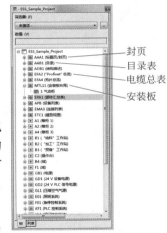

图2-13　项目文件

Electric P8 2.7 中支持项目级别的文件管理，在一个项目文件里包括设计中生成的一切文件。一个项目文件类似于 Windows 系统中的"文件夹"，在项目文件中可以执行对文件的各种操作，如新建、打开、关闭、复制与删除等。但需要注意的是，项目文件只负责管理，在保存文件时，项目中各个文件是以单个文件的形式保存的。

如图 2-13 所示为任意打开的一个项目文件。从该图可以看出，该项目文件包含了与整个设计相关的所有文件。

2.4
项目管理

新建一个项目文件后，用户界面弹出一个活动的项目管理器窗口"页"导航器，如图2-14所示。

EPLAN 中项目文件夹下放置不同的文档，为了合理进行项目管理，EPLAN 中可以将项目结构设定为描述性的，这样就起到了相同的作用。

2.4.1　项目的打开与删除

常规的原理图项目可以分为不同的项目类型，每种类型的项目可以处在设计的不同阶段，因而有不同的含义。例如，常规项目是描述一套图纸，而修订项目则描述这套图纸版本有了变化。

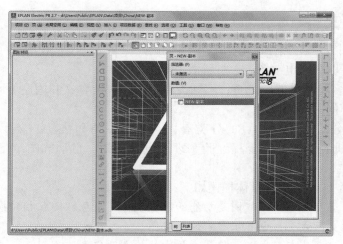

图2-14　项目管理器

图2-15　"打开项目"对话框

（1）打开项目

选择菜单栏中的"项目"→"打开"命令，或单击"默认"工具栏中的 （打开项目）按钮，弹出如图 2-15 所示的"打开项目"对话框，打开已有的项目。在图中"文件类型"下拉列表中显示打开项目时可供选择的原理图项目类型。

原理图项目类型后缀名及其含义：

*.elk：编辑的 EPLAN 项目。

*.ell：编辑的 EPLAN 项目，带有变化跟踪。

*.elp：压缩成包的 EPLAN 项目。

*.els：归档的 EPLAN 项目。

*.elx：归档并压缩成包的 EPLAN 项目。

*.elr：已关闭的 EPLAN 项目。

*.elt：临时的 EPLAN 参考项目。

（2）保存项目

EPLAN 没有专门的保存命令，因为它是实时保存的，任何操作（新建、删除、修改等）完成后，系统都会自动保存。

（3）关闭项目

选择菜单栏中的"项目"→"关闭"命令，或单击"默认"工具栏中的 （关闭项目）按钮，关闭项目文件。

2.4.2　项目的复制与删除

（1）复制项目

在页导航器中选择想要复制的项目，选择菜单栏中的"项目"→"复制"命令，弹出如图 2-16 所示的"复制项目"对话框。

① 复制项目的方法包括 4 种。

• 全部，包含报表：复制的副本项目文件中，包括报表文件。

• 全部，不包含报表：复制的副本项目文件中，不包括报表文件。

• 仅头文件：复制的副本项目文件中，无报表无页。

● 非自动生成页：复制的副本项目文件中，不自动生成页原理图。

② 源项目：显示要复制的项目文件。

③ 目标项目：输入复制的项目文件名称及路径。

④ 设置创建日期：勾选该复选框，复制的副本项目文件中添加项目创建日期信息。

⑤ 设置创建者：勾选该复选框，复制的副本项目文件中添加项目创建者信息。

复制后的项目文件如图 2-17 所示。

EPLAN 完成复制项目文件后，将项目文件 *.elk 和所属的项目目录 *.edb 复制到目标目录，将位于项目管理之外的目标目录自动读入项目管理中。EPLAN 也可以选择复制多个项目文件，"复制项目"对话框先后多次打开。

（2）删除项目

选择菜单栏中的"项目"→"删除"命令，删除选中的项目文件。当执行项目删除命令后，会出现"删除项目"对话框，如图 2-18 所示，确认是否删除。删除操作是不可恢复的，需谨慎操作。

图2-16　"复制项目"对话框

图2-17　复制项目文件

图2-18　"删除项目"对话框

2.4.3　项目文件重命名

在"页"面板中选择要重命名的项目文件，选择菜单栏中的"项目"→"重命名"命令，弹出"重命名项目"对话框，如图 2-19 所示，输入新项目文件的名称。

2.4.4　设置项目结构

在 EPLAN 中进行项目规划，首先应该考虑项目采用的项目结构，因为新建项目时所设定的结构在设计的过程中是不可以修改的。此外，项目结构对图纸的数量、表达方式都是有影响的，一个设计合理的项目，它的项目结构首先要设置恰当。

EPLAN 中，项目结构由页结构和设备结构构成。设备结构由其他单个结构构成，例如"常规设备""端子排""电缆""黑盒"等。这些结构中的任何一种都可以单独构成设备。

（1）项目结构

在图 2-20 中显示新建的项目文件，该项目文件下不包含任何文件。

关于"项目结构"，新的电气设计标准"GB/T 5094.1—2018"专门对项目结构进行了详细解释，在这个新标准中，用"功能面"和"位置面"扩展了旧的标准中的"高层代号"和"位置代号"这两个术语。为使系统的设计、制造、维修和运营高效率地进行，往往将系统及其信息分解成若干部分，每一部分又可进一步细分。这种连续分解成的部分和这些部分的组合就称为"结构"，在 EPLAN 中，就是指"项目结构（Project Structure）"。

电气设计标准中介绍一个系统主要从三个方面进行，如图2-21显示项目的分层结构。

① 功能面结构（显示系统的用途，对应EPLAN中高层代号，高层代号一般用于进行功能上的区分）。

② 位置面结构（显示该系统位于何处，对应EPLAN中的位置代号，位置代号一般用于设置元件的安装位置）。

③ 产品面结构（显示系统的构成类别，对应EPLAN中的设备标识，设备标识表明该元件属于哪一个类别，是保护器件、信号器件还是执行器件）。

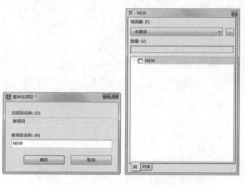

图2-19　项目重命名

图2-20　项目文件

图2-21　项目结构演示

（2）结构标识符

EPLAN除了给定的项目设备标识配置外，还可以创建用户自定义的配置并用它来确定自己的项目结构。用户可以借助设备标识配置创建页结构和设备结构，在该配置中确定使用不同的带有相应结构标识的设备标识块，EPLAN还提供预定义的设备标识配置。此外，还可以为自己的项目结构创建用户自定义的设备标识配置。

选择菜单栏中的"项目数据"→"结构标识符管理"命令，弹出"标识符"对话框，如图2-22所示，显示高层代号、位置代号、文档类型三个选项组。

在对话框中为设备标识符的高层代号、位置代号和文档类型自定义选择一个前缀，或者在可以自由选择的位置上输入选择的一个前缀。

- 高层代号，其前缀符号为"="。
- 位置代号，其前缀符号为"+"。
- 文档类型，其前缀符号为"&"。

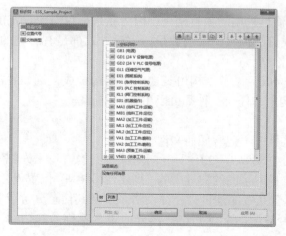

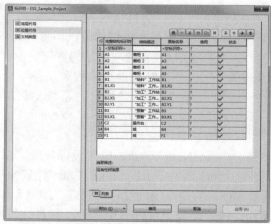

图2-22　"标识符"对话框

　EPLAN电气设计从入门到精通

单击“查找”按钮，弹出“查找项目结构”对话框，通过输入的标识符名称查找项目结构，如图 2-23 所示。

：将标识符移至开端。

：将标识符向上移动。

：将标识符向下移动。

：将标识符移至末端。

（3）标识符命名

种类代号指用以识别项目种类的代号，前缀符号为“-”，有如下三种表示方法。

① 由字母代码和数字组成，如 -K2（种类代号段的前缀符号 + 项目种类的字母代码 + 同一项目种类的序号）、-K2M（前缀符号 + 项目种类的字母代码 + 同一项目种类的序号 + 项目的功能字母代码）。

② 用顺序数字（1、2、3、…）表示图中的各个项目，同时将这些顺序数字和它所代表的项目排列于图中或另外的说明中，如 -1、-2、-3、…。

③ 对不同种类的项目采用不同组别的数字编号。如对电流继电器用 11、12。

如果创建一个新的设备标识配置时已经为相应的设备标识块指定了“标识性的”或“描述性的”属性，则可以选择设备标识块的前缀和分隔符，或输入用户自定义的前缀和分隔符。在用户自定义的项目结构中也可以确定设备标识块的可选的和 / 或用户自定义的前缀和分隔符。如图 2-24 所示。

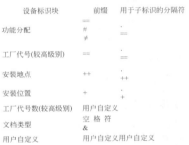

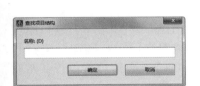

图2-23　“查找项目结构”对话框

设备标识块	前缀	用于子标识的分隔符
功能分配	== # ≠	. ==
工厂代号(较高级别)	==	. ==
安装地点	++	. ++
安装位置	+	. +
工厂代号数(较高级别)	用户自定义	
文档类型	空 格 符 &	
用户自定义	用户自定义	用户自定义

图2-24　设备标识块的前缀和分隔符

2.4.5　设置项目属性

在页导航器的树结构视图中选定一个项目，选择菜单栏中的“项目”→“属性”命令，在该项目上单击右键，选择快捷命令“属性”，如图 2-25 所示，弹出如图 2-26 所示的“项目属性”对话框，在该对话框中检查所有记录，在项目中自动调节所有已更改的设备单个结构，并将可使用的设置导入到项目管理系统中。

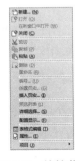

图2-25　快捷菜单

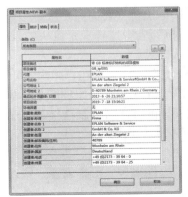

图2-26　“项目属性”对话框

（1）"属性"选项卡

打开"属性"选项卡，如图2-26所示，显示当前项目的图纸的参数属性。在要填写或修改的"属性名"对应的"数值"参数上双击选中要修改的参数后，在文本框中修改各个设定值。单击"新建"按钮 🖹，系统弹出"属性选择"对话框，为项目添加相应的参数属性，用户可以在图2-27所示中选择"审核人"参数，单击"确定"按钮，返回"项目属性"对话框，完成属性添加，显示如图2-28所示的添加的"审核人"属性，在"数值"选项组中填入审核人名称，完成该参数的设置。

图2-27　"属性选择"对话框

图2-28　添加属性

（2）"统计"选项卡

打开"统计"选项卡，如图2-29所示，显示该项目下图纸的信息，其中记录了电路原理图的参数信息和更新记录。这项功能可以使用户更系统、更有效地对自己设计的图纸进行管理。建议用户对此项进行设置。当设计项目中包含很多的图纸时，图纸参数信息就显得非常有用了。

该对话框中显示项目中图纸页类型、图纸页数、报表数、更改日期及冻结的页。

（3）"结构"选项卡

打开"结构"选项卡，如图2-30所示，该选项卡中显示页、常规设备、端子排、插头、黑盒、PLC等对象的参考标识符。

单击 ⋯ 按钮可以编辑设备结构的所有框。页结构的框为灰色，不能编辑。从用于设备（如常规设备）的下拉列表中选择一个可用的设备标识配置，或者单击 ⋯ 按钮，编辑设备结构。

标识符的基本组成为高层代号、位置代号和文档类型，不同对象的标识符设置不同，例如原理图页的标识符格式为高层代号、位置代号和文档类型。可以编辑页或设备结构的所有框，在"页"的下拉列表中选择一个可用的设备标识配置，选择标识符格式，如图2-31所示，一般情况下选择默认格式。

单击"页"后的 ⋯ 按钮，弹出"页结构"对话框，如图2-32所示，在该对话框中新建、保存、复制、删除、导入、导出原理图页标识符的类型。通过页结构后续对话框确定用户自定义的页结构。通过同样的方法可重复选择其他设备。

（4）"状态"选项卡

打开"状态"选项卡，如图2-33所示，显示当前项目文件下原理图中的运行信息：不同对象的版本、构件编号、检查配置、错误、警告、提示信息。

图2-29 "统计"选项卡

图2-30 "结构"选项卡

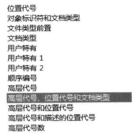

图2-31 标识符选择类型

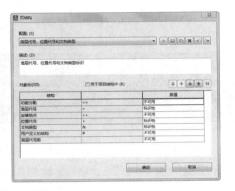

图2-32 "页结构"对话框

图2-33 "状态"选项卡

2.5
工作环境设置

在原理图的绘制过程中，其效率和正确性，往往与环境参数的设置有着密切的关系。参数设置的合理与否，直接影响到设计过程中软件的功能是否能得到充分的发挥。

在EPLAN Electric P8 2.7电路设计软件中，原理图编辑器工作环境的设置是通过原理图的"设置"对话框来完成的。

选择菜单栏中的"选项"→"设置"命令，或单击"默认"工具栏中的"设置"按钮，系统将弹出"设置"对话框，在该对话框中主要有4个标签页，即项目、用户、工作站和公司，如图2-34所示。

在对话框的树形结构中显示四个类别的设置：项目指定、用户指定、工作站指定和公司指定，该类别下分别包含更多的子类别。

在EPLAN安装过程中，已经设置系统主数据的路径、公司代码和用户名称，EPLAN自动把主数据保存在默认路径下，若需要重新修改，在"设置"对话框中选择"用户"→"管理"→"目录"，设置主数据存储路径，如图2-35所示。

图2-34 "设置"对话框

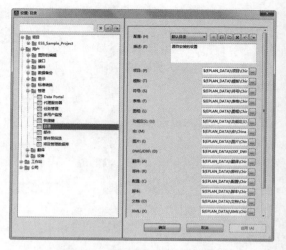

图2-35 "设置：目录"对话框

2.6
元件符号

符号（电气符号）是电气设备（Electrical Equipment）的一种图形表达，符号存放在符号库中，是广大电气工程师之间的交流语言，是用来传递系统控制的设计思维的。将设计思维体现出来的，就是电气工程图纸。为了工程师之间能彼此看懂对方的图纸，专业的标准委员会或协会制定了统一的电气标准。目前实际上更常见的电气设计标准有 IEC 61346（IEC：International Electrotechnical Commission，国际电工委员会，也称之为欧标）、GOST（俄罗斯国家标准）、GB/T 4728（中国国标）等。

2.6.1 元件符号的定义

元件符号是用电气图形符号、带注释的围框或简化外形表示电气系统或设备中组成部分之间相互关系及其连接关系的一种图。广义地说表明两个或两个以上变量之间关系的曲线，用以说明系统、成套装置或设备中各组成部分的相互关系或连接关系，或者用以提供工作参数的表格、文字等，也属于电气图。

符号根据功能显示下面的分类：

- 不表示任何功能的符号，如连接符号，包括角节点、T节点。
- 表示一种功能的符号，如常开触点、常闭触点。
- 表示多种功能的符号，如电机保护开关、熔断器、整流器。
- 表示一个功能的一部分，如设备的某个连接点、转换触点。

元件符号命名建议采用"标识字母＋页＋行＋列"，这个在使用 EPLAN Electric P8 2.7 提供的国标图框时更能体现出这种命名的优势，EPLAN Electric P8 2.7 的 IEC 图框没有列。虽然 EPLAN P8 也提供其他形式的元器件命名方式，诸如"标识字母＋页＋数字"或者"标识字母＋页＋列"，但元件在图纸中是唯一确定的。假如一列有多个断路器（也可能是别的器件），如果删除或添加一个断路器，剩下的断路器名称则需要重新命名。如果采用"标志字母＋页＋行＋列"这命名方式，元件在图纸中也是唯一确定的。

2.6.2 符号变量

一个符号通常具有 A ～ H 8 个变量和 1 个触点映像变量。所有符号变量共有相同的属性，即相同的标识、功能和连接点编号，只有连接点图形不同。

图 2-36 中的电压源变量包括 1、2 的连接点，（a）中为开关变量 A，（b）中为开关变量 B，（c）中为开关变量 C，（d）中为开关变量 D，（e）中为开关变量 E，（f）中为开关变量 F，（g）中为开关变量 G，（h）中为开关变量 H。以 A 变量为基准，逆时针旋转 90°，形成 B 变量；再以 B 变量为基准，逆时针旋转 90°，形成 C 变量；再以 C 变量为基准，逆时针旋转 90°，形成 D 变量；而 E、F、G、H 变量分别是 A、B、C、D 变量的镜像显示结果。

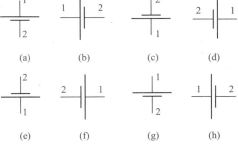

图2-36　电压源的符号变量

2.7
元件符号库

EPLAN Electric P8 2.7 中内置四大标准的符号库，分别是 IEC、GB、NFPA 和 GOST 标准的元件符号库，元件符号库又分为原理图符号库和单线图符号库。

IEC_Symbol：符合 IEC 标准的原理图符号库。

IEC_single_Symbol：符合 IEC 标准的单线图符号库。

GB_Symbol：符合 GB 标准的原理图符号库。

GB_single_Symbol：符合 GB 标准的单线图符号库。

NFPA_Symbol：符合 NFPA 标准的原理图符号库。

NFPA_single_Symbol：符合 NFPA 标准的单线图符号库。

GOST_Symbol：符合 GOST 标准的原理图符号库。

GOST_single_Symbol：符合 GOST 标准的单线图符号库。

在 EPLAN Electric P8 2.7 中，安装 IEC、GB 等多种标准的符号库，同时还可增加公司常用的符号库。

2.7.1 "符号选择"导航器

选择菜单栏中的"项目数据"→"符号"命令，在工作窗口左侧就会出现"符号选择"标签，并自动弹出"符号选择"导航器，如图 2-37 所示。

在"筛选器"下拉列表中选择标准的符号库，如图 2-38 所示。

单击"筛选器"右侧的 按钮，系统将弹出如图 2-39 所示的"筛选器"对话框，可以看到此时系统已经装入的标准的符号库，包括 IEC、GB 等多种标准的符号库。

在"筛选器"对话框中， 按钮用来新建标准符号库， 用来保存标准符号库， 用来复制新建的标准符号库， 用来删除标准符号库， 和 按钮是用来导入、导出元件库的。

单击"新建" 按钮，弹出"新配置"对话框，显示符号库中已有的符号库信息，在"名称""描述"栏输入新符号库的名称与库信息的描述，如图 2-40 所示。单击"确定"按钮，返回

"筛选器"对话框,显示新建的符号库"IEC 符号",在下面的属性列表中,单击"数值"列,弹出"值选择"对话框,勾选所有默认标准库,如图 2-41 所示。单击"确定"按钮,返回"筛选器"对话框,完成新建的"IEC 符号"符号库选择。

图2-37 "符号选择"导航器

图2-38 选择标准的符号库

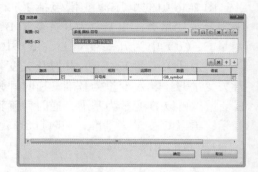

图2-39 "筛选器"对话框

图2-40 "新配置"对话框

图2-41 "值选择"对话框

单击"导入"按钮弹出如图 2-42 所示的"选择导入文件"对话框,导入"*.xml"文件,加载绘图所需的符号库。

重复上述操作就可以把所需要的各种符号库文件添加到系统中,作为当前可用的符号库文件。加载完毕后,单击"确定"按钮,关闭"筛选器"对话框。这时所有加载的符号库都显示在"选择符号"导航器中,用户可以选择使用。

选择"多线 国标 符号"中显示打开项目文件下的"GB_Symbol"(符合 GB 标准的原理图符号库),在该标准库下显示电气工程符号与特殊符号,如图 2-43 所示。

图2-42 "选择导入文件"对话框

图2-43 选择符号

2.7.2 加载符号库

装入所需元件符号库的操作步骤如下：

① 选择菜单栏中的"项目数据"→"符号"命令，在工作窗口左侧就会出现"符号选择"标签，并自动弹出"符号选择"导航器。

② 在项目文件或项目文件下的符号库上单击右键，弹出快捷菜单如图 2-44 所示，选择"设置"命令，系统将弹出如图 2-45 所示的"设置符号库"对话框。

图2-44　符号库

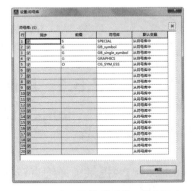

图2-45　"设置符号库"对话框（1）

可以看到此时系统已经装入的元件符号库，包括"SPECIAL""GB_symbol"（符合 GB 标准的原理图符号库）、"GB_signal_symbol"（符合 GB 标准的单线符号库）、"GRAPHICS"和"OS_SYM_ESS"。"SPECIAL"和"GRAPHICS"是 EPLAN 的专用符号库，其中，"SPECIAL"不可编辑，"GRAPHICS"可编辑。

在"设置符号库"对话框中，左侧"行"列中显示元件符号库排列顺序。

③ 加载绘图所需的元件符号库。在"设置符号库"对话框中列出的是系统中可用的符号库文件。单击空白行后的"…"按钮，如图 2-46 所示，系统将弹出如图 2-47 所示的"选择符号库"对话框。在该对话框中选择特定的库文件夹，然后选择相应的库文件，单击"打开"按钮，所选中的符号库文件就会出现在"设置符号库"对话框中。

重复上述操作就可以把所需要的各种符号库文件添加到系统中，作为当前可用的符号库文件。加载完毕后，单击"确定"按钮，关闭"设置符号库"对话框。这时所有加载的元件库都分类显示在"符号选择"导航器中，用户可以选择使用。

图2-46　"设置符号库"对话（2）

图2-47　"选择符号库"对话框

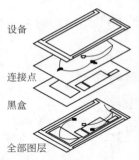

图2-48　图层效果

EPLAN 图层的概念类似投影片，将不同属性的对象分别放置在不同的投影片（图层）上。例如，将原理图中的设备、连接点、黑盒、流体等分别绘制在不同的图层上，每个图层可设定不同的线型、线条颜色，然后把不同的图层堆栈在一起成为一张完整的视图，这样就可使视图层次分明，方便图形对象的编辑与管理。一个完整的图形就是由它所包含的所有图层上的对象叠加在一起构成的，如图 2-48 所示。

2.8.1　图层的设置

用图层功能绘图之前，用户首先要对图层的各项特性进行设置，包括建立和命名图层，设置当前图层，设置图层的颜色和线型，图层是否关闭，以及图层删除等。

EPLAN Electric P8 提供了详细直观的"层管理"对话框，用户可以方便地通过对该对话框中的各选项及其二级选项进行设置，从而实现创建新图层、设置图层颜色及线型的各种操作。

选择菜单栏中的"选项"→"层管理"命令，系统打开如图 2-49 所示的"层管理"对话框，在该对话框中包括图形、符号图形、属性放置、特殊文本和 3D 图形这五个选项组，该五类下还包括不同类型的对象，分别对不同对象设置不同类型的层。

① "新建图层"按钮：单击该按钮，图层列表中出现一个新的图层名称"新建 _ 层 -1"，用户可使用此名称，也可改名，如图 2-50 所示。

图2-49　"层管理"对话框

图2-50　新建图层

② "删除图层"按钮：在图层列表中选中某一图层，然后单击该按钮，则把该图层删除。

③ "导入"按钮：在图层列表中导入选中的图层，单击该按钮，弹出"层导入"对话框，选择层配置文件 "*.elc"，导入设置层属性的文件，如图 2-51 所示。

④ "导出"按钮：在图层列表中导出设置好的图层模板，单击该按钮，弹出"层导出"对话框，导出层配置文件 "*.elc"，如图 2-52 所示。

图2-51　"层导入"对话框

图2-52　"层导出"对话框

2.8.2　图层列表

图层列表区显示已有的层及其特性。要修改某一层的某一特性，单击它所对应的图标即可。列表区中各列的含义如下。

① 在状态：指示项目的类型，有图层过滤器、正在使用的图层、空图层和当前图层 4 种。

② 层：显示满足条件的图层名称。如果要对某图层修改，首先要选中该图层的名称。

③ 描述：解释该图层中的对象。

④ "线型"下拉列表框：单击右侧的向下箭头，用户可从打开的选项列表中选择一种线型，使之成为当前线型，如图 2-53 所示，其中列出了当前可用的线型，用户可从中选择。修改当前线型后，不论在哪个层中绘图都采用这种线型，但对各个层的线型设置是没有影响的。

⑤ "样式长度"下拉列表框：单击右侧的向下箭头，用户可从打开的选项列表中选择一种默认长度，如图 2-54 所示。

⑥ "线宽"下拉列表框：单击右侧的向下箭头，用户可从打开的选项列表中选择一种线宽，如图 2-55 所示，使之成为当前线宽。修改当前线宽后，不论在哪个层中绘图都采用这种线宽，但对各个图层的线宽设置是没有影响的。

图2-53　层线型

```
1.50 mm
2.00 mm
2.70 mm
4.00 mm
5.00 mm
8.00 mm
10.00 mm
12.00 mm
16.00 mm
20.00 mm
24.00 mm
28.00 mm
32.00 mm
```

图2-54　层样式长度

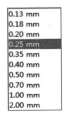

```
0.13 mm
0.18 mm
0.20 mm
0.25 mm
0.35 mm
0.40 mm
0.50 mm
0.70 mm
1.00 mm
2.00 mm
```

图2-55　线宽下拉列表

⑦ 颜色：显示和改变图层的颜色。如果要改变某一图层的颜色，单击其对应的颜色图标，系统打开如图 2-56 所示的选择颜色对话框，用户可从中选择需要的颜色，单击 >> 按钮，扩展对话框，显示扩展的色板，增加可选择的颜色。

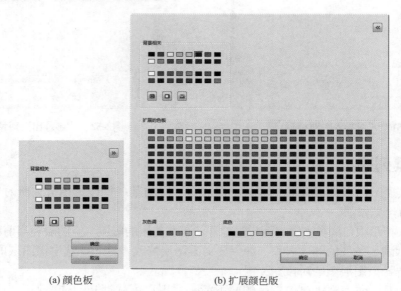

(a) 颜色板   (b) 扩展颜色版

图2-56　选择颜色对话框

⑧ "字号"下拉列表框：单击右侧的向下箭头，用户可从打开的选项列表中选择一种字号，修改当前字号后，该层中的对象默认使用该字号的文字。

⑨ "方向"下拉列表框：单击右侧的向下箭头，用户可从打开的选项列表中选择一种文字方向。

⑩ "角度"下拉列表框：单击右侧的向下箭头，用户可从打开的选项列表中选择一种对象放置角度，包括 0°、45°、90°、135°、180°、-45°、-90°、-135°。

⑪ "行间距"下拉列表框：单击右侧的向下箭头，用户可从打开的选项列表中选择一种行间距，包括单倍间距、1.5 倍间距、双倍间距。

⑫ "段落间距"下拉列表框：单击右侧的向下箭头，用户可从打开的选项列表中选择间距大小。

⑬ "文本框"下拉列表框：单击右侧的向下箭头，用户可从打开的选项列表中选择文本框类型，包括否、长方形、椭圆形、类椭圆。

⑭ "可见"复选框：勾选该复选框，该层在原理图中显示，否则不显示。

⑮ "打印"复选框：勾选该复选框，该层在原理图打印时可以打印，否则不能由打印机打出。

⑯ "锁定"复选框：勾选该复选框，图层呈现锁定状态，该层中的对象均不会显示在绘图区中，也不能由打印机打出。

⑰ "背景"复选框：勾选该复选框，该层在原理图中显示背景，否则不显示。

⑱ "可按比例缩放"复选框：勾选该复选框，该层在原理图中显示时可按比例缩放，否则不可缩放。

⑲ "3D 层"复选框：勾选该复选框，该层在原理图中显示 3D 层，否则不显示。

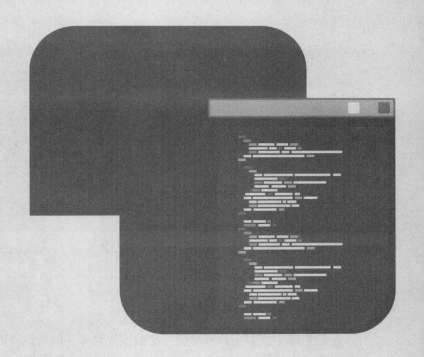

第 **3** 章

原理图的
绘制

在整个电子设计过程中，电路原理图的设计是最根本的基础。同样，在 EPLAN Electric P8 中，只有设计出符合需要和规则的电路原理图，才能对其顺利进行安装板设计，最终变为可以用于生产的文件。

3.1
放置元件符号

原理图有两个基本要素，即元件符号和线路连接。绘制原理图的主要操作就是将元件符号放置在原理图图纸上，然后用线将元件符号中的引脚连接起来，建立正确的电气连接。在放置元件符号前，需要知道元件符号在哪一个符号库中，并载入该符号库。

3.1.1 搜索元件符号

EPLAN Electric P8 提供了强大的元件搜索能力，帮助用户轻松地在元件符号库中定位元件符号。

选择菜单栏中的"插入"→"符号"命令，系统将弹出"符号选择"对话框，打开"列表"选项卡，如图 3-1 所示。在该选项卡中用户可以搜索需要的元件符号。搜索元件需要设置的参数如下：

① "筛选器"下拉列表框：用于选择查找的符号库，系统会在已经加载的符号库中查找。

② "直接输入"文本框：用于查找符号，进行高级查询，如图 3-2 所示。在该选项文本框中，可以输入一些与查询内容有关的内容，有助于使系统进行更快捷、更准确地查找。在文本框中输入"1"，光标立即跳转到第一个以这个关键词字符开始的符号的名称，在文本框下的列表中显示符合关键词的元件符号，在右侧显示 8 个变量的缩略图。可以看到，符合搜索条件的元件名、描述在该面板上被一一列出，供用户浏览参考。

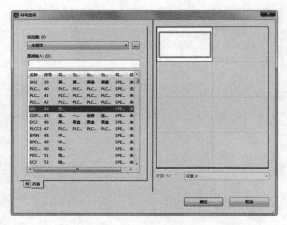

图3-1　"列表"选项卡

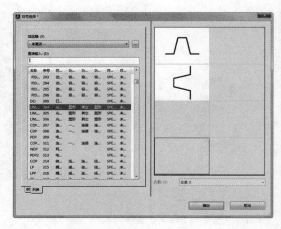

图3-2　查找到元件符号

3.1.2　元件符号的选择

在符号库中找到元件符号后，加载该符号库，以后就可以在原理图上放置该元件符号了。在工作区中可以将符号一次或多次放置在原理图上，但不能选择多个符号一次放置在原理图上。

EPLAN Electric P8 中有两种元件符号放置方法，分别是通过"符号选择"导航器放置和通过"符号选择"对话框放置。在放置元件符号之前，应该首先选择所需元件符号，并且确认所需元件符号所在的符号库文件已经被装载。若没有装载符号库文件，请先按照前面介绍的方法进行装载，否则系统无法找到所需要的元件符号。

（1）"符号选择"导航器放置

选择菜单栏中的"项目数据"→"符号"命令，在工作窗口左侧就会出现"符号选择"标签，并自动弹出"符号选择"导航器。

在导航器树形结构中选中元件符号后，直接拖动到原理图中适当位置或在该元件符号上单击右键，选择"插入"命令，如图3-3所示，自动激活元件放置命令，这时光标变成十字形状并附加一个交叉记号，如图3-4所示，将光标移动到原理图适当位置，在空白处单击完成元件符号插入，此时鼠标仍处于放置元件符号的状态。

图3-3　选择元件符号

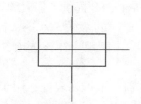

图3-4　元件放置

重复上面操作可以继续放置其他的元件符号。

（2）"符号选择"对话框放置

选择菜单栏中的"插入"→"符号"命令，弹出"符号选择"对话框，如图 3-5 所示。在筛选器下列表中显示的树形结构中选择元件符号。各符号根据不同的功能定义分到不同的组中。切换树形结构，浏览不同的组，直到找到所需的符号。

在"筛选器"下拉列表中显示所有的未筛选的符号库，和当前符号库类型，如图3-6所示。单击 按钮，弹出"筛选器"对话框，如图3-7所示，前面"符号选择"导航器中介绍了如何创建、编辑符号库，这里不再赘述。

在树形结构中选中元件符号后，在列表下方的描述框中显示该符号的符号描述，如图3-8所示。在对话框的右侧显示该符号的缩略图，包括A～H这8个不同的符号变量，选中不同的变量符号时，在"变量"文本框中显示对应符号的变量名。

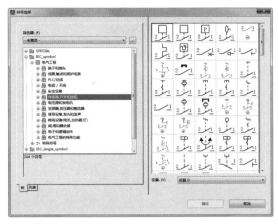

图3-5 "符号选择"对话框（1）

图3-6 选择符号库类型

图3-7 "筛选器"对话框

选中元件符号后，单击"确定"按钮，这时光标变成十字形状并附加一个交叉记号，如图3-9所示，将光标移动到原理图适当位置，在空白处单击完成元件符号放置，此时鼠标仍处于放置元件符号的状态。

重复上面操作可以继续放置其他的元件符号。

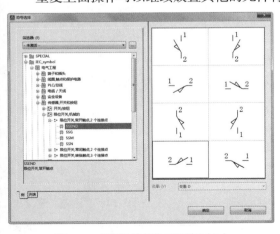

图3-8 "符号选择"对话框（2）

图3-9 放置元件符号

3.1.3 符号位置的调整

每个元件被放置时，其初始位置并不是很准确。在进行连线前，需要根据原理图的整体布局对元件的位置进行调整。这样不仅便于布线，也使所绘制的电路原理图清晰、美观。元件的布局好坏直接影响到绘图的效率。

元件位置的调整实际上就是利用各种命令将元件移动到图纸上指定的位置，并将元件旋转为指定的方向。

（1）元件的选取

要实现元件位置的调整，首先要选取元件。选取的方法很多，下面介绍几种常用的方法。

① 用鼠标直接选取单个或多个元器件。对于单个元件的情况，将光标移到要选取的元件上，元件自动变色，单击选中即可。选中的元件高亮显示，表明该元件已经被选取，如图3-10所示。

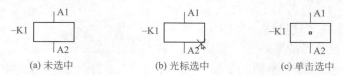

图3-10　选取单个元件

对于多个元件的情况，将光标移到要选取的元件上单击即可，按住"Ctrl"键选择下一个元件，选中的多个元件高亮显示，表明该元件已经被选取，如图3-11所示。

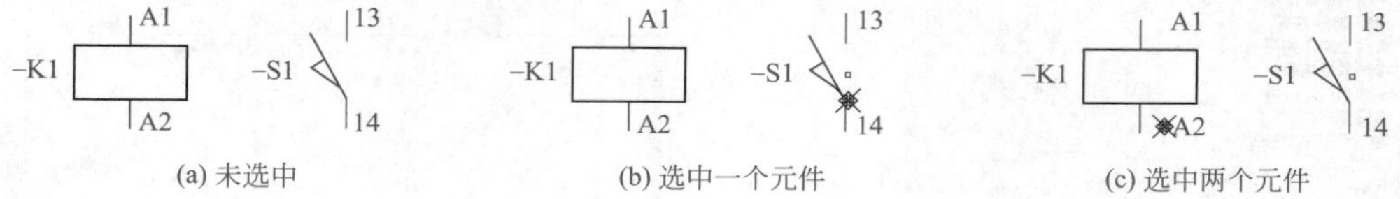

图3-11　选取多个元件

② 利用矩形框选取。对于单个或多个元件的情况，按住鼠标并拖动光标，拖出一个矩形框，将要选取的元件包含在该矩形框中，如图3-12所示，释放光标后即可选取单个或多个元件。选中的元件高亮显示，表明该元件已经被选取，如图3-13所示。

在图3-12中，只要元件的全部或一部分在矩形框内，则显示选中对象，与矩形框从上到下框选无关，与从左到右框选有关，根据框选起始方向不同，共分为四个方向。

- 从左下到右上框选：框选元件的部分超过一半才显示选中。
- 从左上到右下框选：框选元件的部分超过一半才显示选中。
- 从右下到左上框选：框选元件的任意部分即显示选中。
- 从右上到左下框选：框选元件的任意部分即显示选中。

③ 用菜单栏选取元件。选择菜单栏中的"编辑"→"选定"命令，弹出如图3-14所示的子菜单。

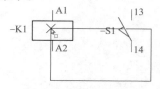

图3-12　拖出矩形框

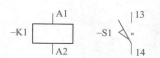

图3-13　选中元器件

图3-14　"选定"子菜单

- 区域：在工作窗口选中一个区域。具体操作方法为：执行该命令，光标将变成十字形状出现在工作窗口中，在工作窗口单击鼠标左键，确定区域的一个顶点，移动鼠标光标确定区域的对角顶点后可以确定一个区域，选中该区域中的对象。
- 全部：选择当前图形窗口中的所有对象。
- 页：选定当前页，当前页窗口以灰色粗线框选，如图3-15所示。

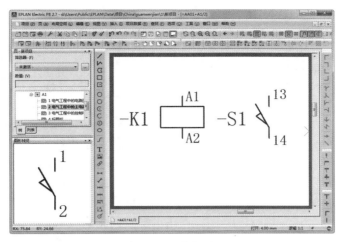

图3-15　选定页

- 相同类型的对象：选择当前图形窗口中相同类型的对象。

（2）取消选取

取消选取也有多种方法，这里介绍两种常用的方法。

① 直接用鼠标单击电路原理图的空白区域，即可取消选取。

② 按住"Ctrl"键，单击某一已被选取的元件，可以将其取消选取。

（3）元件的移动

在移动的时候不单是移动元件主体，还包括元件标识符或元件连接点；同样地，如果需要调整元件标识符的位置，则先选择元件或元件标识符就可以改变其位置，如图 3-16 中所示为元件与元件标识符均改变的操作过程。左右并排的两个元件，调整为上下排列，节省图纸空间。

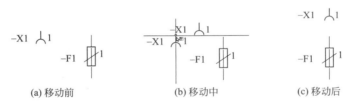

图3-16　移动元件

① 在实际原理图的绘制过程中，最常用的方法是直接使用光标拖拽来实现元件的移动。

a. 使用鼠标移动未选中的单个元件。将光标指向需要移动的元件（不需要选中），元件变色即可，按住鼠标左键不放，拖动鼠标，元件会随之一起移动。到达合适的位置后，释放鼠标左键，元件即被移动到当前光标的位置。

b. 使用鼠标移动已选中的单个元件。如果需要移动的元件已经处于选中状态，则将光标指向该元件，同时按住鼠标左键不放，拖动元件到指定位置后，释放鼠标左键，元件即被移动到当前光标的位置。

c. 使用鼠标移动多个元件。需要同时移动多个元件时，首先应将要移动的元件全部选中，在选中元件上显示浮动的移动图标✛，然后在其中任意一个元件上按住鼠标左键并拖动，到达合适的位置后，释放鼠标左键，则所有选中的元件都移动到了当前光标所在的位置。

② 用菜单栏选取元件。选择菜单栏中的"编辑"→"移动"命令，在光标上显示浮动的移动图标，然后在其中任意一个元件上按住鼠标左键并拖动，到达合适的位置后，释放鼠标左键，则选中的元件都移动到了当前光标所在的位置。

提示：

为方便复制元件和链接元件，EPLAN 中提供显示十字光标和显示栅格的功能，可通过“栅格”按钮、“开 / 关捕捉到栅格”按钮和“对齐到栅格”按钮，进行激活显示。在“设置”对话框中可随时对工作栅格及显示栅格进行单独设置。

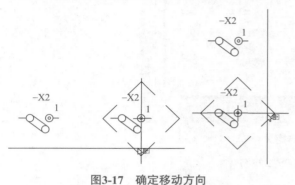

图3-17　确定移动方向

元件在移动过程中，向任意方向移动，如果要元件在同一水平线或同一垂直线上移动，则移动过程中需要确定方向，而且可以通过按“X”键或“Y”键来切换选择元件的移动模式。

元件在直线上移动：按“X”键，元件符号在水平方向上直线移动，光标上浮动的元件符号上自动添加菱形虚线框；按“Y”键，在垂直方向上直线移动，如图 3-17 所示。

（4）元件的旋转

选取要旋转的元件，选中的元件被高亮显示，此时，元件的旋转主要有 3 种旋转操作，下面根据不同的操作方法分别进行介绍。

① 放置旋转。在“符号选择”导航器中选择元件符号或设备，向原理图中拖动，在原理图中十字光标上显示如图 3-18 所示的元件符号，在单击放置前按“Tab”按钮，可 90° 旋转元件符号或设备，如图 3-19 所示。

图3-18　拖动元件符号

(a) 按一次“Tab”　(b) 按两次“Tab”　(c) 按三次“Tab”　(d) 按四次“Tab”

图3-19　放置旋转

② 菜单旋转。选中需要旋转的元件符号，选择菜单栏中的“编辑”→“旋转”命令，在元件符号上显示操作提示，选择元件旋转的绕点（基准点），在元件符号上单击，确定基准点；任意旋转被选中的元件，以最小旋转 90° 将元件符号旋转成适当角度后，此时原理图中同时显示旋转前与旋转后的元件符号，单击完成旋转操作，如图 3-20 所示。

③ 功能键。选中需要旋转的元件符号，按“Ctrl+R”键，即可实现旋转。在元件符号上单击，确定元件旋转的绕点；旋转至合适的位置后单击空白处取消选取元件，即可完成元件的旋转。

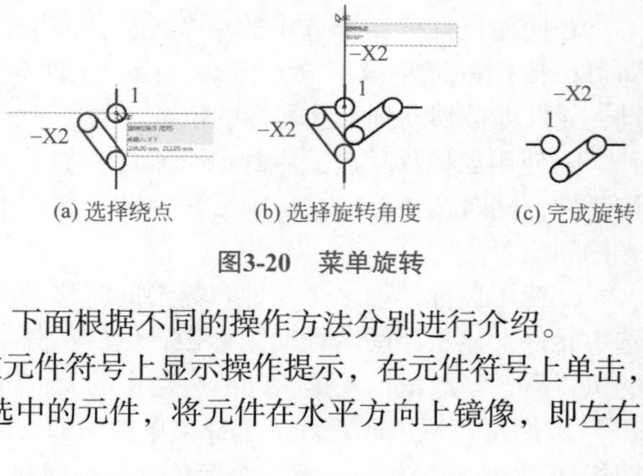

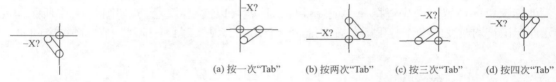

(a) 选择绕点　(b) 选择旋转角度　(c) 完成旋转

图3-20　菜单旋转

选择单个元件与选择多个元件进行旋转的方法相同，这里不再单独介绍。

（5）元件的镜像

选取要镜像的元件，选中的元件被高亮显示，下面根据不同的操作方法分别进行介绍。

选择菜单栏中的“编辑”→“镜像”命令，在元件符号上显示操作提示，在元件符号上单击，选择元件镜像轴的起点，水平镜像或垂直镜像被选中的元件，将元件在水平方向上镜像，即左右翻转，将元件在垂直方向上镜像，即上下翻转。

① 不保留源对象。确定元件符号镜像轴的终点，此时原理图中同时显示镜像前与镜像后的元件符号，单击确定元件符号镜像轴的终点，完成镜像操作，如图 3-21 所示。

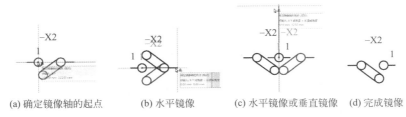

(a) 确定镜像轴的起点　　(b) 水平镜像　　(c) 水平镜像或垂直镜像　　(d) 完成镜像

图3-21　镜像元件符号（不保留源对象）

② 保留源对象。单击确定元件符号镜像轴的终点，此时原理图中同时显示镜像前与镜像后的元件符号，按"Ctrl"键，单击确定元件符号镜像轴的终点，系统弹出如图 3-22 所示的"插入模式"对话框，在该对话框中设置镜像后元件的编号格式，完成镜像操作，镜像结果为两个元件，如图 3-23 所示。

图3-22　设置镜像编号

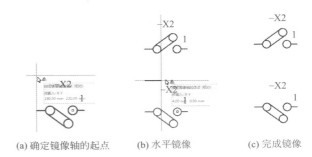

(a) 确定镜像轴的起点　　(b) 水平镜像　　(c) 完成镜像

图3-23　镜像元件符号（保留源对象）

3.1.4　元件的复制和删除

原理图中的相同元件有时候不止一个，在原理图中放置多个相同元件的方法有两种。重复利用放置元件命令，放置相同元件，这种方法比较烦琐，适用于放置数量较少的相同元件，若在原理图中有大量相同元件，如基本元件电阻、电容，这就需要用到复制、粘贴命令。

复制、粘贴的操作对象不止包括元件，还包括单个单元及相关电气符号，方法相同，因此这里只简单介绍元件的复制、粘贴操作。

（1）复制元件

复制元件的方法有以下 5 种。

① 菜单命令。选中要复制的元件，选择菜单栏中的"编辑"→"复制"命令，复制被选中的元件。

② 工具栏命令。选中要复制的元件，单击"默认"工具栏中的"复制"按钮 ，复制被选中的元件。

③ 快捷命令。选中要复制的元件，单击右键弹出快捷菜单选择"复制"命令，复制被选中的元件。

④ 功能键命令。选中要复制的元件，在键盘中按住"Ctrl+C"组合键，复制被选中的元件。

⑤ 拖拽的方法。按住"Ctrl"键，拖动要复制的元件，即复制出相同的元件。

（2）剪切元件

剪切元件的方法有以下 4 种。

① 菜单命令。选中要剪切的元件，选择菜单栏中的"编辑"→"剪切"命令，剪切被选中的元件。

② 工具栏命令。选中要剪切的元件，单击"默认"工具栏中的"剪切"按钮 ✂，剪切被选中的元件。

③ 快捷命令。选中要剪切的元件，单击右键弹出快捷菜单选择"剪切"命令，剪切被选中的元件。

④ 功能键命令。选中要剪切的元件，在键盘中按住"Ctrl+X"组合键，剪切被选中的元件。

（3）粘贴元件

粘贴元件的方法有以下 3 种。

① 菜单命令。选择菜单栏中的"编辑"→"粘贴"命令，粘贴被选中的元件。

② 工具栏命令。单击"默认"工具栏中的"粘贴"按钮 🗐，粘贴复制的元件。

③ 功能键命令。在键盘中按住"Ctrl+V"组合键，粘贴复制的元件。

（4）删除元件

删除元件的方法有以下 4 种。

① 菜单命令。选中被选中的元件，选择菜单栏中的"编辑"→"删除"命令，删除被选中的元件。

② 工具栏命令。单击"默认"工具栏中的"删除"按钮 🗐，删除被选中的元件。

③ 快捷命令。选中的元件，单击右键弹出快捷菜单选择"删除"命令，删除被选中的元件。

④ 功能键命令。选中元件，在键盘上按住"Delete（删除）"键，删除被选中的元件。

3.1.5　符号的多重复制

在原理图中，某些同类型元件可能有很多个，如端子、开关等，它们具有大致相同的属性。如果一个一个地放置它们，设置它们的属性，工作量大而且烦琐。EPLAN　Electric P8 2.7 提供了高级复制功能，大大方便了复制操作，可以通过"编辑"菜单中的"多重复制"命令完成。其具体操作步骤如下：

① 复制或剪切某个对象，使 Windows 的剪切板中有内容。

② 单击菜单栏中的"编辑"→"多重复制"命令，向外拖动元件，确定复制的元件方向与间隔，单击确定第一个复制对象位置后，系统将弹出如图 3-24 所示的"多重复制"对话框。

③ 在"多重复制"对话框中，可以对要粘贴的个数进行设置，"数量"文本框中输入的数值表示复制的个数，即复制后元件个数为"4（复制对象）+1（源对象）"。完成个数设置后，单击"确定"按钮，弹出"插入模式"对话框，如图 3-25 所示，其中各选项组的功能如下：

a. 确定元件编号模式。有"不更改""编号"和"使用字符'？'编号"3 种选择。

• 不更改：表示粘贴元件不改变元件编号，与要复制的元件编号相同。

• 编号：表示粘贴元件按编号递增的方向排列。

• 使用字符"？"编号：表示粘贴元件编号字符"？"。

b. "编号格式"选项组：用于设置阵列粘贴中元件标号的编号格式，默认格式为"标识字母＋计数器"。

c. "为优先前缀编号"复选框：勾选该复选框，用于设置每次递增时，指定粘贴之前元件为优先前缀编号。

d. "总是采用这种插入模式"复选框：勾选该复选框，后面复制元件时，采用这次插入模式的设置。

设置完毕后，单击"确定"按钮，阵列粘贴的效果如图 3-26 所示，后面复制对象的位置间隔以第一个复制对象位置为依据。

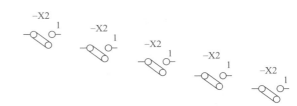

图3-24 "多重复制"对话框　　图3-25 "插入模式"对话框　　图3-26 执行多重复制后的元件

3.2
属性设置

在原理图上放置的所有元件符号都具有自身的特定属性，其中，对元件符号进行选型，设置部件后的元件符号，也就是完成了设备的属性设置。在放置好每一个元件符号或设备后，应该对其属性进行正确的编辑和设置，以免使后面的网络报表产生错误。

通过对元件符号或设备的属性进行设置，一方面可以确定后面生成的网络报表的部分内容，另一方面也可以设置元件符号或设备在图纸上的摆放效果。

双击原理图中的元件符号或设备，在元件符号或设备上单击鼠标右键弹出快捷菜单，选择"属性"命令或将元件符号或设备放置到原理图中后，自动弹出属性对话框，如图 3-27 所示。

属性对话框包括 4 个选项卡：插针（元件设备名称）、显示、符号数据 / 功能数据、部件。通过在该对话框中进行设置，赋予元件符号更多的属性信息和逻辑信息。

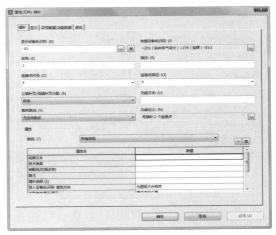

图3-27 元件属性设置对话框

3.2.1 元件标签

在元件标签下显示与此元件符号相关的属性，就不同的元件符号显示不同的名称，标签直接显示元件符号的名称，如图 3-27 中对"插针"元件符号进行属性设置，该标签直接显示"插针"。如图 3-28 中对"熔断器"元件符号进行属性设置，该标签直接显示"熔断器"。

属性设置对话框中包含的各参数含义如下。

- 显示设备标识符：在该文本框下输入元件或设备的标识名和编号，元件设备的命名通过预设的配置，实现设备的在线编号。若设备元件命名的规则采用"标识符+计数器"，当插入"熔断器"时，该文本框中默认自动命名为F1、F2等，可以在该文本框下修改标识符及计数器。

- 完整设备标识符：在该文本框下进行层级结构、设备标识和编号的修改。单击 ... 按钮，弹出"完整设备标识符"对话框，在该对话框中通过修改显示设备标识符和结构标识符确定完整设备标识符，将设备标识符分割为前缀、标识字母、计数器、子计数器，分别进行修改。

- 连接点代号：显示元件符号或设备在原理图中的连接点编号，元件符号上能够连成的点为连接点，图3-28中熔断器有2个连接点，每个连接点都有一个编号，图中默认显示为"1¶2"，标识该设备编号为1、2，也可以叫做连接点代号。创建电气符号时，规定连接点数量，若定义功能为"可变"，则可自动定义连接点数量。

- 连接点描述：显示元件符号或设备连接点编号间的间隔符，默认为"¶"。按下快捷键"Ctrl+Enter"可以输入字符"¶"。
- 技术参数：输入元件符号或设备的技术参数，可输入元件的额定电流等参数。
- 功能文本：输入元件符号或设备的功能描述文字，如熔断器功能为"防止电流过大"。
- 铭牌文本：输入元件符号或设备铭牌上输入的文字。
- 装配地点（描述性）：输入元件符号或设备的装配地点。
- 主功能：元件符号或设备常规功能的主要功能，常规功能包括主功能和辅助功能。在EPLAN中，主功能和辅助功能会形成关联参考，主功能还包括部件的选型。激活该复选框，显示"部件"选项卡，取消"主功能"复选框的勾选，则属性设置对话框中只显示辅助功能，隐藏"部件"选项卡，辅助功能不能包含部件的选型，如图3-29所示。

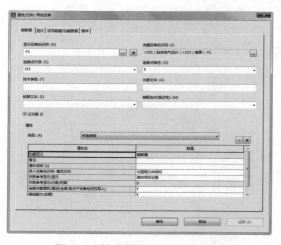

图3-28　熔断器属性设置对话框

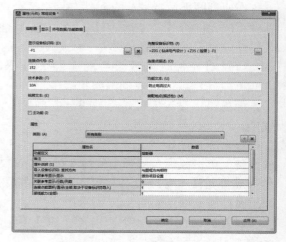

图3-29　不勾选"主功能"复选框

- 属性列表：在"属性名-数值"列表中显示元件符号或设备的属性，单击▦按钮，新建元件符号或设备的属性，单击✖用来删除元件符号或设备的属性。

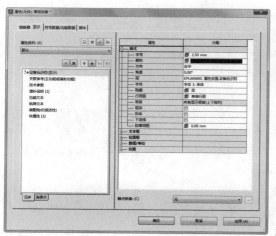

图3-30　"显示"标签

提示：

一个元件只能有一个主功能，一个主功能对应一个部件，若一个元件具有多个主功能，说明它包含多个部件。

3.2.2　显示标签

"显示"标签用来定义元件符号或设备的属性，包括显示对象与显示样式，如图 3-30 所示。

在"属性排列"下拉列表中显示默认与自定义两种属性排列方法，默认定义的 8 种属性包括设备标识符、关联参考、技术参数、增补说明、功能文本、铭牌文本、装配地点、块属性。在"属性排列"

下拉列表中选择"用户自定义",可对默认属性进行新增或删除。同样地,当对属性种类及排列进行修改时,属性排列自动变为"用户自定义"。

在左侧属性列表上方显示工具按钮,可对属性进行新建、删除、上移、下移、固定及拆分。

默认情况下,在原理图中元件符号与功能文本是组合在一起的,统一移动、统一复制,单击工具栏中的"拆分"按钮,进行拆分后,在原理图中单独移动、复制功能文本。

右侧"属性-分配"列表中显示的是属性的样式,包括格式、文本框、位置框、数值/单位及位置的设置。

> **提示:**
> 选择菜单栏中的"选项"→"设置"命令,选择"用户"→"显示"→"用户界面"选项,在该界面中勾选"显示标识性的编号""在名称后"复选框,如图3-31所示,显示属性名称及编号,并设置属性编号显示位置为名称后,如图3-32所示,为元件符号或设备的属性显示编号。

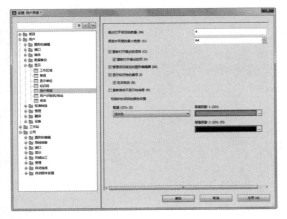

图3-31 "设置"对话框

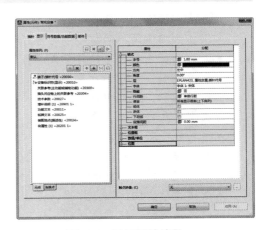

图3-32 显示属性编号

3.2.3 符号数据/功能数据

符号是图形绘制的集合,添加了逻辑信息的符号在原理图中为元件,不再是无意义的符号。"符号数据/功能数据"标签显示符号的逻辑信息,如图3-33所示。

在该标签中可以进行逻辑信息的编辑设置。

① 符号数据(图形):在该选项中设置元件的图形信息。

- 符号库:显示该元件符号或设备所在的符号库名称。
- 编号/名称:显示该元件符号或设备的符号编号,单击 ⋯ 按钮,弹出"符号选择"对话框,返回选择符号库,可重新选择替代符号。
- 变量:每个元件符号或设备包括8个变量,在下拉列表中选择不同的变量,相当于旋转元件符号或设备,也可将元件符号或设备放置在原理图中后进行旋转。
- 描述:描述元件符号或设备的型号。
- 缩略图:在右侧显示元件符号或设备的图形符号,并显示连接点与连接点编号。

② 功能数据(逻辑):在该选项中设置元件的图形信息。

- 类别:显示元件符号或设备的所属类别。
- 组:显示元件符号或设备的所属类别下的组别。

- 定义：显示元件符号或设备的功能，显示电气逻辑。单击按钮，弹出如图3-34所示的"功能定义"对话框，选择该元件符号或设备对应的特性及连接点属性。

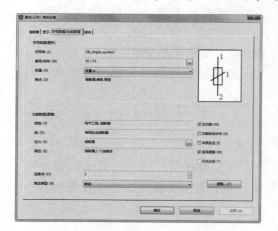

图3-33　"符号数据/功能数据"标签

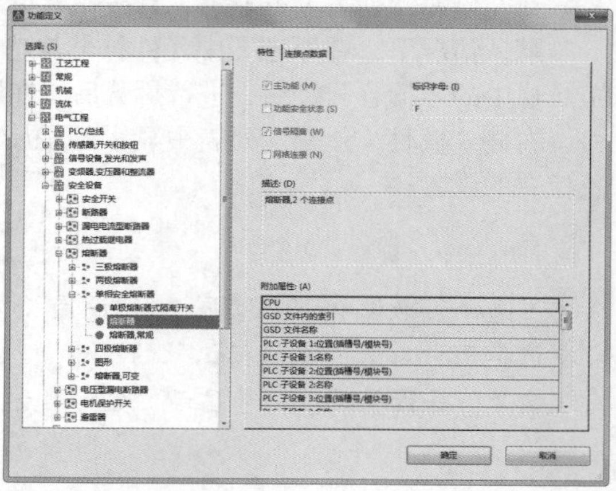

图3-34　"功能定义"对话框

- 描述：描述简单的该元件符号或设备名称及连接点信息。
- 连接点：显示该元件符号或设备的连接点个数。
- 表达类型：显示该元件符号或设备的表达类型，选择不同的表达类型，显示对应图纸中显示的功能，达到不同的效果，一个功能可以在项目中以不同的表达类型使用，但每个表达类型仅允许出现一次。
- 主功能：激活该复选框，显示"部件"选项卡。
- 本质安全：针对设计防爆场合应用的项目，勾选该复选框后，必须选择带有本质安全特性的电气元件，避免选择不防爆的元件。
- 逻辑：单击该按钮，打开"连接点逻辑"对话框，如图3-35所示，可查看和定义元件连接点的连接类型。这里选择的"熔断器"只有2个连接点，因此只显示1、2两个连接点的信息。

3.2.4　部件

　　"部件"标签用于为元件符号的部件选型，完成部件选型的元件符号，不再是元件符号，可以成为设备，元件选型前部件显示为空，如图3-36所示。

图3-35　"连接点逻辑"对话框

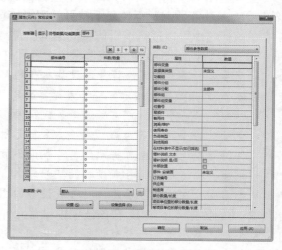

图3-36　"部件"标签

3.3 设备

在 EPLAN 中，原理图中的符号叫做元件，元件符号只存在于符号库中。对于一个元件符号，如断路器符号，可以分配（选型）西门子的断路器也可分配 ABB 的断路器。原理图中的元件经过选型，添加部件后称为设备，既有图形表达，又有数据信息。

部件是厂商提供的电气设备的数据的集合。部件存放在部件库中，部件主要标识是部件编号，部件编号不单单是数字编号，它包括部件型号、名称、价格、尺寸、技术参数、制造厂商等各种数据。

3.3.1 设备导航器

选择菜单栏中的"项目数据"→"设备"→"导航器"命令，打开"设备"导航器，如图 3-37 所示。在"设备"导航器中包含项目所有的设备信息，提供和修改设备的功能，包括设备名称的修改、显示格式的改变、设备属性的编辑等。总体来说，通过该导航器可以对整个原理图中的设备进行全局的观察及修改，其功能非常强大。

（1）筛选对象的设置

单击"筛选器"面板最上部的下拉列表按钮，可在该下拉列表框中选择想要查看的对象类别，如图 3-38 所示。

图3-37　"设备"导航器

图3-38　对象的类别显示

（2）定位对象的设置

在"设备"导航器中还可以快速定位导航器中的元件在原理图中的位置。选择项目文件下的设备 F1，单击鼠标右键，弹出如图 3-39 所示的子菜单，选择"转到（图形）"命令，自动打开该设备所在的原理图页，并高亮显示该设备的图形符号，如图 3-40 所示。

3.3.2 新建设备

图纸未开始设计之前，需要对项目数据进行规划，在"设备"导航器中显示选择项目中需要使用到的部件，预先在"设备"导航器中建立设备的标识符和部件数据。

放置设备相当于为元件符号选择部件，进行选型，下面介绍具体方法。

在"设备"导航器中选中要选型的元件，单击右键弹出快捷菜单选择"新设备"命令，弹出如图 3-41 所示的"部件选择"对话框。

图3-39 快捷菜单

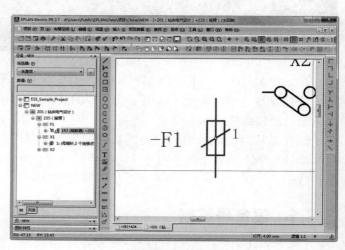

图3-40 快速查找设备

在"部件库列表"中显示按专业分类的部件，均包括部件组与零部件两大类。部件可以分为零部件和部件组，部件组由零部件组成，同一个部件，可以作为零部件直接选择，也可以选择一个部件组（由该零部件组成）。例如，一个热继电器，可以直接安装在接触器上，与接触器组成部件组，也可以配上底座单独安装，作为零部件单独使用。

（1）新建部件组

在"部件库列表"中选择"部件组"下的"继电器，接触器"→"接触器"，如图 3-42 所示，单击"确定"按钮，完成选择，在"设备"导航器中显示新添加的接触器设备 K1，如图 3-43 所示。

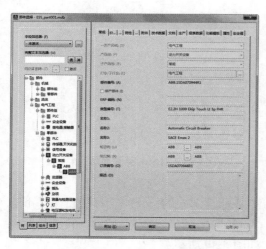

图3-41 "部件选择"对话框

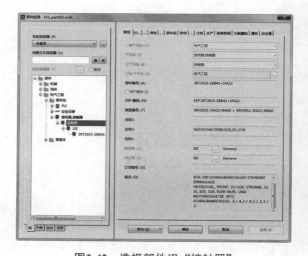

图3-42 选择部件组"接触器"

部件组 K1 直接放置到原理图中，如图 3-44 所示，部件组下零部件"常开触点，主触点"也可单独放置到原理图中，如图 3-45 所示。

（2）新建零部件

在"部件库列表"中选择"零部件组"下的"插头"→"常规"→"HAR"，如图 3-46 所示，单击"确定"按钮，完成零部件选择，在"设备"导航器中显示新添加的插头设备 X3，如图 3-47 所示。

图3-43　新建设备K1

图3-44　部件组K1

图3-45　零部件K1

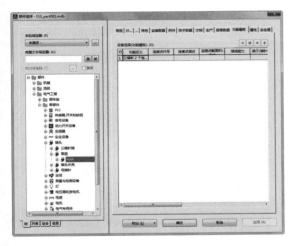

图3-46　选择零部件

图3-47　新建设备X3

3.3.3　放置设备

EPLAN 设计原理图的一般方法包括两种。

① 面向图形的设计方法：按照一般的绘制流程，绘制原理图、元件选型、生成报表。

② 面向对象的设计方法：可以直接从导航器中拖拽设备到原理图中，或在 Excel 中绘制部件明细表，带入 EPLAN 中后，拖拽到原理图中，忽略选型的过程。

在"设备"导航器中新建设备，选择项目中需要使用到的部件，在导航器中建立多个未放置的设备，标识设备未被放置在原理图中，还需要重新进行放置操作。下面介绍具体的放置设备的方法。

（1）直接放置

选中设备导航器中的设备，按住鼠标左键向图纸中拖动，将设备从导航器中拖至图纸上，鼠标上显示 符号，松开鼠标，在光标上显示浮动的设备符号，选择需要放置的位置，单击鼠标左键，设备被放置在原理图中，如图 3-48 所示。

（2）菜单栏命令

选择菜单栏中的"插入"→"设备"命令，弹出如图 3-49 所示的"部件选择"对话框，选择需要的零部件或部件组，完成零部件选择后，单击"确定"按钮，原理图中在光标上显示浮动的设备符号，选择需要放置的位置，单击鼠标左键，设备被放置在原理图中，如图 3-50 所示。同时，在"设备"导航器中显示新添加的插头设备 X4，如图 3-51 所示。

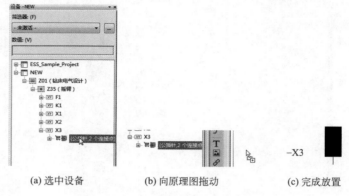

(a) 选中设备　　　　　(b) 向原理图拖动　　　　　(c) 完成放置

图3-48　拖动放置

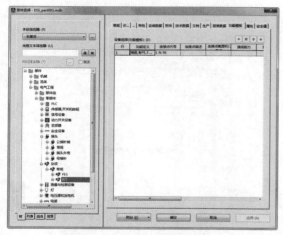

图3-49　"部件选择"对话框

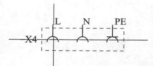

图3-50　显示浮动设备符号

图3-51　显示放置的零部件

（3）快捷命令放置

在"设备"导航器中选择要放置的设备，单击鼠标右键，弹出如图 3-52 所示的快捷菜单，选择"放置"命令，原理图中在光标上显示浮动的设备符号，如图 3-53 所示，选择需要放置的位置，单击鼠标左键，设备被放置在原理图中，如图 3-54 所示。

图3-52　右键快捷命令

图3-53　显示浮动设备符号

图3-54　显示放置的零部件

选择设备 X4，在图 3-52 所示的快捷菜单中选择"功能放置"命令，弹出如图 3-55 所示的子菜单。

① 选择"通过符号图形"命令，原理图中在光标上显示浮动的设备标识符符号，选择需要放置的位置，单击鼠标左键，设备标识符被放置在原理图中，如图 3-56 所示。

② 选择"通过宏图形"命令，原理图中在光标上显示浮动的设备宏图形符号，选择需要放置的位置，单击鼠标左键，设备宏图形被放置在原理图中，如图 3-57 所示。

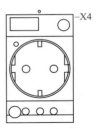

–X4

| 通过符号图形 (W) |
| 通过宏图形 (I) |

图3-55　右键快捷命令　　　　　图3-56　显示设备标识符　　　　图3-57　显示放置的零部件

3.3.4　设备属性设置

双击放置到原理图的部件，弹出属性对话框，前面的选项卡属性设置与元件属性设置相同，这里不再赘述。

打开"部件"选项卡，如图 3-58 所示，显示该设备中已添加部件，即已经选型。

（1）"部件编号 - 件数 / 数量"列表

在左侧"部件编号 - 件数 / 数量"列表中显示添加的部件。单击空白行"部件编号"中的"…"按钮，系统弹出如图 3-59 所示的"部件选择"对话框，在该对话框中显示部件管理库，可浏览所有部件信息，为元件符号选择正确的元器件。

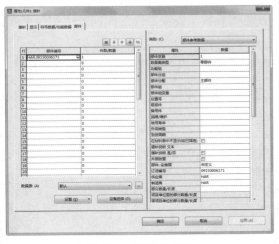

图3-58　"部件"标签　　　　　　　　　图3-59　"部件选择"对话框

部件库包括机械、流体、电气工程等专业，在相应专业下的部件组或零部件产品中有需要的元器件，还可在右侧的选项卡中设置部件常规属性，包括为元件符号制定部件编号，但由于是自定义选择元器件，因此需要用户查找手册，选择正确的元器件，否则容易造成元件符号与部件不匹配的情况，导致符号功能与部件功能不一致。

（2）"数据源"下拉列表

"数据源"下拉列表中显示部件库的数据库，一般情况下选择"默认"，若有需要，可单击扩展按钮，弹出如图 3-60 所示的"设置：部件（用户）"对话框，设置新的数据源，在该对话框中显示默认部件库的数据源为"Access"，在后面的文本框中显示数据源路径，该路径与软件安装路径有关。

单击"设备"按钮下的"选择设备"命令，系统弹出如图3-61所示的"设置：设备选择"对话框，在该对话框下显示选择的设备的参数设置。

图3-60　"设置：部件（用户）"对话框

图3-61　"设置：设备选择"对话框

单击"设备"按钮下的"部件选择（项目）"命令，系统弹出如图3-62所示的"设置：部件选择（项目）"对话框，在该对话框下显示部件从项目中选择或自定义选择。

单击"设备选择"按钮，弹出如图3-63所示的"设备选择"对话框，在该对话框中进行智能选型，在该对话框中自动显示筛选后的与元件符号相匹配的元件的部件信息。该对话框中不显示所有的元件部件信息，而显示一致性的部件。这种方法既节省了查找部件的时间，也避免了匹配错误部件的情况。

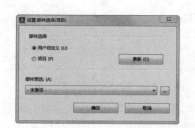

图3-62　"设置：部件选择（项目）"对话框

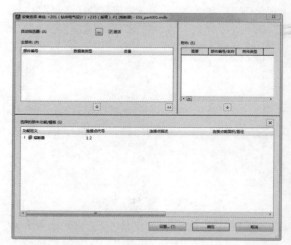

图3-63　"设备选择"对话框

提示：

在原理图设计过程中，元件有的经过选型，有的可能还未选型，为避免定义混淆，统一称原理图中的元件或设备为元件，特定定义的除外。

3.3.5　更换设备

两个不同的设备之间更换，交换的不只是图形符号，相关设备的所有功能都被交换。

在"设备"导航器中选择要交换的两个设备，如图 3-64 所示，选择菜单栏中的"项目数据"→"设备"→"交换"命令，交换两个设备，交换后"设备"导航器与设备显示如图 3-65 所示。

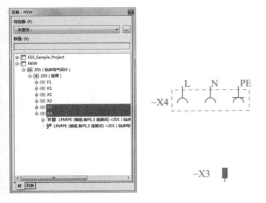

图3-64　交换前的设备

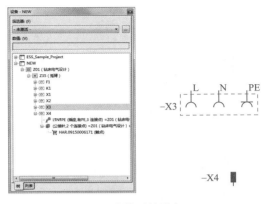

图3-65　交换后的设备

3.3.6　设备的删除和删除放置

设备的删除包括删除和删除放置，删除可以在导航器中进行，也可以在图形编辑器中进行，对于选型和未选型的设备进行删除操作得到的结果是不同的。

（1）删除设备

① 未选型的设备。

a. 导航器删除。在"设备"导航器中选择未选型的设备熔断器 F1，如图 3-66 所示，选择菜单栏中的"编辑"→"删除"命令或单击"默认"工具栏中的"删除"按钮 ，或单击右键弹出快捷菜单选择"删除"命令，或按住"Delete（删除）"键，弹出如图 3-67 所示的"删除对象"提示对话框，单击"是"按钮，删除被选中的设备，"设备"导航器与图形编辑器中都将删除被选中设备 F1 的数据与图形，如图 3-68 所示。

图3-66　"设备"导航器中选择设备F1

图3-67　"删除对象"提示对话框

图3-68　删除设备F1

b. 图形编辑器删除。在图形编辑器中选择未选型的设备熔断器 F1，如图 3-69 所示，选择菜单栏中的"编辑"→"删除"命令或单击"默认"工具栏中的"删除"按钮 ，或单击右键弹出快捷菜单选择"删除"命令，或按住"Delete（删除）"键，删除被选中的设备，如图 3-70 所示。

图3-70 删除设备F1

图3-69 选择设备F1

② 已选型的设备。

a. 导航器删除。在"设备"导航器中选择已选型的插座设备 X4，如图 3-71 所示，选择菜单栏中的"编辑"→"删除"命令或单击"默认"工具栏中的"删除"按钮![img]，或单击右键弹出快捷菜单选择"删除"命令，或按住"Delete（删除）"键，弹出如图 3-72 所示的"删除对象"提示对话框，单击"是"按钮，删除被选中的设备，"设备"导航器与图形编辑器中都将删除被选中插座设备 X4 的数据与图形，如图 3-73 所示。

图3-71 "设备"导航器中选择设备X4

图3-72 "删除对象"提示对话框

图3-73 删除设备X4

b. 图形编辑器删除。在图形编辑器中选择已选型的插座设备 X4，如图 3-74 所示，选择菜单栏中的"编辑"→"删除"命令或单击"默认"工具栏中的"删除"按钮![img]，或单击右键弹出快捷菜单选择"删除"命令，或按住"Delete（删除）"键，图形编辑器中删除被选中的插座设备 X4 图形，在"设备"导航器中依旧显示已选型的插座设备 X4 数据，如图 3-75 所示。

（2）设备删除放置

① 未选型的设备。

a. 导航器删除放置。在"设备"导航器中选择未选型的设备熔断器 F1，如图 3-76 所示，选择菜单栏中的"编辑"→"删除放置"命令，弹出如图 3-77 所示的"删除放置"提示对话框，单击"是"按钮，仅在图形编辑器中删除被选中的设备图形符号，"设备"导航器保留被选中设备 F1 的数据，如图 3-78 所示。

b. 图形编辑器删除放置。在图形编辑器中选择未选型的设备熔断器 F1，如图 3-79 所示，选择菜单栏中的"编辑"→"删除放置"命令，仅在图形编辑器中删除被选中的设备图形符号，"设备"导航器保留被选中设备 F1 的数据，如图 3-80 所示。

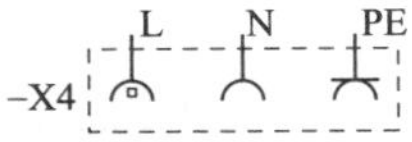

图3-75 保留设备数据

图3-74 选择设备X4

图3-77 "删除放置"提示对话框

图3-76 "设备"导航器中选择设备F1

图3-78 保留设备F1数据

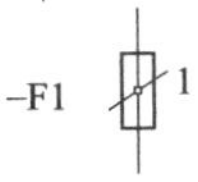

图3-79 选择设备F1

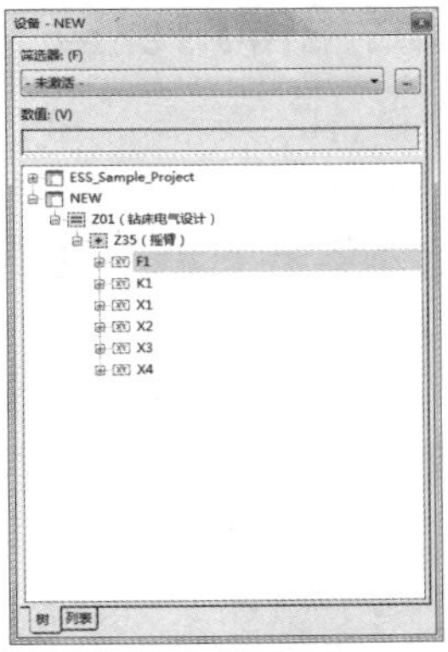

图3-80 删除设备F1

②已选型的设备。

a. 导航器删除。在"设备"导航器中选择已选型的插座设备 X4，如图 3-81 所示，选择菜单栏中的"编辑"→"删除放置"命令，弹出如图 3-82 所示的"删除放置"提示对话框，单击"是"按钮，图形编辑器中删除被选中的插座设备 X4 图形，在"设备"导航器中依旧显示已选型的插座设备 X4 数据，如图 3-83 所示。

b. 图形编辑器删除放置。在图形编辑器中选择已选型的插座设备 X4，如图 3-84 所示，选择菜单栏中的"编辑"→"删除放置"命令，图形编辑器中删除被选中的设备插座设备 X4 图形，在"设备"导航器中依旧显示已选型的插座设备 X4 数据，如图 3-85 所示。

图3-81 "设备"导航器中选择设备X4

图3-82 "删除放置"提示对话框

图3-83 删除设备X4

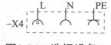

图3-84 选择设备X4

图3-85 保留设备X4数据

3.3.7 启用停用设备

为防止设备的误删除，EPLAN启用设备保护功能，下面介绍如何启用设备保护功能。

（1）启用设备保护功能

在"设备"导航器中选中设备，如图3-86所示，选择菜单栏中的"项目数据"→"设备"→"启用设备保护"命令，"设备"导航器中选中设备前添加橙色圆圈，如图3-87所示，表示设备启用设备保护，激活设备属性"受保护的功能＜20475＞"。此时，选择菜单栏中的"编辑"→"删除"命令或单击"默认"工具栏中的"删除"按钮 ，或单击右键弹出快捷菜单选择"删除"命令，或按住"Delete（删除）"键，弹出如图3-88所示的"删除对象"提示对话框，显

图3-86 启用功能前

图3-87 启用功能后

图3-88 "删除对象"对话框

示无法删除所选对象，"设备"导航器与图形编辑器中都将保留被选中插座设备X4的数据与图形。

（2）停用设备保护功能

在"设备"导航器中选中设备，选择菜单栏中的"项目数据"→"设备"→"停用设备保护"命令，"设备"导航器中选中设备前取消橙色圆圈标记，停用设备保护。

3.4
电气连接

元件之间电气连接的主要方式是通过导线来连接。导线是电路原理图中最重要也是用得最多的图元，它具有电气连接的意义，不同于一般的绘图工具，绘图工具没有电气连接的意义。

菜单栏中的"插入"菜单就是原理图电气连接工具菜单，如图3-89所示。在该菜单中提供了放置各种元件、元件连接的命令，也包括对总线、连接符号、盒子、连接点、端子等连接工具的放置命令。

图3-89 "插入"菜单

3.4.1 自动连接

绘制电气原理图过程中，当设备或电位点在同一水平或垂直位置时，EPLAN自动将两端连接起来。

在EPLAN电气工程中，自动连线功能极大地方便了绘图，自动连线是指当两个连接点水平或垂直对齐时自动进行连线。

（1）自动连接步骤

将光标移动到想要完成电气连接的设备上，选中设备，按住鼠标移动光标，移动到需要连接的设备的水平或垂直位置，两设备间出现红色连接线符号，表示电气连接成功。最后松鼠标放置设备，完成两个设备之间的电气连接，如图3-90所示。由于启用了捕捉到栅格的功能，因此，电气连接很容易完成。重复上述操作可以继续放置其他的设备进行自动连接。

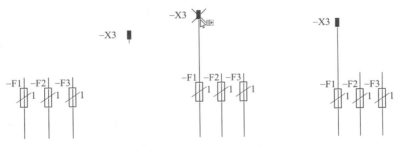

图3-90 设备的自动连接

两设备间的自动连接导线无法删除。直接移动设备与另一个设备连接，自动取消源设备间自动连接的导线。

（2）自动连接颜色设置

选择菜单栏中的"选项"→"层管理"命令，弹出"层管理"对话框，在该对话框中选择"符号图形"→"连接符号"→"自动连接"选项，显示设备间自动连接线颜色默认是红色，如图3-91所示。在该界面还可以设置自动连接线所在层、线型、式样长度、线宽、字号等参数。

选择"符号图形"→"连接符号"→"支路"选项，显示设备间支路连接线颜色，默认是红色，如图 3-92 所示。在该界面还可以设置支路连接线所在层、线型、式样长度、线宽、字号等参数。

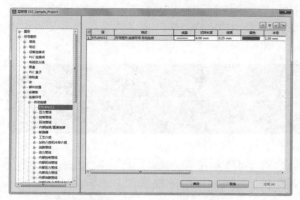

图3-91 "自动连接"选项

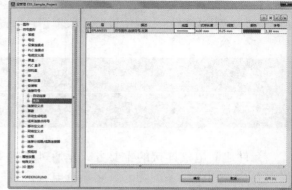

图3-92 "支路"选项

（3）自动连接属性设置

① 选择菜单栏中的"选项"→"设置"命令，弹出"设置"对话框，选择"项目"→"NEW（打开的项目名称）"→"连接"→"属性"选项，打开项目默认属性下的连接线属性设置界面，如图 3-93 所示。在该界面设置的连接属性，自动更新到该项目下每一个连接线上。

在该界面包括 8 个分类，分别设置不同项目中的连接属性，打开"电气工程"选项卡，可以预定义连接线的颜色 / 编号、截面积 / 直径及导线加工数据、套管截面积和剥线长度等信息。

② 在"设置"对话框，选择"项目"→"NEW（打开的项目名称）"→"连接"→"连接编号"选项，打开项目默认属性下的连接线编号设置界面，如图 3-94 所示。

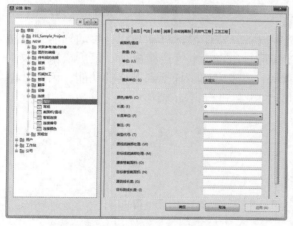

图3-93 属性设计界面

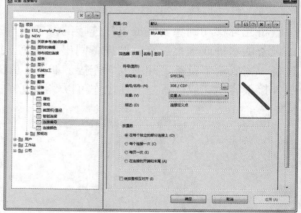

图3-94 连接编号设置界面

③ 在"设置"对话框中，选择"项目"→"NEW（打开的项目名称）"→"连接"→"连接颜色"选项，打开项目默认属性下的连接线颜色设置界面，如图 3-95 所示。

导线颜色命名建议在国家相关标准的基础上把 AC/DC 0V 区分出来，国标中对导线颜色规定如下：

- 交流三相电中的A相：黄色，Yellow。
- B相：绿色，Green。
- C相：红色，Red。
- 零线或中性线：浅蓝色，Light Blue。

- 安全用的接地线：黄绿色，Yellow Green。
- 直流电路中的正极：棕色，Brown。
- 负极：蓝色，Blue。
- 接地中性线：浅蓝色，Light Blue。

3.4.2 连接导航器

在 EPLAN 中，两个元件之间的自动连接被称作连接，电气连接可以代表导线、电缆芯线、跳线等，不同的连接有不同的连接类型，通过连接定义点来改变连接类型。通过"连接"导航器快速编辑连接类型。

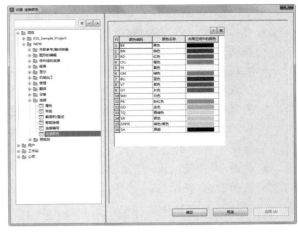

图3-95　"连接颜色"选项卡

选择菜单栏中的"项目数据"→"连接"→"导航器"命令，打开"连接"导航器，如图3-96 所示，包括"树"标签与"列表"标签。在"树"标签中包含项目所有元件的连接信息，在"列表"标签中显示配置信息。

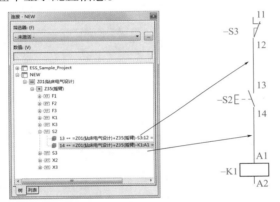

图3-96　"连接"导航器

在选中的导线上单击鼠标右键，弹出如图 3-97 所示的快捷菜单，提供新建和修改连线的功能。选择"属性"命令，弹出如图 3-98 所示的"属性（元件）：连接"对话框，显示 3 个选项卡，下面分别介绍选项卡中的选项。

图3-97　快捷菜单

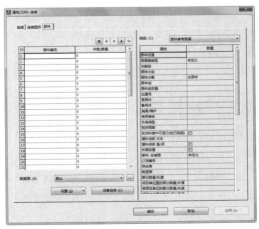

图3-98　"属性（元件）：连接"对话框

（1）"连接"选项卡

- 连接代号：选中芯线/导线的编号。
- 描述：输入芯线/导线的特性解释文字，属于附加信息，不是标示性信息，起辅助作用。
- 电缆/导管：显示电缆/导管的设备标识符、完整设备标识符、颜色/编号、成对索引。在"设备标识符"栏，单击 ... 按钮，弹出如图3-99所示的"使用现有连接"对话框，选择使用现有的连接线的设备标识符。在"颜色/编号"栏，不同的颜色对应不同的编号，可直接输入所选颜色的编号，单击 ... 按钮，弹出如图3-100所示的"连接颜色"对话框，也可以选择使用现有的连接线的颜色编号。
- 截面积/直径：输入芯线/导线的截面积或直径。
- 截面积/直径单位：选择芯线/导线的截面积/直径单位，默认选择"来自项目"，也可以在下拉列表中直接选择单位。
- 表达类型：在下拉列表中选择芯线/导线的表达类型，可选项包括多线、单线、管道及仪表流程图、外部、图形。
- 功能定义：输入芯线/导线的功能定义，单击 ... 按钮，弹出如图3-101所示的"功能定义"对话框，设置芯线/导线的特性。
- 属性：显示芯线/导线的属性，可新建属性或删除属性。

图3-99 "使用现有连接"对话框

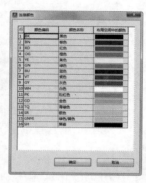

图3-100 "连接颜色"对话框

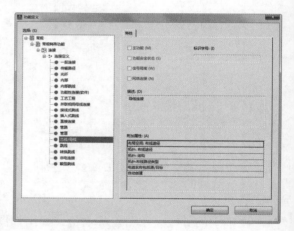

图3-101 "功能定义"对话框

（2）"连接图形"选项卡

在该选项卡中显示连接的格式属性，包括线宽、颜色、线型、式样长度、层，如图3-102所示。

（3）"部件"选项卡

在该选项卡中显示连接的部件信息，选择导线的部件型号及部件的属性，如图3-103所示。

3.4.3 连接符号

在EPLAN中设备之间，自动连接只能进行水平或垂直电气连接，遇到需要拐弯、多设备连接、不允许连线等情况时，需要使用连接符号连接，连接符号包括角、T节点及其变量等连接符号，通过连接符号了解设备间的接线情况及接线顺序。

EPLAN Electric P8 提供了3种使用连接符号对原理图进行连接的操作方法。

① 使用菜单命令。菜单栏中的"插入"→"连接符号"子菜单就是原理图连接符号工具菜单，如图 3-104 所示。经常使用的有角命令、T 节点命令等。

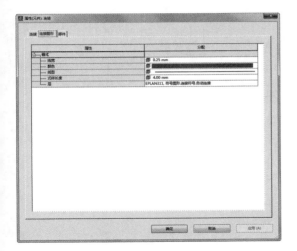

图3-102 "连接图形"选项卡

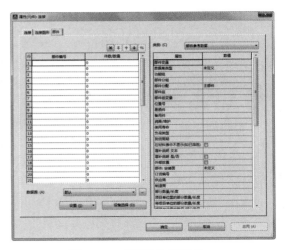

图3-103 "部件"选项卡

② 使用"连接符号"工具栏。在"插入"→"连接符号"子菜单中，各项命令分别与"连接符号"工具栏中的按钮——对应，如图3-105所示，直接单击该工具栏中的相应按钮，即可完成相同的功能操作。

图3-104 "连接符号"子菜单

图3-105 "连接符号"工具栏

③ 使用快捷键。上述各项命令都有相应的快捷键。例如，设置"右下角"命令的快捷键是F3，绘制"向下T节点"的快捷键是F7等。使用快捷键可以大大提高操作速度。

下面介绍不同功能连接符号的使用方法。

（1）导线的角连接模式

① 如果要连接的两个引脚不在同一水平线或同一垂直线上，则在放置导线的过程中需要使用角连接确定导线的拐弯位置，包括四个方向的"角"命令，分别为右下角、右上角、左下角、左上角，如图3-106所示。

② 选择菜单栏中的"插入"→"连接符号"→"角（右下）"命令，或单击"连接符号"工具栏中的"右下角"按钮┌，此时光标变成交叉形状并附加一个角符号。

将光标移动到想要完成电气连接的设备水平或垂直位置上，出现红色的连接符号表示电气连接成功。移动光标，确定导线的终点，完成两个设备之间的电气连接，如图3-107所示。此时光标仍处于放置角连接的状态，重复上述操作可以继续放置其他的导线。导线放置完毕，按右键"取消操作"命令或"Esc"键即可退出该操作。

放置其他方向的角步骤相同，这里不再赘述。

③ 在光标处于放置角连接的状态时按"Tab"键，旋转角连接符号，变换角连接模式，如图3-108所示。

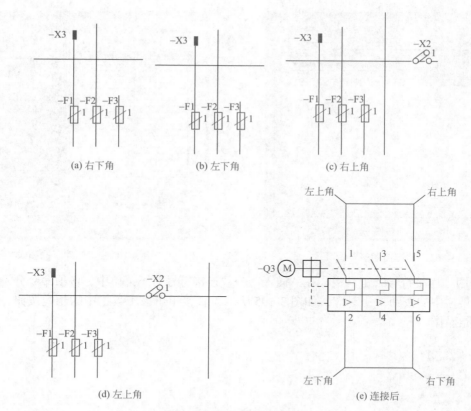

(a) 右下角　　　　　(b) 左下角　　　　　(c) 右上角

(d) 左上角　　　　　(e) 连接后

图3-106　导线的角连接模式

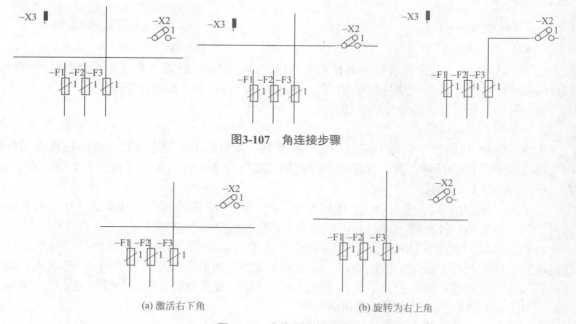

图3-107　角连接步骤

(a) 激活右下角　　　　　(b) 旋转为右上角

图3-108　变换角连接方向

④ 角连接的导线可以删除，在导线拐角处选中角，按住"Delete（删除）"键，即可删除，如图 3-109 所示。

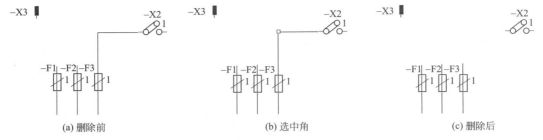

(a) 删除前　　　　　　　　　(b) 选中角　　　　　　　　　(c) 删除后

图3-109　删除角连接导线

（2）导线的 T 节点连接模式

T 节点是电气图中对连接进行分支的符号，是多个设备连接的逻辑标识，还可以显示设备的连接顺序，如图 3-110 所示，节点要带三个连接点。没有名称的点表示连接起点，显示通过直线箭头找到的第 1 个目标和通过斜线找到的第 2 个目标，可以理解为实际项目中的电路并联。这些信息都将在生成的连接图标、接线表和设备接线图中显示。

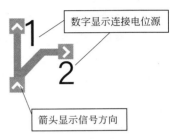

图3-110　显示连接顺序

① 选择菜单栏中的"插入"→"连接符号"→"T 节点（向右）"命令，或单击"连接符号"工具栏中的"T 节点，向右"按钮┗，此时光标变成交叉形状并附加一个 T 节点符号┯。

将光标移动到想要完成电气连接的设备水平或垂直位置上，移动光标，确定导线的 T 节点插入位置，出现红色的连接线，表示电气连接成功，如图 3-111 所示，单击鼠标左键，完成两个设备之间的电气连接，此时 T 节点显示"点"模式┳，如图 3-112 所示。此时光标仍处于放置 T 节点连接的状态，重复上述操作可以继续放置其他的 T 节点导线。导线放置完毕，按右键"取消操作"命令或"Esc"键即可退出该操作。

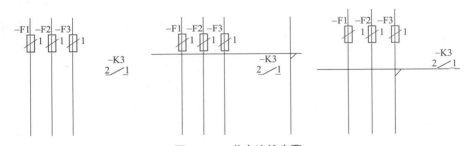

图3-111　T 节点连接步骤

放置其他方向的 T 节点步骤相同，这里不再赘述。

② 在光标处于放置 T 节点的状态时按"Tab"键，旋转 T 节点连接符号，变换 T 节点连接模式，EPLAN 有四个方向的"T 节点"连接命令，而每一个方向的 T 节点连接符号又有四种连接关系可选，如表 3-1 所示。

表3-1　变换 T 节点方向

项目	方向	按钮	按"Tab"键次数			
			0	1	2	3
T节点方向	向下					
	向上					

项目	方向	按钮	按"Tab"键次数			
			0	1	2	3
T节点方向	向右					
	向左					

③ 设置 T 节点的属性。双击 T 节点即可打开 T 节点的属性编辑面板，如图 3-113 所示。

在该对话框中显示 T 节点的四个方向及不同方向的目标连线顺序，勾选"作为点描绘"复选框，T 节点显示为"点"模式●，取消勾选该复选框，根据选择的 T 节点方向显示对应的符号或其变量关系，如图 3-114 所示。

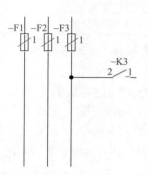

图3-112　插入T节点

图3-113　T节点属性设置

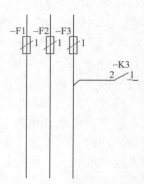

图3-114　取消"点"模式

④ 设置 T 节点的显示模式。EPLAN 中默认 T 节点是 T 形显示的，有些公司可能要求使用点来表示 T 形连接，有些可能要求使用 T 形显示，对于这些要求，通过修改 T 节点属性来一个个更改，过于烦琐，可以通过设置来更改整个项目的 T 形点设置，具体操作方法如下：

选择菜单栏中的"选项"→"设置"命令，弹出"设置"对话框，选择"项目"→"项目名称"→"图形的编辑"→"常规"选项，在"显示连接支路"选项组下选择 T 形显示，推荐使用 T 形连接"包含目标确定"，如图 3-115 所示，完成设置后，进行 T 节点连接后直接为 T 形显示，如图 3-116 所示。

若选择"作为点"和"如图示"单选钮，则 T 节点连接后直接为点显示，如图 3-117 所示，可通过"T 节点"属性设置对话框进行修改。

（3）导线的断点连接模式

在 EPLAN 中，当两个设备的连接点水平或垂直对齐时，系统会自动连接，若不希望自动连接，需要引入"断点"命令，在任意自动连接的导线上插入一个断点，断开自动连接的导线。

选择菜单栏中的"插入"→"连接符号"→"断点"命令，此时光标变成交叉形状并附加一个断点符号○。

将光标移动到需要阻止自动连线的位置（需要插入断点的导线上），导线由红色变为灰色，单击插入断点，如图 3-118 所示，此时光标仍处于插入断点的状态，重复上述操作可以继续插入其他的断点。断点插入完毕，按右键"取消操作"命令或"Esc"键即可退出该操作。

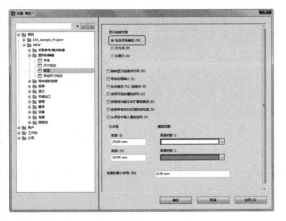

图3-115　选择T形显示模式

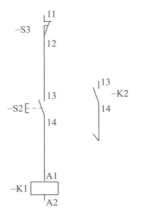

图3-116　包含目标确定

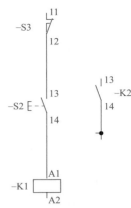

图3-117　作为点显示

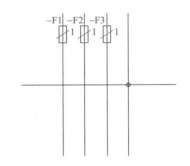

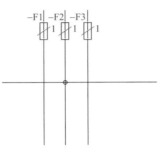

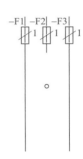

图3-118　插入断点

（4）导线的十字接头连接模式

在连接过程中，不可避免会出现接线的情况，在 EPALN 中，十字接头连接是分散接线，每侧最多连接 2 根线，不存在一个接头连接 3 根线的情况，适合于配线。

① 选择菜单栏中的"插入"→"连接符号"→"断点"命令，或单击"连接符号"工具栏中的"十字接头"按钮 ，此时光标变成交叉形状并附加一个十字接头符号 。

将光标移动到需要插入十字接头的导线上，确定导线的十字接头插入位置，单击插入十字接头，如图 3-119 所示，此时光标仍处于插入十字接头的状态，重复上述操作可以继续插入其他的十字接头。十字接头插入完毕，按右键"取消操作"命令或"Esc"键即可退出该操作。

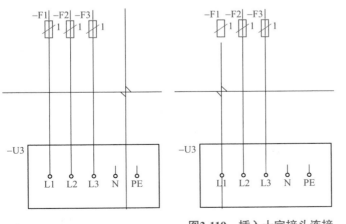

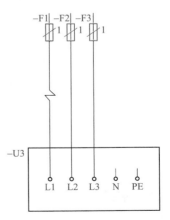

图3-119　插入十字接头连接

图3-120 十字接头属性设置

在光标处于放置十字接头的状态时按"Tab"键，旋转十字接头连接符号，变换十字接头连接模式。

② 设置十字接头的属性。双击十字接头即可打开十字接头的属性编辑对话框，如图3-120所示。在该对话框中显示十字接头的四个方向，十字接头连接一般是把左下线互连，右上线互连，上下线互连。

（5）导线的对角线连接模式

有些时候，为了增强原理图的可观性，把导线绘制成斜线，在EPLAN中，对角线其实就是斜的连接。

选择菜单栏中的"插入"→"连接符号"→"对角线"命令，此时光标变成交叉形状并附加一个对角线符号。

将光标移动到需要插入对角线的导线上，导线由红色变为灰色，单击插入对角线起点，拖动鼠标向外移动，单击鼠标左键确定第一段导线的终点，完成斜线绘制，如图3-121所示。此时光标仍处于插入对角线的状态，重复上述操作可以继续插入其他的对角线。对角线插入完毕，按右键"取消操作"命令或"Esc"键即可退出该操作。

在光标处于放置对角线的状态时按"Tab"键，变换对角线箭头方向，切换为水平或垂直方向；任意旋转对角线连接符号，变换对角线斜线角度。

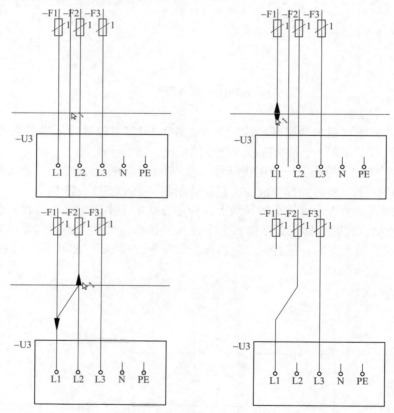

图3-121 插入对角线

3.4.4 连接类型

导线连接的类型一般是由源和目标自动确定的，在系统无法确定连接类型时它被叫做"常规连接"，电气图中的连接通常都是"常规连接"。原理图的导线是自动连接的，无法在原理图中直接选择，要修改连接的类型，需要插入"连接定义点"来改变。

插入连接定义点的另外一种用途是手动标注线号，当线号没有规律时就采用这种方式，有规律时就使用"连接编号"功能。

（1）菜单插入

选择菜单栏中的"插入"→"连接定义点"命令，此时光标变成交叉形状并附加一个连接定义点符号**。

将光标移动到需要插入连接定义点的导线上，移动光标，选择连接定义点的插入点，在原理图中单击鼠标左键确定插入连接定义点，如图3-122所示。此时光标仍处于插入连接定义点的状态，重复上述操作可以继续插入其他的连接定义点。连接定义点插入完毕，按右键"取消操作"命令或"Esc"键即可退出该操作。

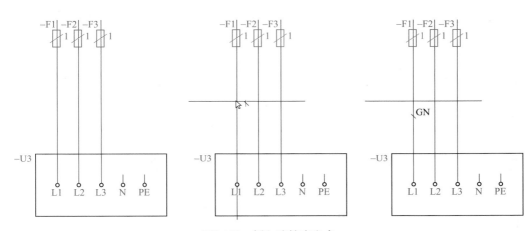

图3-122　插入连接定义点

（2）设置连接定义点的属性

在插入连接定义点的过程中，用户可以对连接定义点的属性进行设置。双击连接定义点或在插入连接定义点后，弹出如图3-123所示的连接定义点属性设置对话框，在该对话框中可以对连接定义点的属性进行设置，在"连接代号"中输入连接定义点的代号。

（3）导航器插入连接定义点

使用"连接"导航器可以快速编辑连接。

选择菜单栏中的"项目数据"→"连接"→"导航器"命令，打开"连接"导航器，如图3-124所示，显示元件下的连接信息。

在选中的导线上单击鼠标右键，弹出如图3-125所示的快捷菜单，选择"属性"命令，弹出如图

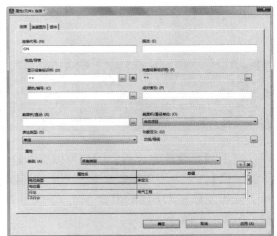

图3-123　连接定义点属性设置对话框

3-123所示的"属性（元件）：连接"对话框，在"连接代号"中输入连接定义点的代号。完成连接定义后，在"连接"导航器中显示导线定义的属性，如图3-126所示。

默认情况下，添加连接定义点后连接导线没变化，为与定义前区分显示，需要进行参数设置。选择菜单栏中的"选项"→"设置"命令，系统弹出"设置"对话框，在"项目"→"项目名称（NEW）"→"图形的编辑"→"常规"选项下，勾选"带宏边框插入"复选框，如图3-127

所示，完成设置后，原理图中添加连接定义点后的连接导线插入宏边框，如图3-128所示。

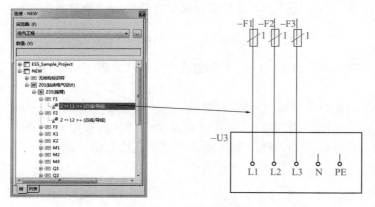

图3-124　"连接"导航器

图3-125　快捷菜单

图3-126　定义连接

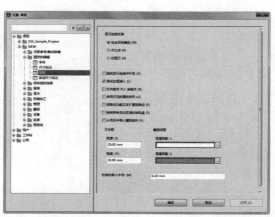

图3-127　"设置"对话框

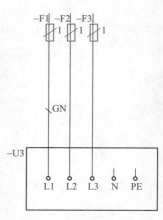

图3-128　连接插入宏边框

3.5
连接编号

　　当原理图设计完成后，用户可以逐个地手动更改这些编号，但是这样比较烦琐而且容易出现错误。EPLAN为用户提供了强大的连接自动编号功能。首先要确定一种编号方案，即要确定线号字符集（数字／字母的组合方式）、线号的产生规则（是基于电位还是基于信号等）、线号的外观（位置／字体等）等等。

　　每个公司对线号编号的要求都不尽相同，比较常见的编号要求有几种：

　　第一种：主回路用电位＋数字，PLC部分用PLC地址，其他用字母＋计数器的方式。

　　第二种：用相邻的设备连接点代号，例如：KM01：3-FR01：1。

　　第三种：页号＋列号＋计数器，比如图纸第二页第三列的线号为00203-01，00203-02，……。

3.5.1　连接编号设置

　　选择菜单栏中的"选项"→"设置"命令，弹出"设置"对话框，选择"项目"→"NEW（打开的项目名称）"→"连接"→"连接编号"选项，打开项目默认属性下的连接线编号设置界面，如图3-129所示。单击"配置"栏后的▓按钮，新建一个EPLAN线号编号的配置文件，该配置文件包括筛选器配置、放置设置、命名设置、显示设置。

（1）"筛选器"选项卡

行业：勾选需要进行连接编号的行业。

功能定义：确定可用连接的功能定义。

（2）"放置"选项卡

- 符号（图形）：EPLAN在自动放置线号时，在图纸中自动放置的符号显示复制的连接符号所在符号库、编号/名称、变量、描述，如图3-130所示。

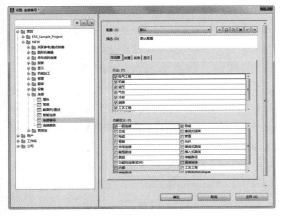

图3-129　"连接编号"选项　　　　　图3-130　"放置"选项卡

- 放置数：在图纸中放置线号设置的规则，包括4个单选按钮，选择不同的单选按钮，连接放置效果不同，如图3-131所示。

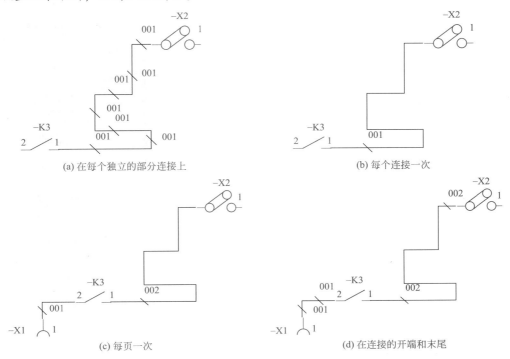

(a) 在每个独立的部分连接上　　　　　(b) 每个连接一次

(c) 每页一次　　　　　(d) 在连接的开端和末尾

图3-131　显示连接定义点的放置数

- 在每个独立的部分连接上：在连接的每个独立部分连接上放置一个连接定义点。对于并联回路，每一根线叫一个连接。
- 每个连接一次：分别在连接图形的第一个独立部分连接上放置一个连接定义点。根据图框的报表生成方向确定图形的第一部分连接。
- 每页一次：每页一次在不换页的情况下等同于每个连接一次，涉及换页使用中断点时，选择每页一次，会在每页的中断点上都生成线号。
- 在连接的开端和末尾：分别在连接的第一个和最后一个部分上放置连接定义点。

图3-132 "名称"选项卡

- 使放置相互对齐：勾选该复选框，部分连接保持水平，部分连接之间的距离相同，部分连接拥有共用的坐标区域，放置的连接相互对齐。

（3）"名称"选项卡

显示编号规则，如图 3-132 所示，新建、编辑、删除一个命名规则，根据需求调整编号的优先顺序。

单击"格式组"栏后的 ▓ 按钮，弹出"连接编号：格式"对话框，定义编号的连接组、连接组范围、显示可用格式元素和设置的格式预览，如图 3-133 所示。

在"连接组"中选择已预定义的连接组，包括11 种，如图 3-134 所示。

图3-133 "连接编号：格式"对话框

与 PLC 连接点相接的连接
连接 PLC 连接点(除了卡电源和总线电缆)的连接
连接到 'PLC 连接点、I/O、1 个连接点' 或 'PLC 连接点、可变' 的连接
与设备连接点相连的连接
与插头相连的连接
与端子相连的连接
与电位连接点相连的连接
用中断点中断的连接
与母线相连的连接
设备...
分组...

图3-134 已预定义的连接组

- 常规连接（即全部任意连接）。
- 与 PLC 连接点相接的连接。
- 连接PLC 连接点（除了卡电源和总线电缆）的连接：将卡电源和总线电缆视为特殊并和常规连接一起编号。
- 连接到'PLC 连接点、I/O、1 个连接点'或'PLC 连接点、可变'的连接：与功能组的 PLC 连接点'PLC 连接点、I/O、1 个连接点'或'PLC 连接点、可变'相连的连接。已取消的 PLC 连接点将不予考虑。仅当可设置的 PLC 连接点（功能定义"PLC 连接点，多功能"）通过信号类型被定义为输入端或输出端时，才被予以考虑。
- 与设备连接点相连的连接。
- 与插头相连的连接。
- 与端子相连的连接。

- 与电位连接点相连的连接。
- 用中断点中断的连接。
- 与母线相接的连接。
- 设备：在选择列表对话框中可选择在项目中存在的设备标识符。输入设备标识符时通过全部连接到相应功能的连接定义连接组。
- 分组：在选择列表对话框中可选择已在组合属性中分配的值。连接组将通过全部已指定组合的值的连接定义。

在"范围"下拉列表中选择编号范围，包括电位、信号、网络、单个连接和到执行器或传感器。在实现 EPLAN 线号自动编号之前，需要先了解 EPLAN 内部的一些逻辑传递关系，在 EPLAN 中，电位、网络、信号、连接以及传感器这几个因素直接关系到线号编号规则的作用范围。

- 电位：从电源到耗电设备之间的所有回路，电位的传递过变频器、变压器、整流器等整流设备时发生改变，电位可以通过电位连接点或者电位定义点来定义。
- 信号：非连接性元件之间的所有回路。
- 网络：元件之间的所有回路。
- 连接：每个物理性连接。

在"可用的格式元素"列表中显示可作为连接代号组成部分的元素。在"所选择的格式元素"列表中显示格式元素的名称、符号显示和已设置的值。单击 ➡ 按钮，将"可用格式元素"添加到"所选的格式元素"列表中。在"预览"选项下显示名称格式的预览。

信号中的非连接性元件指的是端子和插头等元件，所以代号需要另外设置。

- 勾选"覆盖端子代号"复选框，使用连接代号覆盖端子代号，不勾选该复选框，则端子代号保持原代号不变。
- 勾选"修改中断点代号"复选框，使用连接代号覆盖中断点名称，不勾选该复选框，则中断点保持原代号不变。
- 勾选"覆盖线束连接点代号"复选框，使用连接代号覆盖线束连接点代号，不勾选该复选框，则线束连接点保持原代号不变。

单击"格式组"栏后的 ⁂ ✏ ✖ 按钮，编辑、删除命名规则。

（4）"显示"选项卡

显示连接编号的水平、垂直间隔，字体格式，如图 3-135 所示。

在"角度"下拉列表中包含"与连接平行"选项，如图 3-136 所示，如果选择"与连接平行"，生成的线号的字体方向自动与连接方向平行，如图 3-137 所示。

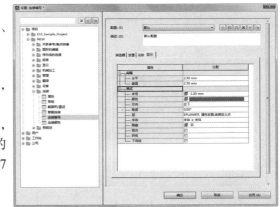

图3-135 "显示"选项卡

3.5.2 放置连接编号

完成连接编号规则设置后，需要在原理图中放置线路编号，首先需要选中进行编号的部分电路或单个甚至多个原理图页，也可以是整个项目。

选择菜单栏中的"项目数据"→"连接"→"放置"命令，弹出如图 3-138 所示的"放置连接定义点"对话框，选择定义好的配置文件，若需要对整个项目进行编号，勾选"应用到整个项目"复选框。

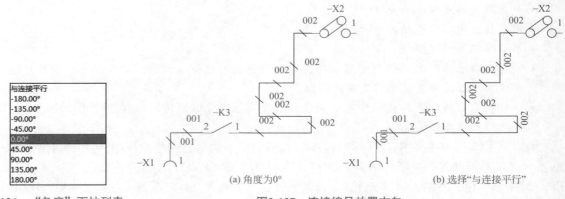

图3-136 "角度"下拉列表

图3-137 连接编号放置方向

(a) 角度为0° 　　　　　(b) 选择"与连接平行"

单击"确定"按钮，在所选择区域根据配置文件设置的规则为线路添加连接定义点，"放置数"默认选择"每个连接一次"，默认情况下，每个连接定义点的连接代号为"？？？？"，如图3-139所示。

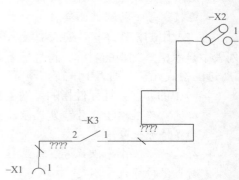

图3-139 添加连接定义点

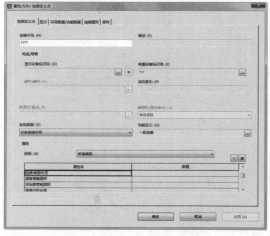

图3-138 "放置连接定义点"对话框

3.5.3 手动编号

如果项目中有一部分线号需要手动编号，那么在显示连接编号位置放置的问号代号进行修改。双击连接定义点的问号代号，弹出属性设置对话框，如图3-140所示，修改"连接代号"文本框，修改为实际的线号。

手动编号的作用范围与配置的编号方案有关。例如，如果编号是基于电位进行的，那么与手动放置编号的连接电位相同的所有连接均会被放置手动编号，也就是说相同编号只需手动编号一处即可。手动放置的编号处于自动编号的范围外，否则自动产生的编号会与手动编号重复。

图3-140 属性设置对话框

3.5.4 自动编号

需要选中进行编号的部分电路或单个甚至多个原理图页，也可以是整个项目。选择菜单栏中的"项目数据"→"连接"→"命名"命令，弹出如图3-141所示的"对连接进行说明"对话框，根据配置好的编号方案执行自动编号。

"起始值/增量"表格中列出当前配置中的定义规则。在"覆盖"下拉列表确定进行编号的连接定义点范围，包括"全部""除了'手动放置'""无"。在"避免重名"下拉列表中设置是否允许重名。在"可见度"下拉列表中选择显示的连接类型，包括不更改、均可见、每页和范围一次。勾选"标记为'手动放置'"复选框，所有的连接被分配手动放置属性。勾选"应用到整个项目"复选框，编号范围为整个项目；勾选"结果预览"复选框，在编号执行前显示预览结果。

单击"确定"按钮，完成设置，弹出"对连接进行说明：结果预览"对话框，如图 3-142 所示，对结果进行预览，对不符合的编号可进行修改。单击"确定"按钮，按照预览结果对选择区域的连接定义点进行标号，结果如图 3-143 所示。可以发现，原理图上的"？？？？"用编号代替。

图3-141　"对连接进行说明"对话框

图3-142　"对连接进行说明：结果预览"对话框

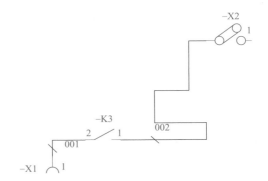

图3-143　编号结果

3.5.5　手动批量更改线号

通过设定编号规则，可以实现 EPLAN 的自动线号编号，在自动编号过程中，因为某些原因，不一定能够完全生成自己想要的线号，这时候需要进行手动修改，逐个的修改步骤又过于烦琐，可以通过对 EPLAN 进行设置，手动批量修改。

选择菜单栏中的"选项"→"设置"命令，弹出"设置"对话框中选择"用户"→"图形的编辑"→"连接符号"，勾选"在整个范围内传输连接代号"复选框，如图 3-144 所示。

单击"确定"按钮，关闭对话框。在原理图中选择单个线号，双击弹出线号属性对话框，对该线号的"连接代号"进行修改，将"连接代号"从001 改为0001，如图 3-145 所示，单击"确定"按钮，弹出如图 3-146 所示的"传输连接代号"对话框。

- 不传输至其他连接：只更改当前连接线号。
- 传输至电位的所有连接：更改该电位范围内的所有连接。
- 传输至信号的所有连接：更改该信号范围内的所有连接。

图3-144　"连接符号"选项卡

● 传输至网络的所有连接：更改该网络范围内的所有连接。

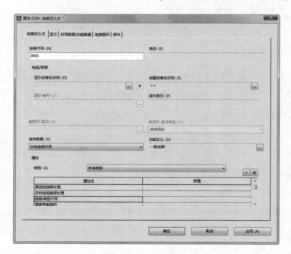

图3-145 修改"连接代号"

图3-146 "传输连接代号"对话框

根据不同的选项进行更改，结果如图 3-147 所示。

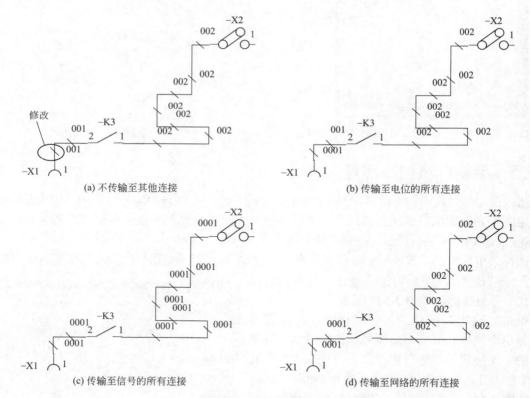

(a) 不传输至其他连接

(b) 传输至电位的所有连接

(c) 传输至信号的所有连接

(d) 传输至网络的所有连接

图3-147 手动更改连接

在 EPLAN 中，元件、连接、文本等符号插入到原理图时，鼠标单击确定的插入点位置，"插入点"是一个点，为减少原理图形的多余图形，提高原理图的可读性，默认情况下不显示"插入点"。

选择菜单栏中的"编辑"→"插入点"命令，显示或关闭插入点，如图 3-148 所示，插入点为黑色实心小点。显示插入点可检测元件等对象在插入时是否对齐到栅格。

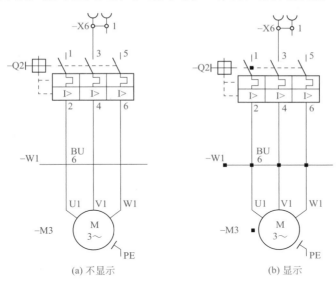

(a) 不显示　　　　　　　　　　(b) 显示

图3-148　显示插入点

3.5.6　连接分线器

在 EPLAN 中，默认情况下，系统在导线的 T 形交叉点或十字交叉点处，无法自动连接，如果导线确实需要相互连接的，就需要用户自己手动插入连接分线器。

选择菜单栏中的"插入"→"连接分线器/线束分线器"命令，弹出如图 3-149 所示的子菜单，与之对应的是"连接分线器"工具栏，如图 3-150 所示。

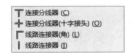

图3-149　连接分线器子菜单

图3-150　连接分线器工具栏

（1）插入连接分线器

选择菜单栏中的"插入"→"连接分线器/线束分线器"→"连接分线器"命令，或单击"连接分线器/线束分线器"工具栏中的"连接分线器"按钮▼，此时光标变成交叉形状并附加一个连接分线器符号━。

将光标移动到想要需要插入连接分线器的元件水平或垂直位置上，出现红色的连接符号表示电气连接成功。移动光标，选择连接分线器插入点，在原理图中单击鼠标左键确定插入连接分线器 X5，如图 3-151 所示。此时光标仍处于插入连接分线器的状态，重复上述操作可以继续插入其他的连接分线器。连接分线器插入完毕，按右键"取消操作"命令或"Esc"键即可退出该操作。

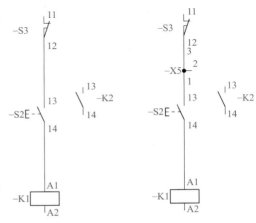

图3-151　插入连接分线器

（2）确定连接分线器方向

在光标处于放置连接分线器的状态时按"Tab"键，旋转连接分线器连接符号，变换连接分

图3-152 连接分线器属性设置对话框

线器连接模式。

（3）设置连接分线器的属性

在插入连接分线器的过程中，用户可以对连接分线器的属性进行设置。双击连接分线器或在插入连接分线器后，弹出如图3-152所示的连接分线器属性设置对话框，在该对话框中可以对连接分线器的属性进行设置，在"显示设备标识符"中输入连接分线器的编号，连接分线器点名称可以是信号的名称，也可以自己定义。

（4）插入角连接

选择菜单栏中的"插入"→"连接符号"→"角（右下）"命令，或单击"连接符号"工具栏中的"右下角"按钮 ，此时光标变成交叉形状并附加一个角符号 。

将光标移动到想要完成电气连接的设备水平或垂直位置上，出现红色的连接符号表示电气连接成功。移动光标，确定导线的终点，完成两个设备之间的电气连接，如图3-153所示。此时光标仍处于放置角连接的状态，重复上述操作可以继续放置其他的导线。导线放置完毕，按右键"取消操作"命令或"Esc"键即可退出该操作。

若不添加连接分线器，直接进行角连接，结果如图3-154所示。

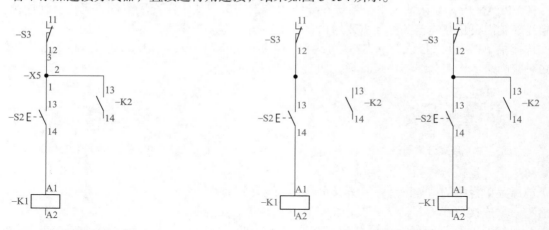

图3-153 角连接步骤   图3-154 直接进行角连接

插入其他连接分线器选择相同的方法，具体步骤这里不再赘述。

3.5.7 线束连接

在多线原理图中，伺服控制器或变频器有可能会连接一个或多个插头，要表达它们的每一个连接，图纸会显得非常紧凑和凌乱。信号线束是一组具有相同性质的并行信号线的组合，通过信号线束线路连接可以大大地简化图纸，使其看起来更加清晰。

线束连接点根据类型不同，包括5种类型：直线、角、T节点、十字接头、T节点分配器。其中，进入线束并退出线束的连接点一端显示为细状，线束和线束之间的连接点为粗状。

选择菜单栏中的"插入"→"线束连接点"命令，弹出如图3-155所示的子菜单，与之对应的是"线束连接点"工具栏，如图3-156所示。

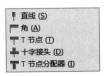

图3-155 线束连接点子菜单

图3-156 线束连接点工具栏

（1）直线

① 选择菜单栏中的"插入"→"线束连接点"→"直线"命令，或单击"线束连接点"工具栏中的（线束连接点直线）按钮，此时光标变成十字形状，光标上显示浮动的线束连接点直线符号。

② 将光标移动到想要放置线束连接点直线的元件的水平或垂直位置上，在光标处于放置线束连接点直线的状态时按"Tab"或"Ctrl"键，旋转线束连接点直线符号，变换线束连接点直线模式。

移动光标，出现红色的符号，表示电气连接成功，如图3-157所示。单击插入线束连接点直线后，此时光标仍处于插入线束连接点直线的状态，重复上述操作可以继续插入其他的线束连接点直线。

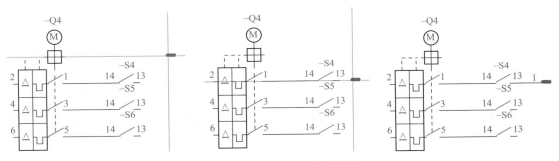

图3-157 插入线束连接点直线

③ 设置信号线束的属性。在插入信号线束的过程中，用户可以对信号线束的属性进行设置。双击线束连接点直线或在插入线束连接点直线后，弹出如图3-158所示的线束连接点属性设置对话框，在该对话框中可以对信号线束的属性进行设置，在"线束连接点代号"中输入线束的编号。

（2）角

① 选择菜单栏中的"插入"→"线束连接点"→"角"命令，或单击"线束连接点"工具栏中的（线束连接点角）按钮，此时光标变成十字形状，光标上显示浮动的线束连接点角符号。

② 将光标移动到想要放置线束连接点角的元件的水平或垂直位置上，在光标处于放置线束连接点角的状态时按"Tab"或"Ctrl"键，旋转线束连接点角符号，变换线束连接点角模式。

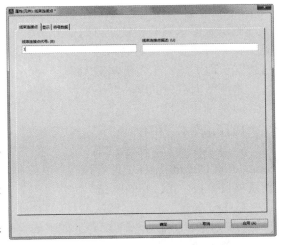

图3-158 线束连接点属性设置对话框

移动光标，出现红色的符号，表示电气连接成功，如图3-159所示。单击插入线束连接点角后，此时光标仍处于插入线束连接点角的状态，重复上述操作可以继续插入其他的线束连接点角。

③ 设置信号线束的属性。在插入信号线束的过程中，用户可以对信号线束的属性进行设置。双击线束连接点直线或在插入线束连接点角后，弹出如图 3-158 所示的线束连接点属性设置对话框，在该对话框中可以对信号线束的属性进行设置，在"线束连接点代号"中输入线束的编号。

同样的方法插入线束连接 T 节点、线束连接十字接头、线束连接 T 节点分配器，结果如图 3-160 所示。

线束连接点的作用类似总线，它把许多连接汇总起来用一个中断点送出去，所以线束连接点往往与中断点配合使用。

插入其他线束连接点也是相同的方法，具体步骤这里不再赘述。

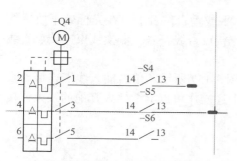

图3-159　放置线束连接点角

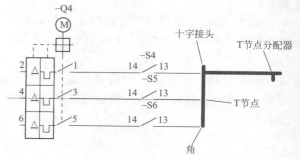

图3-160　线束连接

3.6 操作实例——数字仿真电路

扫一扫 看视频

在具有仿真功能的 EDA 软件出现之前，设计者为了对自己所设计的电路进行验证，一般是使用面包板来搭建实际的电路系统，之后对一些关键的电路节点进行逐点测试，通过观察示波器上的测试波形来判断相应的电路部分是否达到了设计要求。如果没有达到，则需要对元器件进行更换，有时甚至要调整电路结构，重建电路系统，然后进行测试，直到达到设计要求为止。整个过程冗长而烦琐，工作量非常大。

本例根据搭建的电路系统绘制电路仿真原理图，观察流过二极管、电阻和电源 V2 的电流。

（1）创建项目

选择菜单栏中的"项目"→"新建"命令，或单击"默认"工具栏中的 （新项目）按钮，弹出如图 3-161 所示的对话框，在"项目名称"文本框下输入创建新的项目名称"Digital Simulation Circuit"，在"保存位置"文本框下选择项目文件的路径，在"模板"下拉列表中选择默认项目模板"IEC_tpl001.ept"。

单击"确定"按钮，显示项目创建进度对话框，如图 3-162 所示，进度条完成后，弹出"项目属性"对话框，显示当前项目的图纸的参数属性。默认"属性名 - 数值"列表中的参数如图 3-163 所示，单击"确定"按钮，关闭对话框，在"页"导航器中显示创建的空白新项目文件"Digital Simulation Circuit.elk"，如图 3-164 所示。

（2）图页的创建

① 在"页"导航器中选中项目名称"Digital Simulation Circuit.elk"，选择菜单栏中的"页"→"新建"命令，或在"页"导航器中选中项目名称，单击右键，选择"新建"命令，如图 3-165 所示，弹出如图 3-166 所示的"新建页"对话框。

图3-161 "创建项目"对话框

图3-162 进度对话框

图3-163 "项目属性"对话框

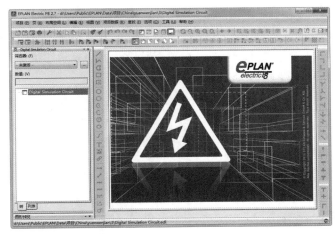

图3-164 空白新项目

图3-165 新建命令

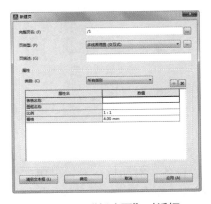

图3-166 "新建页"对话框

② 在该对话框中"完整页名"文本框内输入电路图页名称，默认名称为"/1"，单击"..."
按钮，弹出如图 3-167 所示的"完整页名"对话框，设置高层代号与位置代号，得到完整的页名。
从"页类型"下拉列表中选择需要页的类型，这里选择"多线原理图"，"页描述"文本框输入图
纸描述"绘制仿真电路"。

③ 在"属性名 - 数值"列表中默认显示图纸的表格名称、图框名称、图纸比例与栅格大小。
在"属性"列表中单击"新建"按钮，弹出"属性选择"对话框，选择"创建者的特别注释"

属性，如图 3-168 所示，单击"确定"按钮，在添加的属性"创建者的特别注释"栏的"数值"列输入"三维书屋"，完成设置的对话框如图 3-169 所示。

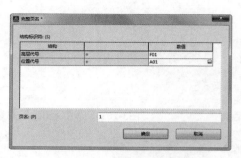

图3-167　"完整页名"对话框

图3-168　"属性选择"对话框

④ 单击"确定"按钮，完成图页添加，在"页"导航器中显示添加原理图页结果，自动进入原理图编辑环境。如图 3-170 所示。

图3-169　"新建页"完成设置的对话框

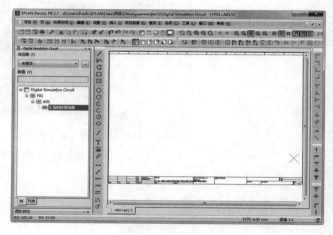

图3-170　新建图页文件

（3）插入电感元件

选择菜单栏中的"插入"→"符号"命令，弹出如图 3-171 所示的"符号选择"对话框，选择需要的电感元件 L1，完成元件选择后，单击"确定"按钮，原理图中在光标上显示浮动的元件符号，选择需要放置的位置，单击鼠标左键，元件被放置在原理图中，自动弹出"属性（元件）：常规设备"对话框，设置电感属性，添加技术参数"1mH"，如图 3-172 所示。完成属性设置后，单击"确定"按钮，关闭对话框，显示放置在原理图中的电感元件 L1，如图 3-173 所示。同时，在"设备"导航器中显示新添加的电感元件 L1，如图 3-174 所示。

（4）插入可变电阻元件

选择菜单栏中的"项目数据"→"符号"命令，在工作窗口左侧就会出现"符号选择"标签，并自动弹出"符号选择"导航器，在导航器树形结构选中"IEC_symbol- 电气工程 - 电子和逻辑组件 - 电阻 - 电阻，3 个连接点 -RP"元件符号，直接拖动到原理图中适当位置或在该元件符号上单击右键，选择"插入"命令，如图 3-175 所示。选择元件符号时，打开"图形预览"窗口，显示选择元件的图形符号，方便符号的选择。

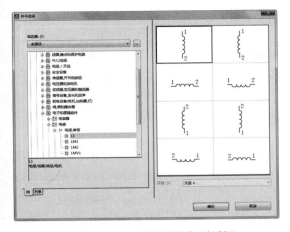

图3-171 "符号选择"对话框

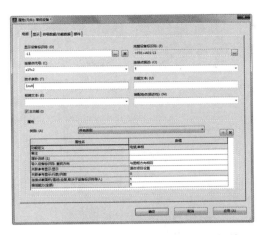

图3-172 "属性（元件）：常规设备"对话框

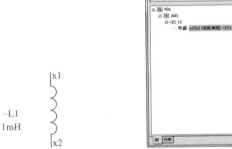

图3-173 放置电感元件

图3-174 显示放置的元件

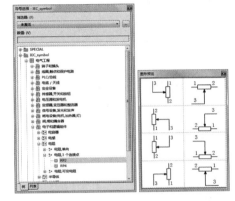

图3-175 选择元件符号

自动激活元件放置命令，这时光标变成十字形状并附加一个交叉记号，如图 3-176 所示，将光标移动到原理图单击完成元件符号插入，在原理图中放置元件，自动弹出"属性（元件）：常规设备"对话框，设置可变电阻属性，输入技术参数"1k"，如图 3-177 所示。完成属性设置后，单击"确定"按钮，关闭对话框，如图 3-178 所示。此时鼠标仍处于放置可变电阻元件符号的状态，按右键"取消操作"命令或"Esc"键即可退出该操作。

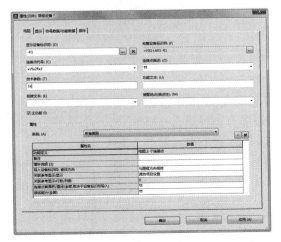

图3-176 元件插入　　　　　图3-177 "属性（元件）：常规设备"对话框

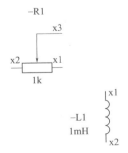

图3-178 放置可变电阻元件

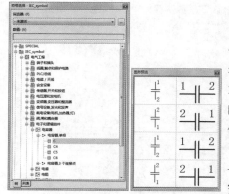

图3-179 选择元件符号

（5）插入电容器元件

在"符号选择"导航器树形结构选中"IEC_symbol- 电气工程 - 电子和逻辑组件 - 电容器 - 电容器，单向 -C"元件符号，直接拖动到原理图中适当位置或在该元件符号上单击右键，选择"插入"命令，如图 3-179 所示。选择元件符号时，打开"图形预览"窗口，显示选择元件的图形符号，方便符号的选择。

自动激活元件放置命令，这时光标变成十字形状并附加一个交叉记号，如图 3-180 所示，将光标移动到原理图单击完成元件符号插入，在原理图中放置元件，自动弹出"属性（元件）：常规设备"对话框，设置电容器属性，输入技术参数"1μF"，如图 3-181 所示。完成属性设置后，单击"确定"按钮，关闭对话框，如图 3-182 所示。此时鼠标仍处于放置开关元件符号的状态，按右键"取消操作"命令或"Esc"键即可退出该操作。

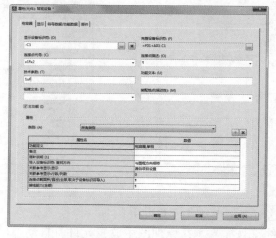

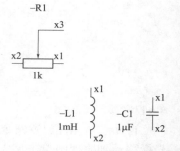

图3-180 元件插入　　图3-181 "属性（元件）：常规设备"对话框　　图3-182 放置电容器元件

（6）插入电压源符号

在"符号选择"导航器树形结构选中"IEC_symbol- 电气工程 - 电压源和发电机 - 电压源 - 电压源，可变 -BAT"元件符号，直接拖动到原理图中适当位置或在该元件符号上单击右键，选择"插入"命令，如图 3-183 所示。选择元件符号时，打开"图形预览"窗口，显示选择元件的图形符号，方便符号的选择。

自动激活元件放置命令，这时光标变成十字形状并附加一个交叉记号，将光标移动到原理图开关元件的垂直上方位置，单击完成元件符号插入，在原理图中放置元件，自动弹出"属性（元件）：常规设备"对话框，设置电压源属性，输入功能文本"正弦电压源 VSIN"，如图 3-184 所示。单击"确定"按钮，关闭对话框，此时鼠标仍处于放置电压源元件符号的状态，按右键"取消操作"命令或"Esc"键即可退出该操作，如图 3-185 所示。

（7）镜像元件

① 选择菜单栏中的"编辑"→"镜像"命令，在可变电阻元件符号上单击，选择元件 Y 轴为镜像轴，水平镜像

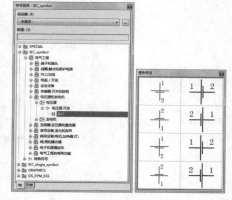

图3-183 选择元件符号

可变电阻元件，将元件在水平方向上镜像，即左右翻转，如图3-186所示。

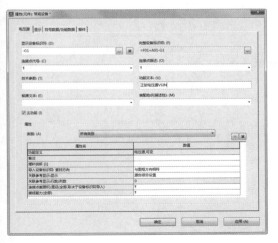

图3-184 "属性（元件）：常规设备"对话框

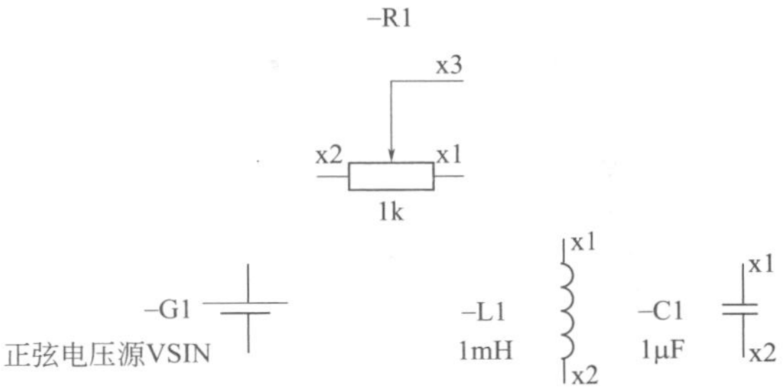

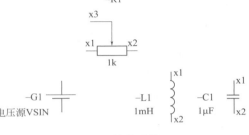

图3-185 放置电压源

② 选择菜单栏中的"插入"→"连接符号"→"角（右下）"命令，或单击"连接符号"工具栏中的"右下角"按钮⌐，在光标处于放置角连接的状态时按"Tab"键，旋转角连接符号，连接电路图，结果如图3-187所示。

③ 选择菜单栏中的"插入"→"连接符号"→"T节点"命令，或单击"连接符号"工具栏中的"T节点，向下"按钮╦、"T节点，向上"按钮╩，在光标处于放置T节点连接的状态时按"Tab"键，旋转T节点连接符号，连接电路图，结果如图3-188所示。

图3-186 镜像元件

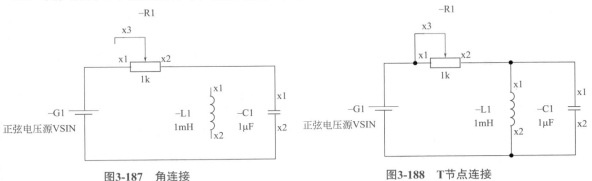

图3-187 角连接　　　　　　　　　　图3-188 T节点连接

④ 双击T节点，弹出T节点属性设置对话框，取消勾选"作为点描绘"复选框，如图3-189所示，原理图中T节点根据选择的T节点方向显示对应的符号，如图3-190所示。

⑤ 选择菜单栏中的"插入"→"符号"命令，弹出如图3-191所示的"符号选择"对话框，选择需要的接地元件，单击"确定"按钮，关闭对话框。

⑥ 插入接地元件，选择菜单栏中的"插入"→"连接符号"→"T节点（向右）"命令，或单击"连接符号"工具栏中的"T节点，向右"按钮╠，连接接地元件，如图3-192所示。

（8）插入连接定义点

选择菜单栏中的"插入"→"连接定义点"命令，此时光标变成交叉形状并附加一个连接定

图3-189 T节点属性设置对话框

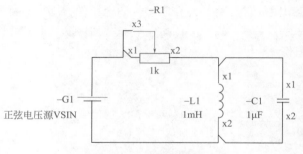

图3-190 T节点设置结果

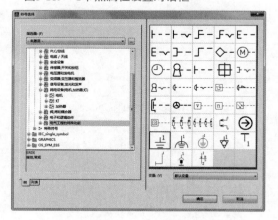

图3-191 选择元件符号

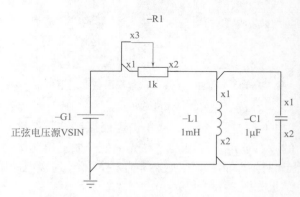

图3-192 插入接地元件

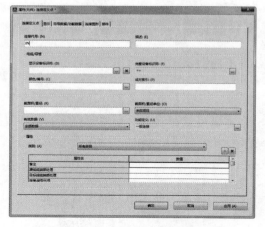

图3-193 连接定义点属性设置对话框

义点符号✷，移动光标，在原理图中单击鼠标左键确定插入连接定义点，弹出如图3-193所示的连接定义点属性设置对话框，在"连接代号"中输入连接定义点的代号IN。

单击"确定"按钮，关闭对话框，弹出"传输连接代号"对话框，选择"不传输至其他连接"单选钮，如图3-194所示，单击"确定"按钮，关闭对话框，完成插入。

此时光标仍处于插入连接定义点的状态，重复上述操作可以继续插入其他的连接定义点OUT。连接定义点插入完毕，按右键"取消操作"命令或"Esc"键即可退出该操作，如图3-195所示。

图3-194 "传输连接代号"对话框

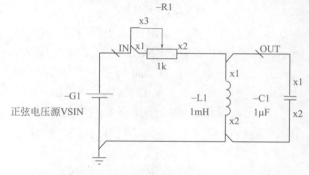

图3-195 插入连接定义点

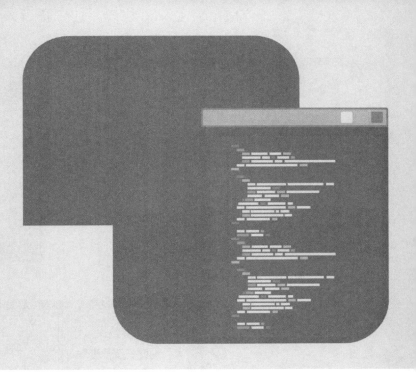

第4章

端子和插头

端子是连接电气柜内部元器件和外部设备的桥梁，插头是安装在一根电缆上并用于将设备连接到电网的设备。对于这些具有特殊功能的设备，本章单独进行讲解。

4.1
端子

端子通常指的是柜内的通用端子，如菲尼克斯的 ST2.5，魏德米勒的 ZDU2.5，端子有内外侧之分，内侧端子一般用于柜内，外侧端子一般作为对外接口，端子的 1 和 2，1 通常指内部，2 指外部（内外部相对于柜体来说）。在原理图中，添加部件的端子是真实的设备。

4.1.1　端子

① 选择菜单栏中的"插入"→"符号"命令，系统将弹出如图 4-1 所示的"符号选择"对话框，打开"列表"选项卡，在该选项卡中用户选择端子符号如图 4-1 所示。

② 单击"端子"左侧的"+"符号，显示不同连接点，不同类型的端子符号如图 4-2 所示。

③ 端子在原理图中根据图形视觉效果分为单侧与两侧，如图 4-3 所示。

④ 在图 4-3 中选择 1 个连接点的单侧端子，在图 4-4 中显示端子变量，（a）中为端子变量 A，（b）中为端子变量 B，（c）中为端子变量 C，（d）中为端子变量 D，（e）中为端子变量 E，（f）中为端子变量 F，（g）中为端子变量 G，（h）中为端子变量 H。以 A 变量为基准，逆时针旋转 90°，形成 B 变量；再以 B 变量为基准，逆时针旋转 90°，形成 C 变量；再以 C 变量为基准，逆时针旋转 90°，形成 D 变量；而 D、E、F、H 变量分别是 A、B、C、D 变量的镜像显示结果。

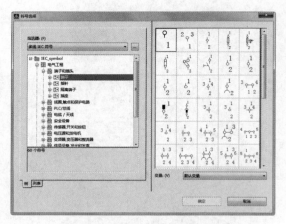

图4-1 "符号选择"对话框

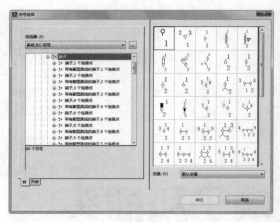

图4-2 端子类型

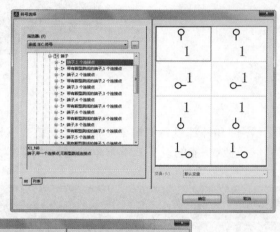

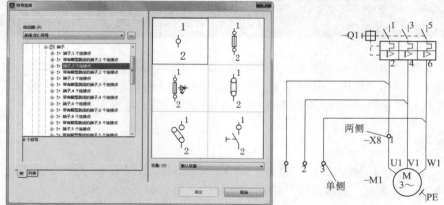

图4-3 单侧与两侧端子

⑤ 选择需要的端子符号，单击"确定"按钮，原理图中在光标上显示浮动的端子符号，端子符号默认为 X？，如图 4-5 所示，选择需要放置的位置，单击鼠标左键，自动弹出端子属性设置对话框，如图 4-6 所示，端子自动根据原理图中放置的元件编号进行更改，默认排序显示 X6，单击"确定"按钮，完成设置，端子被放置在原理图中，如图 4-7 所示。同时，在"端子排"导航器中显示新添加的端子 X6，如图 4-8 所示。

此时光标仍处于放置端子的状态，重复上述操作可以继续放置其他的端子。端子放置完毕，按右键"取消操作"命令或"Esc"键即可退出该操作。

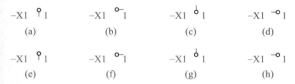

图4-4 端子的符号变量

图4-5 显示端子符号

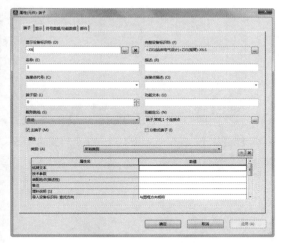

图4-6 属性设置对话框

图4-7 放置端子

图4-8 显示放置的端子

放置其他类型的端子步骤相同，这里不再赘述。

⑥ 在端子属性设置对话框中显示"主端子"与"分散式端子"复选框。其中，勾选"主端子"复选框，表示端子赋予主功能。与设备相同，端子也分主功能与辅助功能，未勾选该复选框的端子被称为辅助端子，在原理图中起辅助功能。勾选"分散式端子"复选框的端子为分散式端子，下节详细讲述该类端子的功能。

4.1.2 分散式端子

一个端子可以在同一页不同位置或不同页显示，可以用分散式端子。

选择菜单栏中的"插入"→"分散式端子"命令，此时光标变成交叉形状并附加一个分散式端子符号。

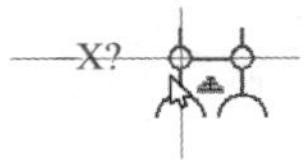

将光标移动到想要插入分散式端子并连接的元件水平或垂直位置上，出现红色的连接符号表示电气连接成功。移动光标，确定端子的终点，完成分散式端子与元件之间的电气连接，如图4-9所示。此时光标仍处于插入分散式端子的状态，重复上述操作可以继续插入其他的分散式端子。分散式端子放置完毕，按右键"取消操作"命令或"Esc"键即可退出该操作。

图4-9 显示分散式端子符号

双击选中的分散式端子符号或在插入端子的状态时，单击鼠标左键确认插入位置后，自动弹出分散式端子属性设置对话框，如图4-10所示，显示分散式端子为带鞍型跳线，4个连接点的端子，单击"确定"按钮，完成设置，分散式端子被放置在原理图中，如图4-11所示。同时，在"设备"导航器中显示新添加的分散式端子X6，如图4-12所示。

根据分散式端子属性设置对话框中的"功能定义"显示，在"符号选择"对话框可以找到相同的分散式端子，如图4-13所示。

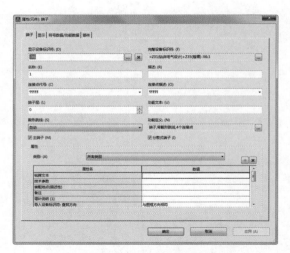

图4-10　属性设置对话框

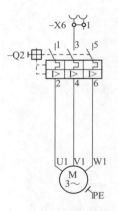

图4-11　放置端子

图4-12　显示放置的端子

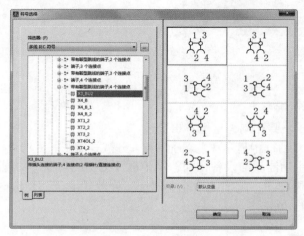

图4-13　分散式端子

4.2
端子排

　　端子排承载多个或多组相互绝缘的端子组件，用于将柜内设备和柜外设备的线路连接，起到信号传输的作用。

4.2.1　插入端子排

（1）新建端子排

　　选择菜单栏中的"项目数据"→"端子排"→"导航器"命令，打开"端子排"导航器，如图4-14所示，包括"树"标签与"列表"标签。在"树"标签中包含项目所有端子的信息，在"列表"标签中显示配置信息。

　　在导航器中空白处单击鼠标右键，弹出如图4-14所示的快捷菜单，选择"生成端子"命令，系统弹出如图4-15所示的"属性（元件）：端子"对话框，显示4个选项卡，在"名称"栏输入端子名称。

单击"确定"按钮，完成设置，关闭对话框，在"端子排"导航器中显示新建的端子，如图4-16所示。

图4-14　"端子排"导航器

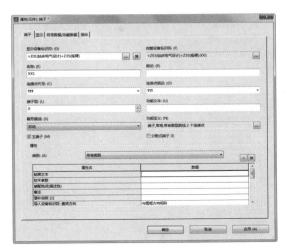

图4-15　"属性（元件）：端子"对话框

在新建的端子上，单击鼠标右键，选择"新功能"命令，弹出"生成功能"对话框，如图4-17所示，在"完整设备标识符"栏输入端子排的名称，通过名称表示项目层级。在"编号样式"文本框中输入端子序号，输入"1-10"，表示创建单层10个端子，端子编号显示为 1 ～ 10，结果如图4-18所示。输入"3+-5-"，表示第三层第五个端子。

图4-16　新建端子

图4-17　"生成功能"对话框

（2）端子排编辑

在"端子排"导航器中新建的端子排上，单击鼠标右键，选择"编辑"命令，弹出"编辑端子排"对话框，提供各种编辑端子排的功能，如端子排的排序、编号、重命名、移动、添加端子排附件等，如图 4-19 所示。

（3）端子排序

端子排上的端子默认按字母数字来排序，也可选择其他排序类别，在端子上单击鼠标右键，选择"端子排序"命令，弹出如图 4-20 所示的排序类别。

● 删除排序：删除端子的排序序号。

● 数字：对以数字开头的所有端子名称进行排序（按照数字大小升序排列），所有端子仍保持在原来的位置。

- 字母数字：端子按照其代号进行排序（数字升序→字母升序）。
- 基于页：基于图框逻辑进行排序，即按照原理图中的图形顺序排序。
- 根据外部电缆：用于连接共用的一根电缆的相邻的端子（外部连接）。
- 根据跳线：根据手动跳线设置后调整端子连接，生成鞍型跳线。

图4-18　新建端子排

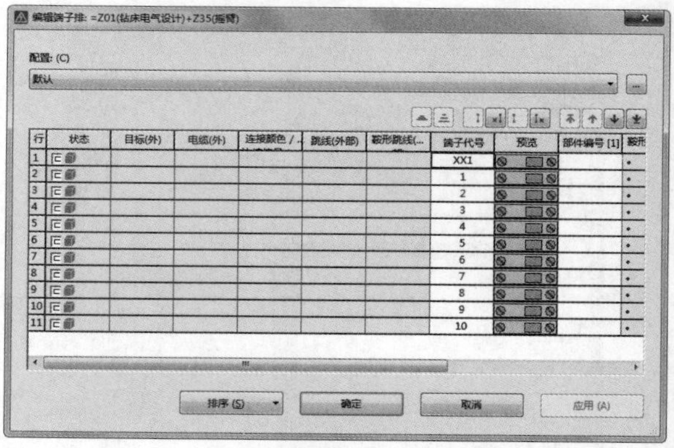

图4-19　"编辑端子排"对话框

- 给出的顺序：根据默认顺序。

端子排序结果对应在"端子排"导航器中的顺序。不同的端子排也可设置不同的顺序，如图 4-21 所示。

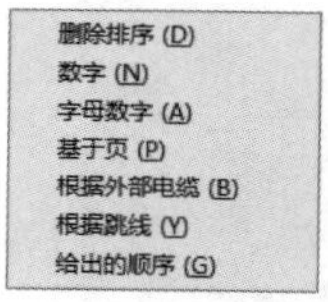

图4-20　排序类别

图4-21　端子排排序

提示：

在默认创建端子 XX1 时，已有一个端子，因此在"编号样式"栏，可输入"2-10"，也可以选中创建的端子 XX1，删除该端子。

在"端子排"导航器直接拖动创建的端子排到原理图中即可。

4.2.2　端子排定义

在 EPLAN 中，通过端子排定义管理端子排，端子排定义识别端子排并显示排的全部重要数据及排部件。

① 在创建的端子排上，单击右键选择"生成端子排定义"命令，系统弹出如图 4-22 所示的"属性（元件）：端子排定义"对话框。

- 在"显示设备标识符"栏定义端子名称。
- 在"功能文本"中显示端子在端子排总览中，主要用于高度客户，显示端子的用途。
- 在"端子图表表格"中为当前端子排制定专用的端子图表，该报表在自动生成时不适用报表设置中的模板。

单击"确定"按钮，完成设置，关闭对话框，在"端子排"导航器中显示新建的端子排定义，如图 4-23 所示。

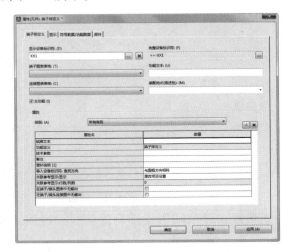

图4-22 "属性（元件）：端子排定义"对话框（1）

图4-23 新建的端子排定义

② 选择菜单栏中的"插入"→"端子排"命令，这时光标变成交叉形状并附加一个端子排记号，将光标移动到想要插入端子排的端子上，单击鼠标左键插入，系统弹出如图 4-24 所示的"属性（元件）：端子排定义"对话框，设置端子排的功能定义，输入设备标识符"-X7"，完成设置后关闭该对话框，在原理图中显示端子排的图形化表示"-X7="，如图 4-25 所示。

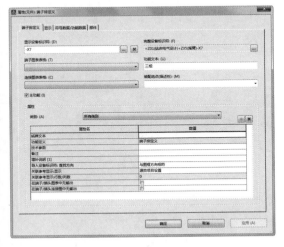

图4-24 "属性（元件）：端子排定义"对话框（2）

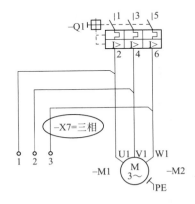

图4-25 插入端子排定义

4.2.3 端子的跳线连接

在 EPLAN 中，端子排上的端子通过"跨接线"相连，这些跨接线称为跳线，根据连接的不同，分为接线式跳线、插入式跳线和鞍型跳线。

（1）接线式跳线

在"端子排"导航器下选择图 4-26 所示的端子排 X11 下的端子，直接拖动端子 1、2、3、4 到原理图中，如图 4-27 所示。

单击"连接符号"工具栏中的"右下角"按钮 ┌ 和"T 节点，向右"按钮 ┝，连接端子，如图 4-28 所示。

图4-26　"端子排"导航器

图4-27　放置端子排

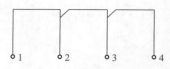

图4-28　连接端子

打开"连接"导航器，选择端子排 X11 下的连接线，显示端子连接均为接线式跳线，如图 4-29 所示。

（2）插入式跳线

① 打开"连接"导航器，选择端子排 X11 下的连接线，在连接线上单击鼠标右键，选择"属性"命令，弹出属性设置对话框，如图 4-30 所示，在"功能定义"文本框中显示当前跳线为"接线式跳线"。

图4-29　接线式跳线

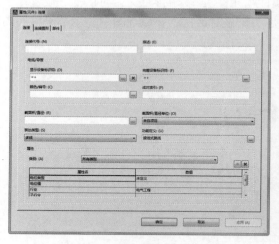

图4-30　属性设置对话框

② 单击 ... 按钮，弹出"功能定义"对话框，如图 4-31 所示，显示连接定义属性，选择"插入式跳线"，完成属性设置后，单击"确定"按钮，返回属性设置对话框，重新定义连接跳线，如图 4-32 所示，单击"确定"按钮，关闭所有对话框，在原理图中显示端子的插入式跳线连接结果，如图 4-33 所示。

③ 在"端子排"导航器中选中端子排 X11，选择菜单栏中的"项目数据"→"端子排"→"编辑"命令，或直接在端子排上单击右键，选择快捷命令"编辑"，弹出"编辑端子排"对话框，显示插入式跳线与连接时跳线的连接效果，如图 4-34 所示。

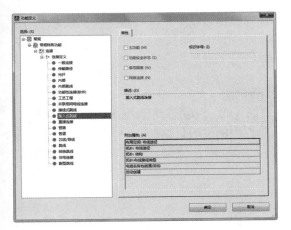

图4-31 "功能定义"对话框

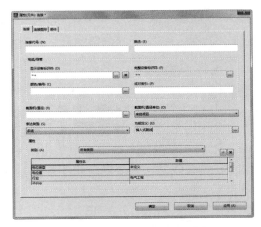

图4-32 选择"插入式跳线"

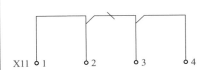

图4-33 切换为"插入式跳线"

（3）鞍型跳线

端子进行符号选择过程中可直接选择带有鞍型跳线的端子，也可以根据端子属性设置选择"鞍型跳线"类型。

① 选择菜单栏中的"插入"→"符号"命令，弹出"符号选择"对话框，如图 4-35 所示。在筛选器下拉列表中显示的树形结构中选择带鞍型跳线的端子符号。

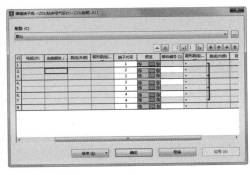

图4-34 "编辑端子排"对话框

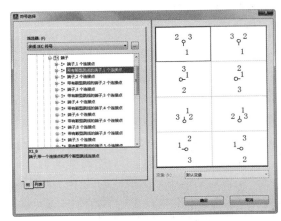

图4-35 "符号选择"对话框

② 单击"确定"按钮，将端子 X8 插入到原理图中，为端子添加新功能，创建 5 个端子的端子

排X8，继续将端子2、3、4插入到原理图中，插入过程中，相邻端子自动相连，如图4-36所示。

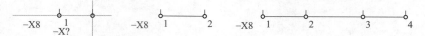

图4-36　插入端子排X8

③打开"连接"导航器，选择端子排X8下的连接线，显示端子连接均为鞍型跳线，如图4-37所示。

④在"端子排"导航器中选中端子排X8，选择菜单栏中的"项目数据"→"端子排"→"编辑"命令，或直接在端子排上单击右键，选择快捷命令"编辑"，弹出"编辑端子排"对话框，显示鞍型跳线的连接效果，如图4-38所示。

图4-37　鞍型跳线

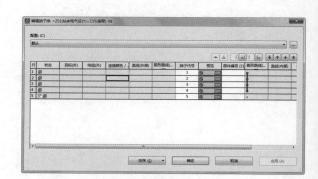

图4-38　"编辑端子排"对话框

（4）跳线连接

若端子排上相邻的端子需要连接，连接的功能定义由常规连接改为跳线连接，并根据端子类型，自动生成跳线，其中常规端子生成跳动连接，鞍型端子生成鞍型跳动。

①选择菜单栏中的"插入"→"连接符号"→"跳线"命令，或单击"连接符号"工具栏中的"跳线"按钮，此时光标变成交叉形状并附加一个跳线符号。

②将光标移动到想要插入跳线的端子水平或垂直位置上，移动光标，确定端子的跳线插入位置，出现红色的连接线，表示电气连接成功，如图4-39所示。此时光标仍处于放置跳线连接的状态，重复上述操作可以继续放置其他的跳线。导线放置完毕，按右键"取消操作"命令或"Esc"键即可退出该操作。

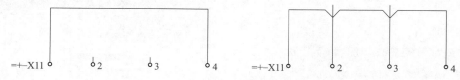

图4-39　插入跳线

在光标处于放置角连接的状态时按"Tab"键，旋转跳线连接符号，变换跳线连接模式，EPLAN有四个方向的"跳线"连接命令，而每一个方向的T节点连接符号又有四种连接关系可选。

③设置跳线的属性。双击跳线即可打开跳线的属性编辑面板，如图4-40所示。

在该对话框中显示跳线的四个方向及不同方向的目标连线顺序，勾选"作为点描绘"复选框，跳线显示为"点"模式，取消勾选该复选框，根据选择的跳线方向显示对应的符号或其变量关系。

打开"连接"导航器，选择端子排X11下的连接线，显示端子连接均为鞍型跳线，如图4-41所示。

④在"端子排"导航器中选中端子排X11，选择菜单栏中的"项目数据"→"端子排"→"编辑"命令，或直接在端子排上单击右键，选择快捷命令"编辑"，弹出"编辑端子排"对话框，

显示鞍型跳线的连接效果，如图 4-42 所示。

  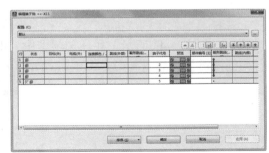

图4-40　T节点属性设置　　　图4-41　鞍型跳线　　　图4-42　"编辑端子排"对话框

4.3
备用端子

在项目设计过程中，为方便日后进行维护使用，需要预留一些备用的端子，这些端子虽然不会在原理图中显示，但是会显示在端子图表上，如表 4-1 所示。

端子导航器中的预设计功能能够很好地满足备用端子预留的要求。在端子导航器中创建未被放置的端子，在生成端子图表的时候可以评估端子导航器的状态。

这样，不管端子被是否画在原理图上，在端子图表中都会有端子显示生成。

表4-1　端子图表

| | | 排 | | | |
| | | = CA1+EAA-X5 | | | |
目标代号	连接点	端子	短连接	目标代号	连接点
		1	·		
		2	·		
		3			
		4			
		5			

短接片生成

4.4
插头

插头、耦合器和插座是可分解的连接，称为插头连接，用来将元件、设备和机器连接起来。在 EPLAN 中所有的插头连接都概括为"插头"，统一进行管理。将插头理解为多个插针的组合，插针分为公插针与母插针。插头包含多个用于安插到嵌入式插头的公插头。插头的配对物称为耦合器，通常配有母插头。

4.4.1 插头符号

选择菜单栏中的"插入"→"符号"命令，系统将弹出"符号选择"对话框，打开"列表"选项卡，如图 4-43 所示。在该选项卡中"电子工程"→"端子和插头"选项组下包含专门的插针与插座符号，如图 4-43、图 4-44 所示。

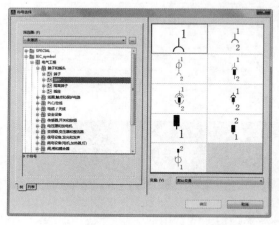

图4-43 插针符号

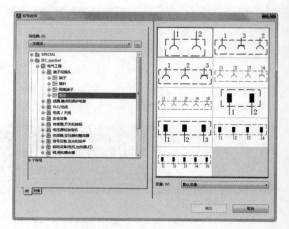

图4-44 插座符号

工业上，用于插头连接的连接器叫做插接件，一般统称为插头。通常，插座一般指固定在底盘上的一半，插头一般指不固定的一半。

插针仅是插头的一部分，插头是由多个插针及其他附件（比如插头盖、锁紧螺钉等）组成的。有凸起的一端叫公插针，有凹槽的一端叫母插针。带公插针的插头称为公插头；带母插针的插头称为母插头。带公插针的插座称为公插座；带母插针的插座称为母插座。

① 单击"插针"左侧的"+"符号，显示 2 个连接点，不同类型的插针符号如图 4-45 所示。其中，公插针与母插针符号如图 4-46 所示。

② 插座在原理图中分插头与插座，根据连接点个数不同分为 2、3、4、5，如图 4-47 所示。

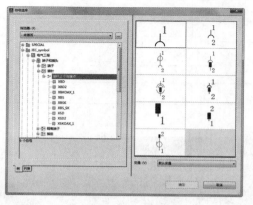

图4-45 插针类型

图4-46 插针分类

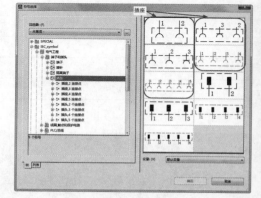

图4-47 插头与插座

选择需要的插头符号，单击"确定"按钮，原理图中在光标上显示浮动的插头符号，如图 4-48 所示，选择需要放置的位置，单击鼠标左键，自动弹出端子属性设置对话框，如图 4-49

所示，插头自动根据原理图中放置的元件编号进行更改，默认排序显示 X1，单击"确定"按钮，完成设置，插头被放置在原理图中，如图 4-50 所示。同时，在"插头"导航器中显示新添加的插头 X1，如图 4-51 所示。

此时光标仍处于放置插头状态，重复上述操作可以继续放置其他的插头。插头放置完毕，按右键"取消操作"命令或"Esc"键即可退出该操作。

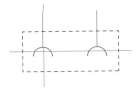

图4-48　显示插头符号

插头与插座总是成对出现的，完成插头放置后，放置插座的步骤相同，这里不再赘述。

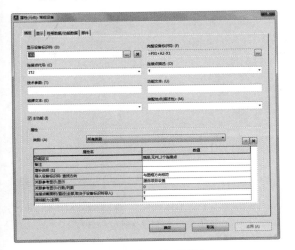

图4-49　属性设置对话框

图4-50　放置插头

图4-51　显示放置的插头

4.4.2　插头导航器

选择菜单栏中的"项目数据"→"插头"→"导航器"命令，打开"插头"导航器，如图 4-52 所示。在"插头"导航器中包含项目所有的插头信息，提供和修改插头的功能，包括插头名称的修改、显示格式的改变、插头属性的编辑等等。

（1）筛选对象的设置

单击"筛选器"面板最上部的下拉列表按钮，可在该下拉列表框中选择想要查看的对象类别，如图 4-53 所示。

插入插头：在"插头"导航器中选择对象，如图 4-54 所示，向原理图中拖动，此时光标变成交叉形状并附加一个插头图形符号，如图 4-55 所示，移动光标，单击确定插头定义的位置。

图4-52　"插头"导航器

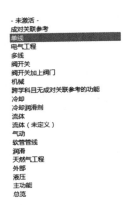

图4-53　对象的类别显示

图4-54　选择对象

图4-55　显示插头图形符号

此时"插头"导航器中自动添加放置的插头，如图 4-56 所示。

（2）定位对象的设置

在"插头"导航器中还可以快速定位导航器中的元件在原理图中的位置。选择项目文件下的插头 X3，单击鼠标右键，弹出如图 4-57 所示的子菜单，选择"转到（图形）"命令，自动打开该插头所在的原理图页，并高亮显示该插头的图形符号，如图 4-58 所示。

图4-56　插入插头

图4-57　快捷菜单

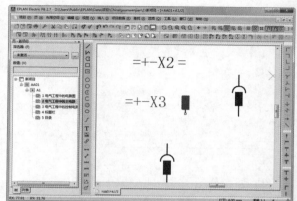

图4-58　快速查找插头

4.4.3　新建插头

图4-59　插头元件

插头元件包括插头定义和插头图形，如图 4-59 所示。在"插头"导航器创建插头元件时，可直接创建插头元件，也可分开创建，根据实际情况进行创建，下面讲解具体的步骤。

（1）新建

① 选择"新建"命令，弹出"功能定义"对话框，在该对话框中可以选择创建插头定义或插头图形，也可创建包含连接点的插针，如图 4-60 所示。

② 选择"插头定义"→"插头定义，公插针"选项，选择插入公插头的插头定义，此时光标变成交叉形状并附加一个插头定义符号 X?，移动光标，单击确定插头定义的位置，自动打开插头定义的属性编辑对话框，如图 4-61 所示。输入"显示设备标识符"为"-X1"，单击"确定"按钮，关闭对话框。

此时光标仍处于放置插头定义的状态，重复上述操作可以继续放置其他的插头定义，按右键"取消操作"命令或"Esc"键即可退出该操作。同时，在"插头"导航器中显示创建的插头定义 X1，如图 4-62 所示。

③ 选择"插针"→"插针，2 个连接点"→"N 公插针，2 个连接点"选项，如图 4-63 所示，选择插入公插头元件，此时光标变成交叉形状并附加一个公插头符号，移动光标，单击确定公插头的位置，自动打开公插头的属性编辑对话框，如图 4-64 所示。输入"显示设备标识符"为"-X1"，单击"确定"按钮，关闭对话框。

此时光标仍处于放置公插头的状态，重复上述操作可以继续放置其他的公插头，按右键"取消操作"命令或"Esc"键即可退出该操作。同时，在"插头"导航器中显示创建的公插头 X1，如图 4-65 所示。

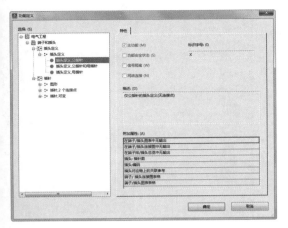

图4-60 "功能定义"对话框

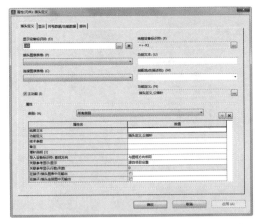

图4-61 "属性（元件）：插头定义"对话框

图4-62 新建插头定义X1

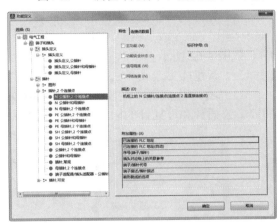

图4-63 "功能定义"对话框

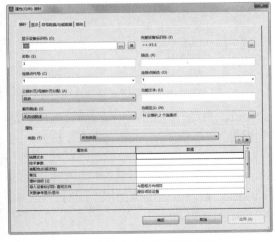

图4-64 公插头的属性编辑对话框

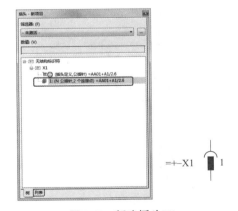

图4-65 新建插头X1

④ 选择"插针"→"图形"选项，选择插入插针图形元件，如图4-66所示。

此时光标变成交叉形状并附加一个插针图形符号，移动光标，单击确定插针图形的位置，自动打开插针图形的属性编辑对话框，如图4-67所示。输入"显示设备标识符"为"=+-X4"，单击"确定"按钮，关闭对话框。

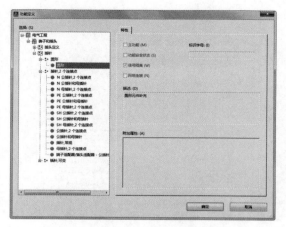

图4-66 "功能定义"对话框

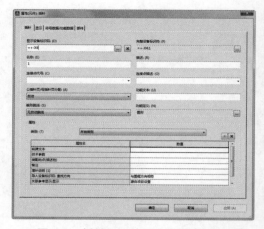

图4-67 插针图形的属性编辑对话框

此时光标仍处于放置插针图形的状态，重复上述操作可以继续放置其他的插针图形，按右键"取消操作"命令或"Esc"键即可退出该操作。同时，在"插头"导航器中显示创建的插针图形X4，如图4-68所示。

（2）新建插头定义

① 选择"生成插头定义"命令，弹出如图4-69所示的子菜单，可选择生成仅公插针、仅母插针、公插针和母插针的插头定义，即设备标识符。

图4-68 新建插头X4

图4-69 插头定义子菜单

② 选择"生成插头定义"→"公插针和母插针"命令后，自动打开公插针和母插针的插头定义属性编辑对话框，如图4-70所示。输入"显示设备标识符"为"X2"，单击"确定"按钮，关闭对话框。

此时光标仍处于放置公插针和母插针的插头定义的状态，重复上述操作可以继续放置其他的公插针和母插针的插头定义，按右键"取消操作"命令或"Esc"键即可退出该操作。同时，在"插头"导航器中显示创建的公插针和母插针的插头定义X2，如图4-71所示。

（3）新建插针

① 选择"生成插针"命令，弹出如图4-72所示的子菜单，可选择生成公插针、母插针、公插针和母插针。

② 选择"生成插针"→"公插针"命令后，自动打开公插针属性编辑对话框，如图4-73所示。输入"显示设备标识符"为"X3"，单击"确定"按钮，关闭对话框。

此时光标仍处于放置公插针的状态，重复上述操作可以继续放置其他的公插针，按右键"取消操作"命令或"Esc"键即可退出该操作。同时，在"插头"导航器中显示创建的公插针 X3，如图 4-74 所示。

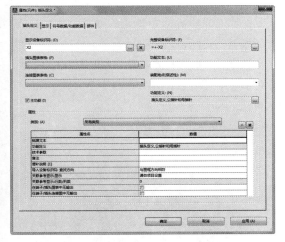

图4-70 "属性（元件）：插头定义"对话框

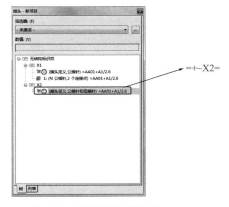

图4-71 新建插头定义X2

图4-72 插针子菜单　　图4-73 "属性（元件）：插针"对话框　　图4-74 新建插头定义X3

4.5
操作实例——单向能耗制动电路

扫一扫 看视频

能耗制动是在电动机脱离三相交流电源后，迅速给定子绕组的任意两相中通入直流电流，产生恒定磁场。本例中为按时间原则控制的单向能耗制动电路。其中 KM1 为单向运行接触器，KM2 为能耗制动接触器，VC 为桥式整流电路，TC 为整流变压器。

（1）创建项目

选择菜单栏中的"项目"→"新建"命令，或单击"默认"工具栏中的 （新项目）按钮，弹出如图 4-75 所示的对话框，在"项目

图4-75 "创建项目"对话框

名称"文本框下输入创建新的项目名称"One-way Energy Consumption Braking Circuit",在"保存位置"文本框下选择项目文件的路径,在"模板"下拉列表中选择默认国家标准项目模板"GB_tpl001.ept"。

图4-76 进度对话框

单击"确定"按钮,显示项目创建进度对话框,如图4-76所示,进度条完成后,弹出"项目属性"对话框,显示当前项目的图纸的参数属性。默认"属性名-数值"列表中的参数,如图4-77所示,单击"确定"按钮,关闭对话框,在"页"导航器中显示创建的空白新项目"One-way Energy Consumption Braking Circuit.elk",如图4-78所示。

图4-77 "项目属性"对话框

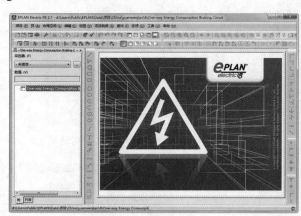

图4-78 空白新项目

（2）图页的创建

① 在"页"导航器中选中项目名称"One-way Energy Consumption Braking Circuit.elk",选择菜单栏中的"页"→"新建"命令,或在"页"导航器中选中项目名称上单击右键,选择"新建"命令,弹出如图4-79所示的"新建页"对话框。

② 在该对话框中"完整页名"文本框内输入电路图页名称,默认名称为"/1",弹出如图4-80所示的"完整页名"对话框,设置高层代号与位置代号,得到完整的页名。从"页类型"下拉列表中选择需要页的类型。在"页类型"下拉列表中选择"多线原理图（交互式）","页描述"文本框输入图纸描述"时间原则控制原理图",完成设置的对话框如图4-81所示。

图4-79 "新建页"对话框

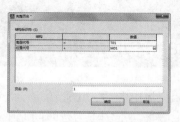

图4-80 "完整页名"对话框

图4-81 完成设置的对话框

③ 单击"确定"按钮,完成图页添加,在"页"导航器中显示添加原理图页结果,进入原理图编辑环境,如图4-82所示。

（3）插入电机元件

选择菜单栏中的"插入"→"符号"命令,弹出如图4-83所示的"符号选择"对话框,选择需要的元件——电机，完成元件选择后，单击"确定"按钮，原理图中在光标上显示浮动的元件符号，选择需要放置的位置，单击鼠标左键，元件被放置在原理图中，自动弹出"属性（元件）：常规设备"对话框，设置电机属性，如图4-84所示。完成属性设置后，单击"确定"按钮，关闭对话框，显示放置在原理图中的电机元件"-M1"，如图4-85所示。同时，在"设备"导航器中显示新添加的电机元件M1，如图4-86所示。

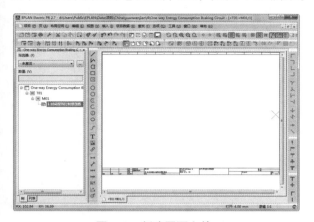

图4-82　新建图页文件

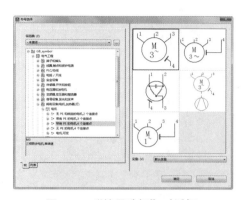

图4-83　"符号选择"对话框

图4-84　"属性（元件）：常规设备"对话框

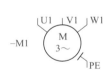

图4-85　放置电机元件

图4-86　显示放置的元件

（4）插入过载保护热继电器元件

选择菜单栏中的"插入"→"符号"命令，弹出如图4-87所示的"符号选择"对话框，选择需要的元件——热过载继电器，单击"确定"按钮，关闭对话框。

这时光标变成十字形状并附加一个交叉记号，将光标移动到原理图电动机元件的垂直上方位置，单击完成元件符号插入，元件被放置在原理图中，自动弹出"属性（元件）：常规设备"对话框，输入设备标识符"-FR"，完成属性设置后，单击"确定"按钮，关闭对话框，显示放置在原理图中的与电机元件M1自动连接的热过载继电器元件FR，此时鼠标仍处于放置熔断器元件符号的状态，按右键"取消操作"命令或"Esc"键即可退出该操作，如图4-88所示。

（5）插入接触器常开触点

① 选择菜单栏中的"插入"→"符号"命令，弹出如图4-89所示的"符号选择"对话框，选择需要的元件——常开触点，单击"确定"按钮，关闭对话框。

② 这时光标变成十字形状并附加一个交叉记号，单击将元件符号插入在原理图中，自动弹出"属性（元件）：常规设备"对话框，输入设备标识符"-KM1"，如图4-90所示，完成属性设

置后，单击"确定"按钮，关闭对话框.显示放置在原理图中的与热过载继电器元件 FR 自动连接的常开触点 KM1 的 1、2 连接点。

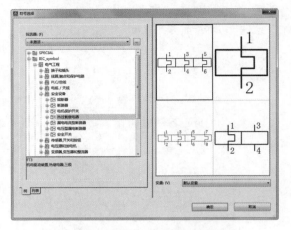

图4-87　"符号选择"对话框

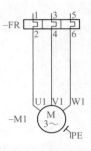

图4-88　放置热过载继电器元件

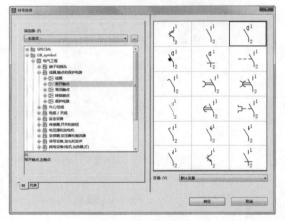

图4-89　"符号选择"对话框

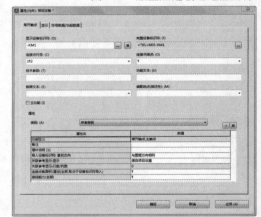

图4-90　"属性（元件）：常规设备"对话框

③ 此时鼠标仍处于放置常开触点元件符号的状态，继续插入 KM1 常开触点，自动弹出"属性（元件）：常规设备"对话框，输入设备标识符为空，连接点代号为"3¶4"，如图 4-91 所示，常开触点 KM1 的 3、4 连接点，按同样的方法，继续插入 KM1 常开触点的 5、6 连接点，按右键"取消操作"命令或"Esc"键即可退出该操作，如图 4-92 所示。

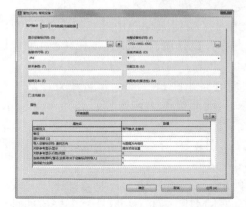

图4-91　"属性（元件）：常规设备"对话框

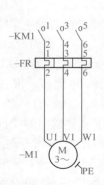

图4-92　放置接触器常开触点KM1

（6）插入熔断器元件

选择菜单栏中的"项目数据"→"符号"命令，在工作窗口左侧就会出现"符号选择"标签，并自动弹出"符号选择"导航器，在导航器树形结构选中"GB_symbol-电气工程-安全设备-熔断器-三极熔断器-FS3"元件符号，直接拖动到原理图中适当位置或在该元件符号上单击右键，选择"插入"命令，如图4-93所示。选择元件符号时，打开"图形预览"窗口，显示选择元件的图形符号，方便符号的选择。

自动激活元件放置命令，这时光标变成十字形状并附加一个交叉记号，将光标移动到原理图电动机元件的垂直上方位置，单击完成元件符号插入，在原理图中放置元件，自动弹出"属性（元件）：常规设备"对话框，设置熔断器属性，如图4-94所示。完成属性设置后，单击"确定"按钮，关闭对话框，如图4-95所示。此时鼠标仍处于放置熔断器元件符号的状态，按右键"取消操作"命令或"Esc"键即可退出该操作。

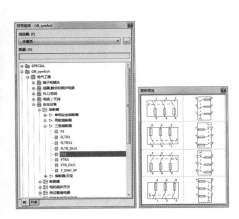

图4-93　选择元件符号

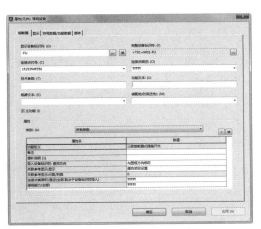

图4-94　"属性（元件）：常规设备"对话框

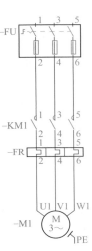

图4-95　放置熔断器元件

（7）插入端子符号

在"符号选择"导航器树形结构选中"GB_symbol-电气工程-端子和插头-端子-端子，1个连接点-X1_NB"元件符号，直接拖动到原理图中适当位置或在该元件符号上单击右键，选择"插入"命令，如图4-96所示。选择元件符号时，打开"图形预览"窗口，显示选择元件的图形符号，方便符号的选择。

自动激活元件放置命令，这时光标变成十字形状并附加一个交叉记号，将光标移动到原理图开关元件的垂直上方位置，单击完成元件符号插入，元件被放置在原理图中，自动弹出"属性（元件）：端子"对话框，设置端子属性，如图4-97所示。设置端子名称为L1，单击"确定"按钮，关闭对话框，显示放置在原理图中的与端子L1自动连接的熔断器元件FU，此时鼠标仍处于放置端子元件符号的状态，继续放置端子L2、L3，按右键"取消操作"命令或"Esc"键即可退出该操作，如图4-98所示。

（8）插入可变电阻元件

选择菜单栏中的"项目数据"→"符号"命令，在工作窗口左侧就会出现"符号选择"标签，并自动弹出"符号选择"导航器，在导航器树形结构选中"IEC_symbol-电气工程-电子和逻辑组件-电阻-电阻，3个连接点-RP"元件符号，直接拖动到原理图中适当位置或在该元件符号上单击右键，选择"插入"命令，如图4-99所示。选择元件符号时，打开"图形预览"窗口，显示选择元件的图形符号，方便符号的选择。

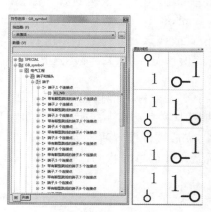

图4-96 选择元件符号

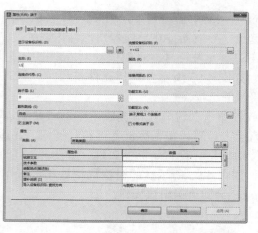

图4-97 "属性（元件）：端子"对话框

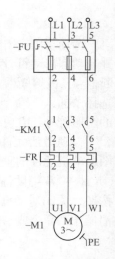

图4-98 放置端子

　　自动激活元件放置命令，这时光标变成十字形状并附加一个交叉记号，将光标移动到原理图单击完成元件符号插入，在原理图中放置元件，自动弹出"属性（元件）：常规设备"对话框，设置可变电阻属性，如图4-100所示。完成属性设置后，单击"确定"按钮，关闭对话框，如图4-101所示。此时鼠标仍处于放置可变电阻元件符号的状态，按右键"取消操作"命令或"Esc"键即可退出该操作。

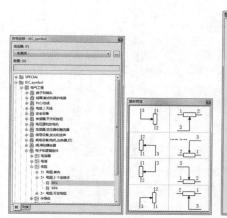

图4-99 选择元件符号

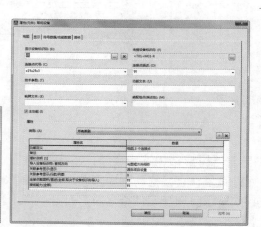

图4-100 "属性（元件）：常规设备"对话框

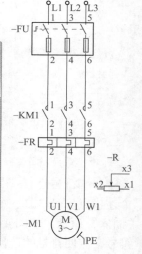

图4-101 放置
可变电阻元件

　　（9）插入变压器

　　选择菜单栏中的"插入"→"符号"命令，弹出如图4-102所示的"符号选择"对话框，选择需要的元件——变压器，完成元件选择后，单击"确定"按钮，原理图中在光标上显示浮动的元件符号，选择需要放置的位置，单击鼠标左键，在原理图中放置元件，自动弹出"属性（元件）：常规设备"对话框，如图4-103所示，输入设备标识符"-TC"，单击"确定"按钮，完成设置，元件放置结果如图4-104所示。

　　（10）插入整流器

　　选择菜单栏中的"插入"→"符号"命令，弹出如图4-105所示的"符号选择"对话框，选择需要的元件——整流器，完成元件选择后，单击"确定"按钮，原理图中在光标上显示浮动的元件符号，选择需要放置的位置，单击鼠标左键，在原理图中放置元件，自动弹出"属性（元件）：常规设备"对话框，如图 4-106 所示，输入设备标识符 VC，单击"确定"按钮，完成设置，元件放置结果如图 4-107 所示。

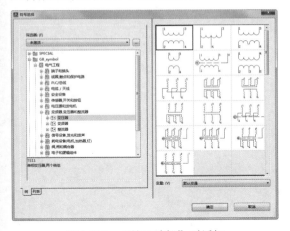

图4-102　"符号选择"对话框

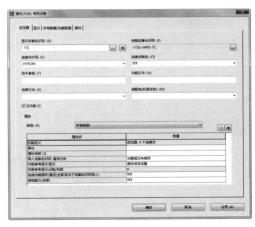

图4-103　"属性（元件）：常规设备"对话框

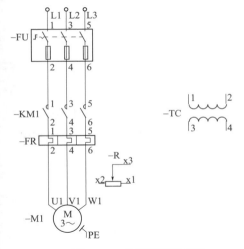

图4-104　放置变压器元件

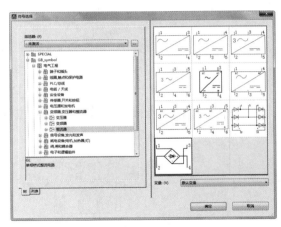

图4-105　"符号选择"对话框

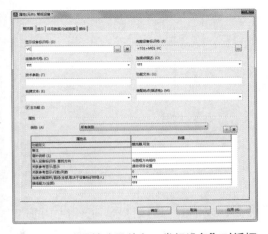

图4-106　"属性（元件）：常规设备"对话框

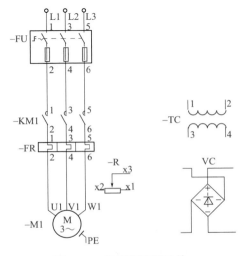

图4-107　放置整流器元件

（11）镜像元件

选择菜单栏中的"编辑"→"镜像"命令，在可变电阻元件符号上单击，选择元件 Y 轴为镜像轴，水平镜像可变电阻元件，将元件在水平方向上镜像，即左右翻转；按"Ctrl+R"键，旋转元件，如图 4-108 所示。

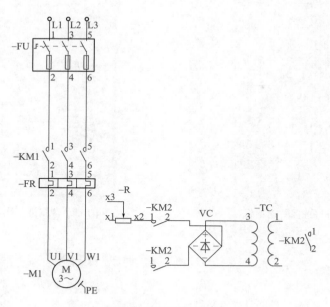

图4-108　元件布局

选择菜单栏中的"插入"→"连接符号"→"角"命令，或单击"连接符号"工具栏中的"右下角"按钮 ⌐，在光标处于放置角连接的状态时按"Tab"键，旋转角连接符号，连接电路图，结果如图 4-109 所示。

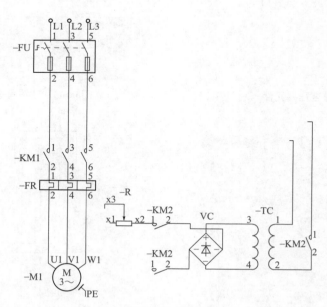

图4-109　角连接

选择菜单栏中的"插入"→"连接符号"→"T 节点"命令，或单击"连接符号"工具栏中的"T 节点，向下"按钮 、"T 节点，向上"按钮 ，在光标处于放置 T 节点连接的状态时按"Tab"键，旋转 T 节点连接符号，连接电路图，结果如图 4-110 所示。

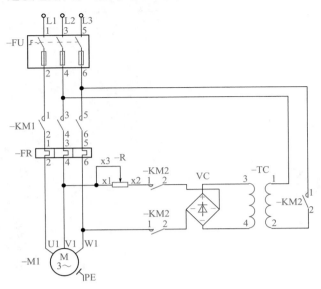

图4-110　T节点连接

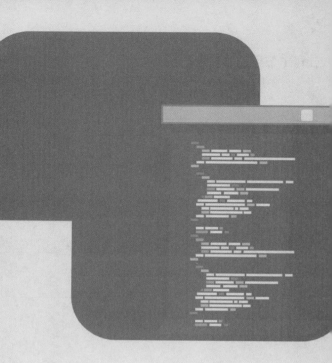

第5章

原理图的后续操作

本章主要内容包括原理图中的常用操作、编号管理和定位工具，掌握了这些工具的使用，将使用户的电路设计更加得心应手。

5.1 原理图中的常用操作

原理图在绘制过程中，需要一些常用技巧操作，以方便绘制。

5.1.1 工作窗口的缩放

在原理图编辑器中，提供了电路原理图的缩放功能，以便于用户进行观察。选择"视图"菜单，系统弹出如图5-1所示的下拉菜单，在该菜单中列出了对原理图画面进行缩放的多种命令。

菜单中"缩放"子菜单栏中缩放的操作分为以下几种类型。

（1）在工作窗口中显示选择的内容

该类操作包括在工作窗口显示整个原理图窗口和整个原理图页区域。

图5-1 "视图"下拉菜单

- 窗口：使用这个命令可以在工作区域放大或缩小图像显示。具体操作方法为：执行该命令，光标将变成十字形状出现在工作窗口中，在工作窗口单击鼠标左键，确定区域的一个顶点，移动鼠标光标确定区域的对角顶点后可以确定一个区域；单击鼠标左键，在工作窗口中将只显示刚才选择的区域。按下鼠标中键，移动手形光标即可平移图形。
- "整个页"命令：用来观察并调整整张原理图窗口的布局。执行该命令后，编辑窗口内将以最大比例显示整张原理图的内容，包括图纸边框、标题栏等。

（2）显示比例的缩放

该类操作包括确定原理图的放大和缩小显示以及不改变比例地显示原理图上坐标点附近区域，它们一起构成了"缩放"子菜单的第二栏和第三栏。

- "放大"命令：放大显示，用来以光标为中心放大画面。
- "缩小"命令：缩小显示，用来以光标为中心缩小画面。

执行"放大"和"缩小"命令时，最好将光标放在要观察的区域中，这样会使要观察的区域位于视图中心。

（3）使用快捷键和工具栏按钮执行视图操作

EPLAN Electric P8 2.7 为大部分的视图操作提供了快捷键，有些还提供了工具栏按钮，具体如下。

① 快捷键。

- 快捷键Z：保持比例不变地显示以鼠标光标所在点为中心的附近区域。
- 快捷键Alt+3：放大显示整个原理图页。

② 工具栏按钮

- 按钮：放大光标所在区域。
- 按钮：在工作窗口中放大显示选定区域。
- 按钮：在工作窗口中缩小显示选定区域。
- 按钮：在工作窗口中显示所有对象。

5.1.2 刷新原理图

绘制原理图时，在滚动画面、移动元件等操作后，有时会出现画面显示残留的斑点、线段或图形变形等问题。

虽然这些内容不会影响电路的正确性，但为了美观，建议用户选择菜单栏中的"视图"→"重新绘制"命令，或单击"视图"工具栏中的"重新绘制"按钮，或者按"Ctrl+Enter"键刷新原理图。

5.1.3 查找操作

在原理图编辑器中，提供了电路原理图的查找与替换功能，以便于用户进行设计。元件编号和连接代号等可以通过查找替换的方法来修改。这种方法能够使修改的范围比较大，可以通过选定项目在项目内搜索需要修改的目标或者通过选定某些页来搜索目标，使用起来比较灵活。

选择"查找"菜单，系统弹出如图 5-2 所示的下拉菜单，在该菜单中列出了对原理图中对象进行查找的多种命令。

（1）查找

该命令用于在电路图中查找指定的对象，运用该命令可以迅速找到某一对象文字标识的符号，下面介绍该命令的使用方法。

图5-2　"查找"下拉菜单

① 选择菜单栏中的"查找"→"查找"命令，或者按"Ctrl+F"快捷键，屏幕上会出现如图 5-3 所示的"查找"对话框。

"查找"对话框中包含的各参数含义如下。

- "功能筛选器"选项组：在下拉列表框用于设置所要查找的电路图类型。
- "查找按照"文本框：用于输入需要查找的文本。
- "查找在"：用于匹配查找对象所具有的特殊属性，包含设备标识符/名称、元件的全部属性。
- 区分大小写：勾选该复选框，表示查找时要注意大小写的区别。

- 只查找整个文本：勾选该复选框，表示只查找具有整个单词匹配的文本。
- "查找范围"选项组：在下拉列表框用于设置所要查找的电路图范围，包括逻辑页、图形页、报表页等。
- 应用到整个项目：勾选该复选框，在工作窗口中将屏蔽所有不符合搜索条件的对象，并跳转到最近的一个符合要求的对象上。

②用户按照自己的实际情况设置完对话框内容之后，单击"确定"按钮开始查找。

如果查找成功，会发现原理图中的视图发生了变化，在"查找结果"导航器中显示要查找的元件，如图5-4所示。如果没有找到需要查找的元件，"查找结果"导航器中显示为空，查找失败。

图5-3 "查找"对话框

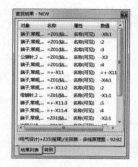

图5-4 "查找结果"导航器

总的来说，"查找"命令的用法和含义与 Word 中的"查找"命令基本上是一样的，按照 Word 中的"查找"命令来运用"查找"命令即可。

（2）上一个词条

该命令用于在"查找结果"导航器中查找上一处结果，也可以按"Ctrl+Shift+V"键执行这项命令。该命令比较简单，这里不多介绍。

（3）下一个词条

该命令用于在"查找结果"导航器中查找下一处结果，也可以按"Ctrl+Shift+F"键执行这项命令。该命令比较简单，这里不多介绍。

图5-5 快捷菜单

（4）查找结果

查找完毕时会弹出"查找结果"导航器，显示查找到的内容。这时，可以对查找结果进行排序，选择需要修改的目标进行修改。

选择菜单栏中的"查找"→"显示结果"命令，打开"查找结果"导航器，显示要查找的元件。双击查找结果中的对象，直接跳转到原理图中的对象处。

在查找结果上单击鼠标右键，弹出如图5-5所示的快捷菜单，选择命令修改属性内容或通过替换进行。

- 全选：选择查找结果列表中的全部查找结果。
- 调整列宽：调整查找结果列表列宽。
- 删除：删除选中的查找结果信息。
- 删除所有记录：为避免下次查找的结果中将包含之前已经查找到的目标，使用查找后需要在查找结果窗口中右键点击删除所有记录。
- 查找：弹出"查找"对话框，执行查找命令。

- 替换：替换查找到的目标属性的部分数据，比如元件标识符的前导数字和标识字母、连接代号中的页码等，都可以进行部分替换，很方便。
- 属性：弹出选中查找对象的属性设置对话框，进行参数设置，方便进行替换。

（5）查找相似对象

在原理图编辑器中提供了寻找相似对象的功能。具体的操作步骤如下：

选择"某一对象"命令，单击鼠标右键，弹出快捷菜单，如图5-6所示，选择"相同类型的对象"命令，对选中对象搜索类似对象，类似对象均高亮显示。

图5-6 "Find Text（文本查找）"对话框

5.1.4 视图的切换

（1）上一个视图

选择菜单栏中的"视图"→"返回"命令，可返回到上一个视图所在位置，不管上一个视图移动缩放命令是完成了还是被取消了。

（2）下一个视图

视图返回后，选择菜单栏中的"视图"→"向前"命令，可退回到下一个视图所在位置。

5.1.5 命令的重复、撤销和重做

在命令执行的任何时刻都可以取消或终止命令，可以一次执行多重放弃和重做操作。

（1）列表撤销

选择菜单栏中的"编辑"→"列表撤销"命令或单击"默认"工具栏中的"放弃"按钮 ，弹出列表撤销对话框，显示操作步骤，在列表中选中需要撤销的一步或多步，如图5-7所示。

（2）撤销

选择菜单栏中的"编辑"→"撤销"命令或单击"默认"工具栏中的"撤销"按钮 ，撤销执行的最后一个命令，若需要撤销多步，需要多次执行该命令。

（3）列表恢复

选择菜单栏中的"编辑"→"列表恢复"命令或单击"默认"工具栏中的"恢复"按钮 ，弹出列表恢复对话框，显示已撤销的操作步骤，在列表中选中需要恢复的一步或多步，如图5-8所示。

图5-7 列表撤销对话框

图5-8 列表恢复对话框

（4）恢复

选择菜单栏中的"编辑"→"恢复"命令或单击"默认"工具栏中的"恢复"按钮 ，已被撤销的命令要恢复重做，可以恢复撤销的最后一个命令。

（5）取消操作

选择菜单栏中的"编辑"→"取消操作"命令或按快捷键"Esc"，取消当前正在执行的操作。

5.1.6 项目备份

为避免保存不及时导致的信息丢失，EPLAN绘图时进行实时保存，但保存的是最终结果，对经常使用的图框和表格及常用的宏，EPLAN还提供打包和备份功能。

项目... (P)
基本项目... (B)
项目模板... (R)
符号库... (S)
图框... (L)
轮廓线... (O)
表格... (F)
宏... (M)
部件数据... (A)
字典... (D)
与项目无关的设置... (J)

图5-9　备份子菜单

（1）文件备份

① 在"页"导航器中选中需要备份的文件，选择菜单栏中的"项目"→"备份"命令，显示如图5-9所示的子菜单，显示不同的备份文件类型，包括项目、基本项目、项目模板、符号库、图框等。根据选择的文件类型，选择对应的命令。

② 选择"项目"命令，系统将弹出如图5-10所示的"备份项目"对话框，对需要备份的文件进行设置。

- 选出的项目：在该列表中显示需要备份的项目文件。
- 描述：在该框中输入对项目的描述信息。
- 方法：在该下拉列表中显示备份方法，包括"另存为""锁定文件供外部编辑""归档"。
- 备份文件名称：输入备份后的文件名称。
- 备份介质：确定实在存储介质中备份项目还是通过电子邮件备份。
- 备份目录：输入备份后的文件路径。
- 选项：设置备份信息，备份整个项目中是否包含外部文档或图片文件。

③ 选择菜单栏中的"项目"→"管理"命令，系统弹出如图5-11所示的"项目管理"对话框，选择需要备份的文件，单击鼠标右键选择右键命令"备份"，弹出5-10所示的"备份项目"对话框，对需要备份的文件进行设置。

图5-10　"备份项目"对话框

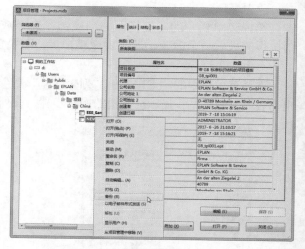

图5-11　"项目管理"对话框

④ 单击"确定"按钮，按顺序压缩并在规定的目录中备份项目（或通过电子表格发送），弹出如图5-12所示的进度框，进度框完成后，弹出如图5-13所示的提示框，根据提示框提示，显示是否完成备份，单击"确定"按钮，完成操作。

（2）项目的打包

打包包括两种方法：

① "页"导航器。在"页"导航器中选中需要备份的文件，选择菜单栏中的"项目"→"打包"

命令，系统将弹出如图 5-14 所示的"打包项目"对话框，确认信息，单击"是"按钮，弹出如图 5-12 所示的进度框，进度框完成后，弹出如图 5-13 所示的提示框，根据提示框提示，显示是否完成备份，单击"确定"按钮，完成操作。

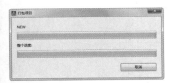

图5-12　进度框

图5-13　提示框

图5-14　"打包项目"对话框

② 项目管理。选择菜单栏中的"项目"→"管理"命令，系统弹出"项目管理"对话框，选择需要打包的文件，单击鼠标右键选择右键命令"打包"，执行打包命令。

图5-15　"打开项目"对话框

项目文件被打包后生成".elp"文件保存在选择的目录下，方便随时使用。打包成功后，打开的文件自动关闭。

（3）项目的解包

选择菜单栏中的"项目"→"解包"命令，或"打开"命令，系统将弹出如图 5-15 所示的"打开项目"对话框，直接选择打包的".elp"文件，单击"打开"按钮，直接打开文件，自动解包。

5.1.7　批量插入电气元件和导线节点

在当前电气设计领域，EPLAN 是最佳的电气制图辅助制图软件，功能相当强大，在其他的电气制图软件上，元件、导线需要一个个地添加，在 EPLAN 上，在一张图纸上可以一次性添加同类元件或导线。

（1）批量插入元件

选择菜单栏中的"插入"→"符号"命令，系统弹出如图 5-16 所示的"符号选择"对话框，打开"树"选项卡，在该选项卡中用户选择需要的元件符号。

完成元件选择后，单击"确定"按钮，关闭对话框，这时鼠标变成交叉形状，并带有一个元件符号。

移动光标到需要放置元件的水平或垂直位置，元件符号自动添加连接，如图 5-17（a）所示，按住鼠标左键向一侧拖动，在其他位置自动添加该符号，如图 5-17（b）所示，松开鼠标左键即可完成放置，如图 5-17（c）所示。此时鼠标仍处于放置元件的状态，重复操作即可放置其他的元件。

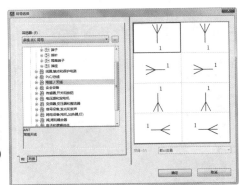

图5-16　"符号选择"对话框

（2）批量插入导线节点

选择菜单栏中的"插入"→"连接符号"→"角（右下）"命令，或单击"连接符号"工具栏中的"右下角"按钮 ，此时光标变成交叉形状并附加一个角符号。

将光标移动到想要完成电气连接的元件水平或垂直位置上，出现红色的连接符号表示电气连接成功，如图 5-18（a）所示，按住鼠标左键向一侧拖动，在其他位置自动添加该连接符号，如

图 5-18（b）所示，松开鼠标左键即可完成放置，如图 5-18（c）所示。此时鼠标仍处于放置角连接的状态，重复操作即可放置其他的角连接。

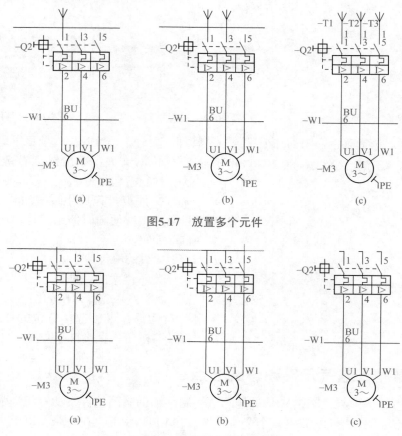

图5-17　放置多个元件

图5-18　放置多个节点

除此之外，还可以添加其他符号，包括端子排、中断点符号等，步骤相同，这里不再赘述。

5.1.8　项目的导入与导出

图5-19　"项目导入"对话框

为了扩大软件的信息沟通，EPLAN 可将项目导入导出成 XML 格式。

（1）项目导入 / 导出

选择菜单栏中的"项目"→"组织"→"导入"命令，弹出如图 5-19 所示的"项目导入"对话框，选择文件的默认路径，单击"确定"按钮，完成导入操作。

选择菜单栏中的"项目"→"组织"→"导出"命令，弹出如图 5-20 所示的"项目导出至"对话框，选择文件的导出路径，单击"确定"按钮，完成导出操作，导出文件如图 5-21 所示。

（2）PLC 导入 / 导出

选择菜单栏中的"项目数据"→"PLC"→"导入数据"命令，弹出如图 5-22 所示的"导入

PLC 数据"对话框，在"导入文件的格式"下拉列表中选择需要导入 PLC 文件的格式，如图 5-23 所示，单击"确定"按钮，完成导入操作。

图5-20 "项目导出至"对话框

图5-21 导出文件

单击"重新生成"单选钮，重新生成导入文件中的元件的所有功能。

选择菜单栏中的"项目数据"→"PLC"→"导出数据"命令，弹出如图 5-24 所示的"导出 PLC 数据"对话框，在"导出文件的格式"下拉列表中选择需要导出 PLC 文件的格式，单击"确定"按钮，完成导出操作。

图5-22 "导入PLC数据"对话框

图5-23 文件格式

图5-24 "导出PLC数据"对话框

5.1.9 文本固定

原理图中元件默认是固定的，元件的固定是指将元件符号与属性文本锁定，进行移动操作时同时进行。已经固定的元件符号与元件属性文本可同时进行复制、粘贴及连线操作。若在原理图绘制过程中出现压线、叠字等情况，则需要文本移动，下面讲解具体方法。

（1）坐标移动

在电路原理图上选取需要文本取消固定的单个或多个元件，选择菜单栏中的"编辑"→"属性"命令，弹出属性对话框，打开"显示"选项卡，显示"位置"选项下 X 坐标、Y 坐标为灰色，无法修改移动。在"属性排列"下选中"功能文本"项，点击鼠标右键选择"取消固定"命令，如图 5-25 所示，在"功能文本"项显示取消固定符号，在右边的属性框中"位置"下激活"X 坐标""Y 坐标"，调整 X、Y 轴坐标，如图 5-26 所示。

（2）直接移动

选中元件，则选中元件符号和元件文本，如图 5-27 所示，单击鼠标右键，选择"文本"→"移动属性文本"命令，激活属性文移动命令，单击需要移动的属性文本，将其放置到任意位置。

同样的方法也可接触关联参考与元件的固定，任意移动位置。

图5-25 "功能文本"项

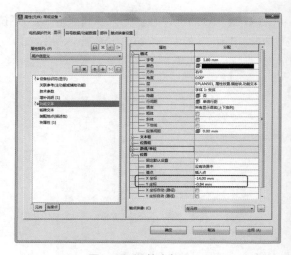

图5-26 调整坐标

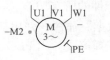 

图5-27 移动属性文本

5.2
精确定位工具

图5-28 "视图"工具栏

精确定位工具是指能够快速准确地定位某些特殊点（如端点、中点、圆心等）和特殊位置（如水平位置、垂直位置）的工具，在"视图"工具栏显示包括捕捉模式、栅格、对象捕捉、开/关输入框、智能连接等功能开关按钮，如图 5-28 所示。

原理图设计时，设备两端连接过程中，通常绘图人员需要注意的是捕捉至栅格，单击"视图"工具栏中的"栅格"按钮 ⊞，打开栅格，根据栅格大小，将栅格分为 A、B、C、D、E 五种，在原理图中显示的栅格类型如图 5-29 所示。

5.2.1 栅格显示

栅格是覆盖整个坐标系（UCS）*XY* 平面的直线或点组成的矩形图案。使用栅格类似于在图形下放置一张坐标纸。利用栅格可以对齐对象并直观显示对象之间的距离。

（1）栅格显示

用户可以应用栅格显示工具使工作区显示网格，它是一个形象的画图工具，就像传统的坐标纸一样。本节介绍控制栅格显示及设置栅格参数的方法。

单击"视图"工具栏中的"栅格"按钮 ⊞，或按"Ctrl+Shift+F6"快捷键，打开或关闭栅格，用于控制是否显示栅格。

（2）栅格样式

若栅格太大，放置设备时容易布局不均。若栅格过小，设备不易对齐，根据栅格 *X* 轴间距和栅格Y轴间距设置栅格在水平与垂直方向的间距。根据栅格大小，将栅格分为A、B、C、D、E五种，单击工具栏中 按钮这5个按钮，切换栅格类型。

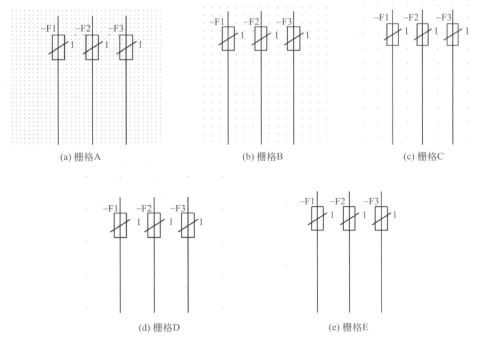

(a) 栅格A　　　　　　　　(b) 栅格B　　　　　　　　(c) 栅格C

(d) 栅格D　　　　　　　　　　　(e) 栅格E

图5-29　栅格类型

（3）捕捉到栅格

选择菜单栏中的"选项"→"捕捉到栅格"命令，或单击"视图"工具栏中的"开/关捕捉到栅格"按钮 ，则系统可以在工作区生成一个隐含的栅格（捕捉栅格），这个栅格能够捕捉光标，约束它只能落在栅格的某一个节点上，使用户能够高精确度地捕捉和选择这个栅格上的点。

（4）对齐到栅格

单击"视图"工具栏中的"对齐至栅格"按钮 ，则系统会自动将选中的元件对齐至栅格。

5.2.2　动态输入

激活"动态输入"，在光标附近显示出一个提示框（称为"工具提示"），工具提示中显示出对应的命令提示和光标的当前坐标值，如图5-30所示。

选择菜单栏中的"选项"→"输入框"命令，或单击"视图"工具栏中的"开/关输入框"按钮 ，或按"C"快捷键，打开或关闭动态输入，该按钮用于控制是否显示动态输入。

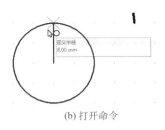

(a) 关闭命令　　　　　　　　(b) 打开命令

图5-30　动态输入

5.2.3　对象捕捉模式

EPLAN中经常要用到一些特殊点，如圆心，切点，线段或圆弧的端点、中点等，如表5-1所示。如果只利用光标在图形上选择，要准确地找到这些点是十分困难的，因此，EPLAN提供了一些识别这些点的工具，通过工具即可容易地构造新几何体，精确地绘制图形，其结果比传统手工绘图更精确且更容易维护。在EPLAN中，这种功能称为对象捕捉功能。

表5-1　特殊位置点捕捉

捕捉模式	功能
两点之间的中点	捕捉两个独立点之间的中点
中点	用来捕捉对象（如线段或圆弧等）的中点
圆心	用来捕捉圆或圆弧的圆心
象限点	用来捕捉距光标最近的圆或圆弧上可见部分的象限点，即圆周上0°、90°、180°、270°位置上的点
交点	用来捕捉对象（如线、圆弧或圆等）的交点
垂足	在线段、圆、圆弧或其延长线上捕捉一个点，与最后生成的点形成连线，与该线段、圆或圆弧正交
切点	最后生成的一个点到选中的圆或圆弧上引切线，切线与圆或圆弧的交点

选择菜单栏中的"选项"→"对象捕捉"命令，或单击"视图"工具栏中的"开/关对象捕捉"按钮 🎵，控制捕捉功能的开关，可以基于对象端点、中点或者对象的交点，沿着某个路径选择一点，如图 5-31 所示。

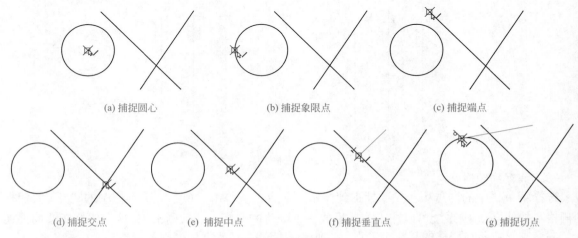

(a) 捕捉圆心　　　　　(b) 捕捉象限点　　　　　(c) 捕捉端点

(d) 捕捉交点　　　(e) 捕捉中点　　　(f) 捕捉垂直点　　　(g) 捕捉切点

图5-31　捕捉特殊点

5.2.4　智能连接

原理图中元件的自动连接只要满足元件的水平或垂直对齐即可实现，相对性地，移动原理图中的元件，当元件之间不再满足水平或垂直对齐时，元件间的连接自动断开，需要利用角连接重新连接，这种特性对于原理图的布局有很大困扰，步骤过于烦琐。这里引入"智能连接"，自动跟踪元件自动连接线。

（1）移动元件

选择菜单栏中的"选项"→"智能连接"命令，或单击"视图"工具栏中的"智能连接"按钮 🔲，激活智能连接。点击鼠标左键，选择图 5-32 中的元件，在原理图内移动元件，松开鼠标左键后将自动跟踪自动连接线，如图 5-33 所示。同时，系统弹出如图 5-34 所示的"插入模式"对话框，选择"编号"选项，自动递增移动元件的编号，单击"确定"按钮，完成元件移动。

如果不再需要使用智能连接，则重新选择菜单栏中的"选项"→"智能连接"命令，取消激活智能连接。点击鼠标左键，选择元件，在原理图内移动元件，松开鼠标左键后将自动断开连接线，如图 5-35 所示。

提示：

在"插入模式"对话框，也可选择"无更改"选项，移动元件的编号不更改。

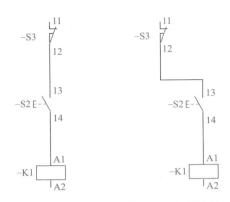

图5-32 原始图形　　图5-33 智能连接　　图5-34 "插入模式"对话框　　图5-35 自动断开连接

（2）剪切复制元件

在智能连接情况下，也可进行剪切和复制操作。

选择菜单栏中的"选项"→"智能连接"命令，激活智能连接。选择菜单栏中的"编辑"→"剪切"命令，单击鼠标左键，选择图 5-36 中的元件，剪切该元件，同时在元件连接断开处自动添加"中断点"符号；选择菜单栏中的"编辑"→"粘贴"命令，单击鼠标左键，在原理图内粘贴元件，如图 5-37 所示，同时系统弹出如图 5-38 所示的"插入模式"对话框，选择"编号"选项，自动递增粘贴元件的编号，单击"确定"按钮，完成元件粘贴。同时，粘贴元件连接断开处自动添加"中断点"符号，如图 5-37 所示。

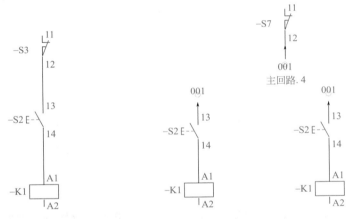

图5-36 原始图形　　　　图5-37 智能剪切粘贴连接　　　　图5-38 "插入模式"对话框

如果不再需要使用智能连接，则重新选择菜单栏中的"选项"→"智能连接"命令，取消激活智能连接。选择菜单栏中的"编辑"→"剪切"命令，单击鼠标左键，选择图 5-36 中的元件，剪切该元件，同时在元件连接取消；选择菜单栏中的"编辑"→"粘贴"命令，单击鼠标左键，在原理图内粘贴元件，粘贴元件连接取消，如图 5-39 所示。

5.2.5　直接编辑

一般情况下，修改图 5-40 所示的元件设备的标识符和技术参数等文本时，双击元件，打开"属性（元件）：端

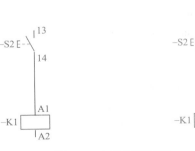

图5-39 自动断开连接

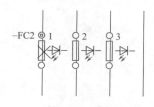

图5-40 选择元件

子"对话框,如图 5-41 所示,在显示设备标识符中修改"-FC2"为"-F2",如图 5-42 所示。

单击"视图"工具栏中的"直接编辑"按钮 [123],直接修改元件设备的标识符和技术参数等文本时,不需要打开"属性(元件)"对话框,直接在需要修改的文本上单击,显示编辑显示框,在弹出的文本框中输入新的名称,如图 5-43 所示。

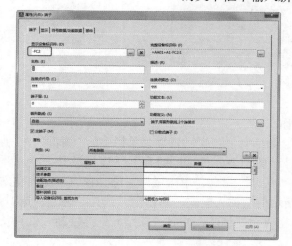

图5-41 "属性(元件):端子"对话框

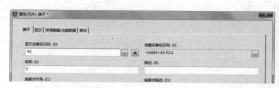

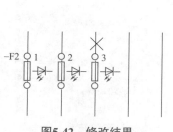

图5-42 修改结果

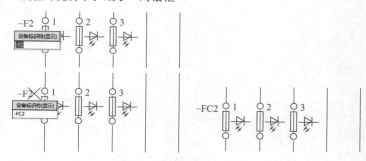

图5-43 直接编辑

5.3 结构盒

结构盒并非黑盒,两者只是图形属性相同,同时标准线型符合结构盒的标准。结构盒并非设备,而是一个组合,仅向设计者指明其归属于原理图中一个特定的位置。也可以理解为,结构盒是设备上的元件与安装盒的结合体,在 EPLAN 中,使用结构盒在图纸上表现出来。

5.3.1 插入结构盒

结构盒可以具有一个设备标识符,但它并非设备,不可能具有部件编号。在确定完整的设备标识符时,如同处理黑盒中的元件一样来处理结构盒中的元件。也就是说,当结构盒的大小改变时,或在移动元件或结构盒时,将重新计算结构盒内元件的项目层结构。

（1）插入结构盒

选择菜单栏中的"插入"→"盒子连接点/连接板/安装板"→"结构盒"命令，或单击"盒子"工具栏中的"结构盒"按钮，此时光标变成交叉形状并附加一个结构盒符号。将光标移动到需要插入结构盒的位置，单击确定结构盒的一个顶点，移动光标到合适的位置再一次单击确定其对角顶点，即可完成结构盒的插入，如图5-44所示。此时光标仍处于插入结构盒的状态，重复上述操作可以继续插入其他的结构盒。结构盒插入完毕，按"Esc"键即可退出该操作。

图5-44 插入结构盒

（2）设置结构盒的属性

在插入结构盒的过程中，用户可以对结构盒的属性进行设置。双击结构盒或在插入结构盒后，弹出如图5-45所示的结构盒属性设置对话框，在该对话框中可以对结构盒的属性进行设置，在"显示设备标识符"中输入结构盒的编号。

打开"符号数据"选项卡，在"符号数据"下显示选择的图形符号预览图，如图5-46所示，在"编号/名称"栏后单击 按钮，弹出"符号选择"对话框，如图5-47所示，选择结构盒图形符号。

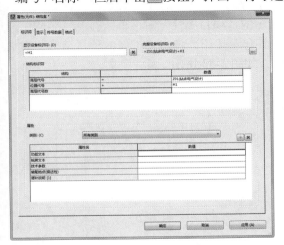

图5-45 结构盒属性设置对话框

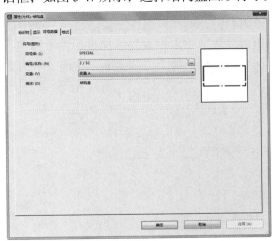

图5-46 "符号数据"选项卡

打开"格式"选项卡，在"属性-分配"列表中显示结构盒图形符号：长方形的起点、终点、宽度、高度与角度；还可设置长方形的线型、线宽、颜色等参数，如图5-48所示。

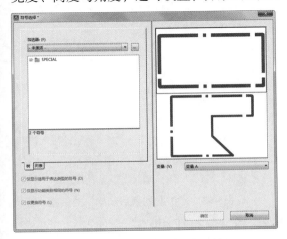

图5-47 "符号选择"对话框

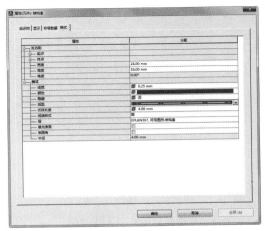

图5-48 "格式"选项卡

5.3.2 结构盒属性

为符合电路设计要求,结构盒需要进行参数设置。

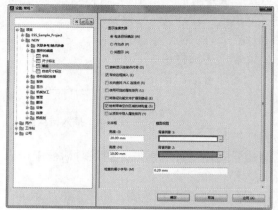

图5-49 "设置"对话框

（1）添加空白区域

选择菜单栏中的"选项"→"设置"命令,系统弹出"设置"对话框,在"项目"→"项目名称（NEW）"→"图形的编辑"→"常规"选项下,勾选"绘制带有空白区域的结构盒"复选框,如图5-49所示。

完成设置后,原理图中添加结构盒,如图5-50所示。向内移动设备标识符,结构盒显示带有空白区域,如图5-51所示。

（2）传予设置

在页导航器的树结构视图中选定项目,选择菜单栏中的"项目"→"属性"命令,或在该项目上单击右键,选择"属性"快捷命令,弹出如图5-52所示的"项目属性"对话框,打开"结构"选项卡,该选项卡中设置结构盒的参考标识符。单击"其它"按钮,弹出"扩展的项目结构"对话框,切换到"传予"选项卡,勾选"结构盒"复选框,如图5-53所示。

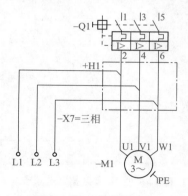

图5-50 修改前结构盒

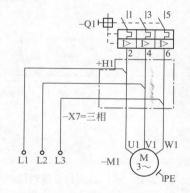

图5-51 结构盒显示

图5-52 "结构"选项卡

图5-53 "扩展的项目结构"对话框

选择菜单栏中的"项目数据"→"设备"→"导航器"命令,打开"设备"导航器,如图5-54所示,显示嵌套的结构盒中的设备。显示结构盒内的所有元素可以分配给页属性中所指定结构标识符之外的其他结构标识符，元件与结构盒的关联将同元件与页的关联相同。在图 5-55 中显示传予结构盒的设备标识符。

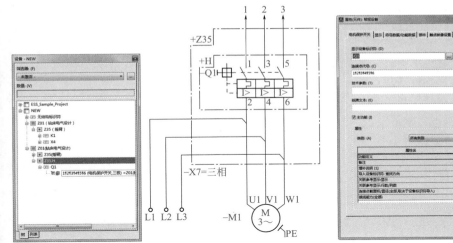

图5-54　嵌套的结构盒中的设备

图5-55　显示完整设备标识符

5.4
宏

在 EPLAN 中，原理图中存在大量标准电路，可将项目页上某些元素或区域组成的部分标注电路保存为宏，可根据需要随时把已经定义好的宏插入到原理图的任意位置，对于某些控制回路，做成宏之后调用能起到事半功倍的效果，如启保停电路、自动往返电路等，以后即可反复调用。

5.4.1　创建宏

在原理图设计过程中经常会重复使用的部分电路或典型电路被保存可调用的模块称之为宏，如果每次都重新绘制这些电路模块，不仅造成大量的重复工作，而且存储这些电路模块及其信息要占据相当大的磁盘空间。

在 EPLAN 中，宏可分为窗口宏、符号宏和页面宏。

- 窗口宏：宏包括单页的范围或位于页的全部对象。插入时，窗口宏附着在光标上并能自由定位于 X 和 Y 方向。窗口宏的后缀名为 "*.ema"。
- 符号宏：可以将符号宏认为是符号库的补充。符号宏和窗口宏的内容没有本质区别，主要是为了区分和方便管理。例如可将显示相应单位的多个符号或对象归总成一个对象。将符号宏模拟创建到窗口宏，但在相同的目录下用另外的文件名扩展进行设置。符号宏的后缀名为 "*.ems"。
- 页面宏：包含一页或多页的项目图纸，其扩展名 "*.emp"。

框选选中图 5-56 所示的部分电路，选择菜单栏中的 "编辑" → "创建窗口宏/符号宏" 命令，或在选中电路上单击鼠标右键选择 "创建窗口宏/符号宏" 命令，或按 "Ctrl+5" 键，系统将弹出如图 5-57 所示的 "另存为" 对话框。

在"目录"文本框中输入宏目录，在"文件名"文本框中输入宏名称，单击 … 按钮，弹出宏类型"另存为"对话框，如图 5-58 所示，在该对话框中可选择文件类型、文件目录、文件名称，显示宏的图形符号与描述信息。

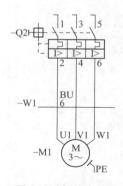

图5-56　部分电路

图5-57　"另存为"对话框

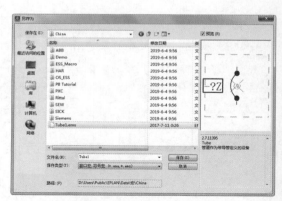

图5-58　宏类型"另存为"对话框

在"表达类型"下拉列表中显示 EPLAN 中的宏类型。宏的表达类型用于排序，有助于管理宏，但对宏中的功能没有影响；其保持各自的表达类型：

- 多线：适用于放置在多线原理图页上的宏。
- 多线流体：适用于放置在流体工程原理图页中的宏。
- 总览：适用于放置在总览页上的宏。
- 成对关联参考：适用于用于实现成对关联参考的宏。
- 单线：适用于放置在单线原理图页上的宏。
- 拓扑：适用于放置在拓扑图页上的宏。
- 管道及仪表流程图：适用于放置在管道及仪表流程图页中的宏。
- 功能：适用于放置在功能原理图页中的宏。
- 安装板布局：适用于放置在安装板上的宏。
- 预规划：适用于放置在预规划图页中的宏。在预规划宏中"考虑页比例"不可激活。
- 图形：适用于只包含图形元件的宏。既不在报表中，也不在错误检查和形成关联参考时考虑图形元件，也不将其收集为目标。

在"变量"下拉列表中可选择从变量 A 到变量 P 的 16 个变量。在同一个文件名称下，可为一个宏创建不同的变量。标准情况下，宏默认保存为"变量 A"。EPLAN 中可为一个宏的每个表达类型最多创建 16 个变量。

在"描述"栏输入设备组成的宏的注释性文本或技术参数文本，用于在选择宏时方便选择。勾选"考虑页"复选框，则宏在插入时会进行外观调整，其原始大小保持不变，但在页上会根据已设置的比例尺放大或缩小显示。如果未勾选复选框，则宏会根据页比例相应地放大或缩小。

在"页数"文本框中默认显示原理图页数为 1，固定不变。窗口宏与符号宏的对象不能超过一页。

在"附加"按钮下选择"定义基准点"命令，在创建宏时重新定义基准点；选择"分配部件数据"命令，为宏分配部件。

单击"确定"按钮，完成窗口宏"m.ema"宏创建，符号宏的创建方法与之相同，符号宏后缀名改为".ems"即可。在目录下创建的宏为一个整体，分别后面使用时插入，但创建原理图中选中创建宏的部分电路不是整体，取消选中后的部分电路中设备与连接导线仍是单独的个体。

5.4.2 插入宏

选择菜单栏中的"插入"→"窗口宏/符号宏"命令，或按"M"键，系统弹出如图 5-59 所示的"选择宏"对话框，在之前的保存目录下选择创建的"m.ema"宏文件。

单击"打开"命令，此时光标变成交叉形状并附加选择的宏符号，如图 5-60 所示，将光标移动到需要插入宏的位置上，在原理图中单击鼠标左键确定插入宏。此时系统自动弹出"插入模式"对话框，选择插入宏的标识符编号格式与编号方式，如图 5-61 所示。此时光标仍处于插入宏的状态，重复上述操作可以继续插入其他的宏。宏插入完毕，按右键"取消操作"命令或"Esc"键即可退出该操作。

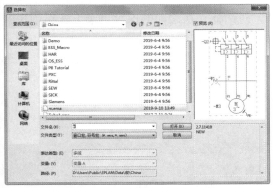
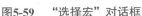

图5-59 "选择宏"对话框

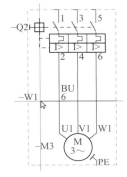

图5-60 显示宏符号

图5-61 "插入模式"对话框

可以发现，插入宏后的电路模块与原电路模块相比，仅多了一个虚线组成的边框，称之为宏边框，宏通过宏边框存储宏的信息，如果原始宏项目中的宏发生改变，可以通过宏边框来更新项目中的宏。

双击宏边框，弹出如图 5-62 所示的宏边框属性设置对话框，在该对话框中可以对宏边框的属性进行设置，在"宏边框"选项卡下可设置基准点坐标，改变插入点位置。

宏边框属性设置还包括"显示""符号数据""格式""部件数据分配"选项卡，与一般的元件属性设置类似，宏可看作是一个特殊的元件，该元件可能是多个元件和连接导线或电缆的组合，在"部件数据分配"选项卡中显示不同的元件的部件分配。如图 5-63 所示。

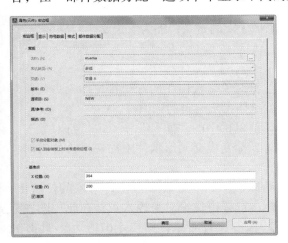

图5-62 宏边框属性设置对话框

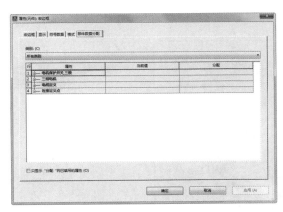

图5-63 "部件数据分配"选项卡

5.4.3 页面宏

由于创建的范围不同，页面宏的创建和插入与窗口宏和符号宏不同。

（1）创建页面宏

在"页"导航器中选择需要创建为宏的原理图页，选择菜单栏中的"页"→"页宏"→"创建"命令，系统弹出如图5-64所示的"另存为"对话框。

图5-64　"另存为"对话框

该对话框与前面创建窗口宏、符号宏相同，激活了"页数"文本框，可选择创建多个页数的宏。

（2）插入页面宏

选择菜单栏中的"页"→"页宏"→"插入"命令，系统将弹出如图5-65所示的宏"打开"对话框，在之前的保存目录下选择创建的3页的"m.emp"宏文件。

单击"打开"命令，此时系统自动弹出"调整结构"对话框，选择插入的页面宏的编号，如图5-66所示。

完成页面宏插入后，在"页"导航器中显示插入的原理图页。

图5-65　宏"打开"对话框

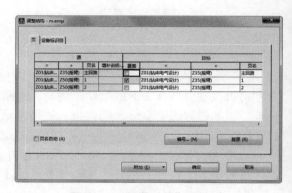

图5-66　"调整结构"对话框

5.4.4 宏值集

为了使项目的设计更加智能化，EPLAN中不仅添加了宏的定义，还为宏定义了特殊的属性，统称为宏值集。

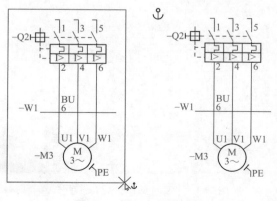

图5-67　插入占位符对象

（1）插入占位符对象

占位符对象是宏值集的标识符，插入占位符对象，也就是插入宏值集的标识符。

选择菜单栏中的"插入"→"占位符对象"命令，此时光标变成交叉形状并附加一个占位符对象符号⚓。

将光标移动到需要设置占位符对象的位置上，移动光标，选择占位符对象插入点，在原理图中框选确定插入占位符对象，如图5-67所示。此时光标仍处于插入占位符对象的状态，重复上述操作可以继续插入其他的占位符对象。占位符对象插入完毕，按右键"取消操作"命令或"Esc"键即可退出该操作。

（2）新建变量

在插入占位符对象的过程中，用户可以对占位符对象的属性进行设置。双击占位符对象或在插入占位符对象后，弹出如图 5-68 所示的占位符对象属性设置对话框，在该对话框中可以对占位符对象的属性进行设置，在"名称"中输入占位符对象的名称。

打开"数值"选项，如图 5-69 所示，在空白处单击鼠标右键，选择"新变量"命令，弹出"命名新的变量"对话框，输入新建的变量名称，如图 5-70 所示，单击"确定"按钮，添加变量，如图 5-71 所示。

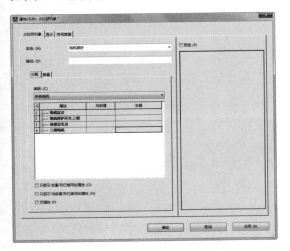

图5-68　占位符对象属性设置对话框

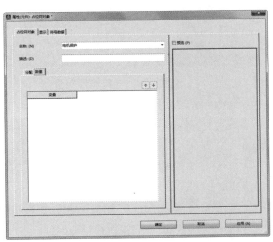

图5-69　"数值"选项

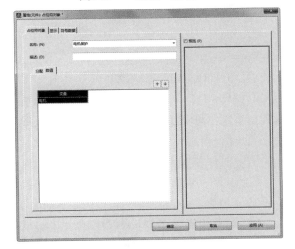

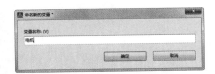

图5-70　"命名新的变量"对话框

图5-71　添加变量

（3）选择变量

打开"分配"选项，如图 5-72 所示，显示元件下的属性，并选择属性的"变量"栏，在变量上单击鼠标右键，选择"选择变量"命令，弹出如图 5-73 所示的"选择变量"对话框，选择创建的变量，单击"确定"按钮，关闭对话框，完成属性变量的添加，如图 5-74 所示。

（4）新建值集

打开"数值"选项卡，在空白处单击鼠标右键，选择"数值集"命令，在变量后自动添加空白的数值集选项，输入新建的值集，如图 5-75 所示，添加值集。

图5-72　选择属性变量

图5-73　"选择变量"对话框

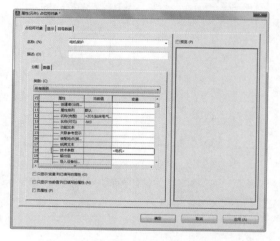

图5-74　添加变量

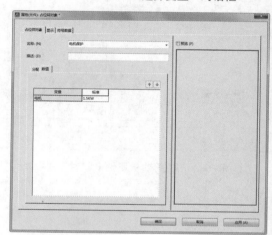

图5-75　添加值集

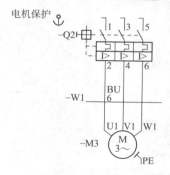

图5-76　宏值集

（5）传输变量

返回"分配"选项卡中，在空白处单击鼠标右键弹出快捷菜单，选择"传输变量"命令，传输变量，结果如图5-76所示。

（6）创建宏

将创建的值集保存成一个宏文件。

通过值集的使用，项目设计完成后，可以选择项目中的值集符号，通过鼠标右键命令"分配值集"，为宏重新选择值集，极大程度上方便了后期的修改。

5.5
操作实例——创建铣床原理图页宏

扫一扫　看视频

铣床可以加工平面、鞋面、沟槽等。安装上分度头，还可以加工直齿轮和螺旋面。铣床的运动方式可以分为主运动、进给运动和辅助运动。本例介绍的铣床为 X62W 万能铣床。

（1）打开项目

选择菜单栏中的"项目"→"打开"命令，弹出如图 5-77 所示的对话框，选择项目文件的路径，打开项目文件"新项目.elk"，如图 5-78 所示。

图5-77 "打开项目"对话框

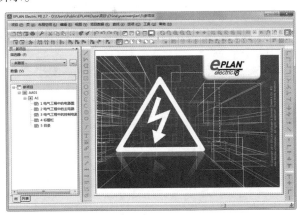

图5-78 打开项目文件

（2）导入 DWG 文件

选择菜单栏中的"页"→"导入"→"DXF/DWG 文件"命令，弹出"DXF/DWG 文件选择"对话框，导入 DXF/DWG 文件"铣床电气设计.dwg"，如图 5-79 所示。

单击"打开"按钮，弹出"DXF-/DWG 导入"对话框，在"源"下拉列表中显示要导入的图纸，默认配置信息，如图 5-80 所示，单击"确定"按钮，关闭该对话框，弹出"指定页面"对话框，确认导入的 DXF/DWG 文件复制的图纸页名称，如图 5-81 所示。完成设置后，单击"确定"按钮，完成 DXF/DWG 文件的导入，结果如图 5-82 所示。

图5-79 "DXF/DWG文件选择"对话框

图5-80 "DXX-/DWF导入"对话框

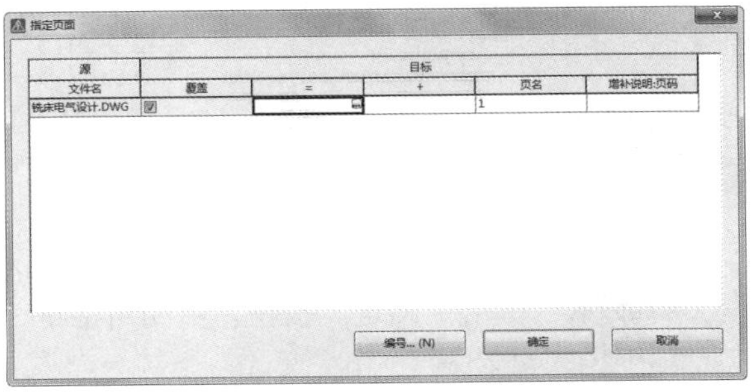

图5-81 "指定页面"对话框

（3）图页属性设置

在"页"导航器中选中新导入的 dwg 图页文件，默认编号为"1"，选择菜单栏中的"页"→"属性"命令，或在"页"导航器中选中名称并单击右键，选择"属性"命令，弹出"页属性"对话框，如图 5-83 所示。

在该对话框中"完整页名"文本框内输入电路图页名称，默认名称为"/1"，单击按钮，弹出"完整页名"对话框，输入高层代号与位置代号，在"页类型"下拉列表中选择"多线原理图（交互式）"，"页描述"文本框输入图纸描述"铣床电气原理图"，单击"确定"按钮，结果如图 5-84 所示。

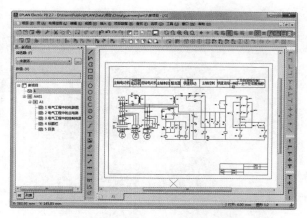

图5-82　导入DXF/DWG文件

图5-83　"页属性"对话框

（4）创建页宏

在"页"导航器中选中该图页，选择菜单栏中的"页"→"页宏"→"创建"命令，或在选中电路上单击鼠标右键选择"创建页宏"命令，系统弹出如图 5-85 所示的"另存为"对话框，在"目录"文本框中输入宏目录，在"文件名"文本框中单击 按钮，弹出"另存为"对话框，输入宏名称"X62W"，选择路径，如图 5-86 所示。

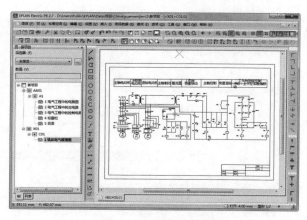

图5-84　图页属性设置

图5-85　"另存为"对话框

完成选择后，单击"保存"按钮，关闭对话框，显示设置的目录下创建的宏文件，如图 5-87 所示，单击"确定"按钮，关闭对话框，自动在设置的目录下创建 X62W.emp 文件。

（5）插入页宏

在"页"导航器中选中该图页，选择菜单栏中的"页"→"页宏"→"插入"命令，或在选中电路上单击鼠标右键选择"插入页宏"命令，弹出"打开"对话框，打开之前的保存目录下选择创建的"X62W.emp"宏文件，如图 5-88 所示。

单击"打开"命令，此时系统自动弹出"调整结构"对话框，显示插入的页宏的位置，默认编号为 1，如图 5-89 所示。勾选"页名自动"，自动根据当前项目下的原理图页进行编号，自动更新插入的页面宏的编号为 6，如图 5-90 所示。

单击"确定"按钮，完成页面宏插入后，在"页"导航器中显示插入的原理图页，如图5-91所示。

图5-86 "另存为"对话框

图5-87 "另存为"对话框

图5-88 "打开"对话框

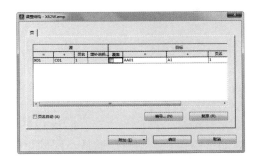

图5-89 "调整结构"对话框

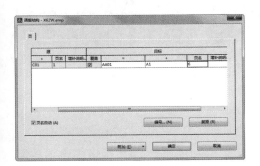

图5-90 更新页面宏的编号

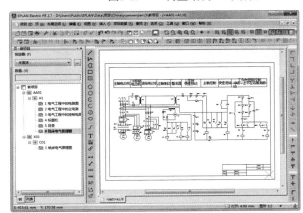

图5-91 插入页面宏文件

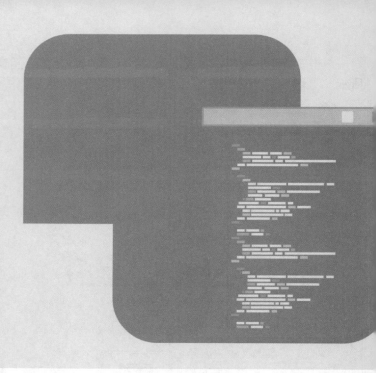

第6章

报表生成

原理图设计完成后，经常需要输出一些数据或图纸。报表是以一种图形表格方式输出、生成的一类项目图纸页，本节将介绍 EPLAN 原理图的打印与报表输出。

EPLAN 具有丰富的报表功能，可以方便地生成各种不同类型的报表。当电路原理图设计完成并且经过编译检测之后，应该充分利用系统所提供的这种功能来创建各种原理图的报表文件。借助这些报表，用户能够从不同的角度更好地掌握整个项目的有关设计信息，为下一步的设计工作做好充足的准备。

6.1 报表设置

选择菜单栏中的"选项"→"设置"命令，系统弹出"设置"对话框，在"项目"→"项目名称（NEW）"→"报表"选项，包括"显示/输出""输出为页""部件"三个选项卡，如图 6-1 所示。

6.1.1 显示/输出

打开"显示/输出"选项卡，设置报表的显示与输出格式。在该选项卡中可以进行报表的有关选项设置。

- **相同文本替换为**：对于相同文本，为避免重复显示，使用"="替代。
- **可变数值替换为**：用于对项目中占位符对象的控制在部件汇总表中，替代当前的占位符文本。
- **输出组的起始页偏移量**：作为添加的报表变量。
- **将输出组填入设备标识块**：与属性设置对话框中的"输出组"组合使用，作为添加的报表变量。
- **电缆、端子/插头**：处理最小数量记录数据时允许制定项目数据输出。
- **电缆表格中读数的符号**：在端子图表中，使用制定的符号替代芯线颜色。

6.1.2　输出为页

打开"输出为页"选项卡，预定设置表格，如图6-2所示。在该选项卡中可以进行报表的有关选项设置。

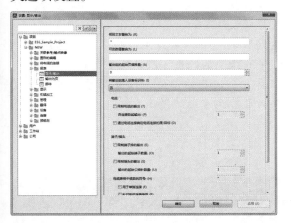

图6-1　"设置"对话框

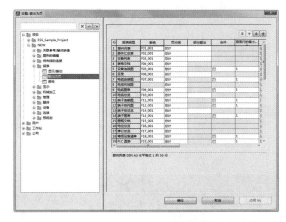

图6-2　"输出为页"选项卡

- 报表类型：默认系统下提供所有报表类型，根据项目要求，选择需要生成的项目类型。
- 表格：确定表格模板，单击按钮 ▼，选择"查找"命令，弹出如图6-3所示的"选择表格"对话框，用于选择表格模板，激活"预览"复选框，预览表格，单击"打开"按钮，导入选中的表格。
- 页分类：确定输出的图纸页报表的保存结构，单击 按钮，弹出"页分类-邮件列表"对话框，如图6-4所示，设置排序依据。

图6-3　"选择表格"对话框

图6-4　"页分类-邮件列表"对话框

- 部分输出：根据"页分类"设置，为每一个高层代号生成一个同类的部分报表。
- 合并：分散在不同页上的表格合并在一起连续生成。
- 报表行的最小数量：指定了到达换页前生成数据集的最小行数。
- 子页面：输出报表时，报表页名用子页名命名。
- 字符：定义子页的命名格式。

6.1.3　部件

打开"部件"选项卡，如图 6-5 所示，用于定义在输出项目数据生成报表时部件的处理操作。

图6-5 "部件"选项卡

在该选项卡中可以进行报表的有关选项设置。

- 分解组件：勾选该复选框，生成报表时，系统分解组件。
- 分解模块：勾选该复选框，生成报表时，系统分解模块。
- 达到级别：可以定义生成报表时，系统分解组件和模块的级别，默认级别为1。
- 汇总一个设备的部件：设置用于合并多个元件为设备编号继续显示。

6.2
报表生成

在菜单栏中的"工具"→"报表"菜单中弹出如图 6-6 所示的子菜单，用于生成报表。

选择菜单栏中的"工具"→"报表"→"生成"命令，弹出"报表"对话框，如图 6-7 所示，在该对话框中包括"报表"和"模板"两个选项卡，分别用于生成没有模板与有模板的报表。

图6-6 子菜单

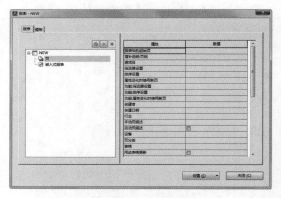

图6-7 "报表"对话框

6.2.1 自动生成报表

打开"报表"选项卡，显示项目文件下的文件。在项目文件下包含"页"与"嵌入式报表"两个选项，展开"页"选项，显示该项目下的图纸页，如图 6-8 所示。"嵌入式报表"不是单独成页的报表，是在原理图或安装板图中放置的报表，只统计本图纸中的部件。

单击"新建"按钮 ▩ ，打开"确定报表"对话框，如图 6-9 所示。

① 在"输出形式"下拉列表中显示可选择项：

- 页：表示报表一页页显示。
- 手动放置：嵌入式报表。

② 源项目：选择需要的项目。

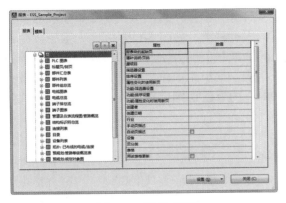

图6-8　"页"选项　　　　　　　　　　　　　　　图6-9　"确定报表"对话框

③ 选择报表类型：选择生成报表的类型，安装板的报表是柜箱设备清单。

④ 当前页：生成当前页的报表。

⑤ 手动选择：不勾选该复选框，生成的报表包含所有柜体；勾选该复选框，包括多个机柜时，生成选中机柜的报表。

单击"设置"按钮，在该按钮下包含三个命令："显示/输出""输出为页"和"部件"，用于设置报表格式。

选择报表种类后，单击"确定"按钮，弹出"设置"对话框，如图6-10所示，系统提供筛选器和排序的默认配置，按照预定义要求输出项目数据，并生成报表。

某些生成的部件汇总表中有些部件编号为空，表示部件无型号，因此需要设置筛选器。单击"筛选器"后的扩展按钮 ，打开"筛选器"对话框，设置新的筛选规则，如图6-11所示。生成的报表是包含部件型号的。

完成设置后，单击"确定"按钮，打开"端子图表"对话框（选择不同的报表类型，打开不同的对话框），输入新建报表的高层代号和位置代号（表示是报表类中的部件表），如图6-12所示。

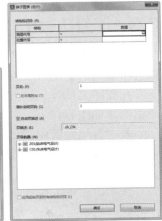

图6-10　"设置"对话框　　　　　　图6-11　"筛选器"对话框　　　　　图6-12　"端子图表"对话框

6.2.2　按照模板生成报表

如果一个项目中建立多个报表（部件汇总、电缆图表、端子图表、设备列表），而以后使用同样的报表和格式，我们就可以建立报表模板。报表模板只是保存了生成报表的规则（筛选器、排序）、格式（报表类型）、操作、放置路径，并不生成报表。

图6-13 "模板"选项卡

打开"模板"选项卡，定义显示项目文件下生成的报表种类，如图 6-13 所示。

新建报表的方法与上一节相同，上一节直接生成报表，这里生成模板文件，模板自动标准命名为 0001，为方便识别模板文件，可以为模板文件添加描述性文字。

6.2.3 报表操作

完成报表模板文件的设置后，可直接生成目的报表文件，也可以对报表文件进行其余操作，包括报表的更新等。

（1）报表的更新

当原理图出现更改时，需要对已经生成的报表进行及时更新。选择菜单栏中的"工具"→"报表"→"更新"命令，自动更新报表文件。

（2）生成项目报表

选择菜单栏中的"工具"→"报表"→"生成项目报表"命令，自动生成所有报表模板文件。

6.3
打印与报表输出

原理图设计完成后，经常需要输出一些数据或图纸。本节将介绍 EPLAN 原理图的打印与报表输出。

6.3.1 打印输出

为方便原理图的浏览、交流，经常需要将原理图打印到图纸上。EPLAN 提供了直接将原理图打印输出的功能。

在打印之前首先进行页面设置。选择菜单栏中的"项目"→"打印"命令，即可弹出"打印"对话框，如图 6-14 所示。

其中各项设置说明如下：

① "打印机"下拉列表：选择所需的打印机。

② "页范围"选项组：用于设置打印范围，打印时可打印单独页，也可以打印一个项目的全部页。

③ "打印本"选项组：

- "数量"文本：输入打印的图纸页数量；
- "颠倒的打印顺序"复选框：选中该复选框，将使图纸打印顺序颠倒。

④ 单击"设置"按钮，弹出如图 6-15 所示的"设置：打印"对话框，具体包括以下几个选项。

a."打印尺寸"选项组：用于设置打印比例。选择比例模式，有两个选项。

- 选择"按比例尺（1:1）打印"选项，由用户自己定义比例的大小，这时整张图纸将以用户定义的比例打印，有可能是打印在一张图纸上，也有可能打印在多张图纸上。用户可以在"水平缩放系数""垂直缩放系数"文本框中设置打印比例。
- 选择"按页面尺寸缩放"选项，系统自动调整比例，以便将整张图纸打印到一张图纸上。

图6-14 "打印"对话框

图6-15 "设置：打印"对话框

b. "页边距"选项组：用于设置页边距，有以下几个选项。

- "左"数值框：设置水平页边距。
- "右"数值框：设置水平页边距。
- "上"数值框：设置垂直页边距。
- "下"数值框：设置垂直页边距。

c. "打印位置"选项组：用于选择打印位置。

d. 黑白打印：勾选该复选框，原理图黑白色打印。

完成设置后，单击"确定"按钮，关闭对话框。

⑤ 单击"打印预览"按钮，可以预览打印效果。

⑥ 设置、预览完成后，即可单击"打印"按钮，打印原理图。

此外，执行"文件"→"打印附带文档"命令，可以实现打印原理图附带文档的功能，弹出如图6-16所示的"打印附带文档"对话框，勾选需要打印的文件。

图6-16 "打印附带文档"对话框

6.3.2 设置接口参数

选择菜单栏中的"选项"→"设置"命令，弹出"设置"对话框，打开"用户"→"接口"，设置接口文件的参数，如图6-17所示。

在该选项下显示导入导出的不同类型的文件，将这些设置进行管理与编辑，并以配置形式保存，方便不同类型文件进行导入导出时使用。对于特殊设置，在使用特定命令时，再进行设置。

6.3.3 导出PDF文件

在绘制的电气原理图中，经常会使用到PDF导出功能，打开导出的PDF文件后，点击中断点，可以跳转到关联参考的目标，同时会对图纸进行放大，对图纸的审图有很大帮助。

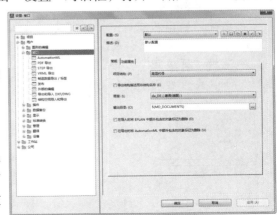

图6-17 "接口"选项

在"页"导航器中选择需要导出的图纸页，选择菜单栏中的"页"→"导出"→"PDF.."命令，弹出"PDF 导出"对话框，如图 6-18 所示。

① 在"源"下拉列表中显示选中的图纸页。

② 选择"配置"后面的编辑按钮 ，切换到"设置：PDF 导出"对话框，如图 6-19 所示，选择"常规"栏，若勾选"使用缩放"选项并输入缩放级别，则导出的 PDF 文件根据要求修改后缩放图纸。若想使得跳转页显示整个页面，输入接近页面宽度 297 的值，如输入 300。勾选"简化的跳转功能"复选框，整个项目的所有跳转功能均得到简化，只能跳转到对应主功能处，而不是跳转点的左、中、右分别跳转到不同地方。

图6-18 "PDF导出"对话框　　　　　　　　图6-19 "设置：PDF导出"对话框

单击"确认"退出设置窗口，只有导出整个项目文件 PDF 时才会有图纸上的跳转功能，只导出图纸的一部分是没有这个功能的。

③ "输出目录"选项下显示导出 PDF 文件的路径。

a. "输出"选项下显示输出 PDF 文件的颜色设置，有 3 种选择，即黑白、彩色或灰度。

b. "使用打印边距"复选框：勾选该复选框，导出 PDF 文件时设置页边距。

c. "输出 3D 模型"复选框：勾选该复选框，导出 PDF 文件中包含 3D 模型。

d. "应用到整个项目"复选框：勾选该复选框，将导出 PDF 文件中的设置应用到整个项目。

④ 单击"设置"按钮，显示三个命令：输出语言、输出尺寸、页边距。

- 选择"输出语言"命令，弹出"设置：PDF输出语言"对话框，选择导出PDF文件中的语言，如图6-20所示。
- 选择"输出尺寸"命令，弹出"设置：PDF输出尺寸"对话框，选择导出PDF文件中的尺寸及缩放尺寸，如图6-21所示。
- 选择"页边距"命令，弹出"设置：页边距"对话框，选择导出PDF文件中的页边距上、下、左、右尺寸，如图6-22所示。

图6-20 "设置：PDF输出语言"　　图6-21 "设置：PDF输出尺寸"　　图6-22 "设置：页边距"
　　　　对话框　　　　　　　　　　　对话框　　　　　　　　　　　　对话框

完成设置后，单击"确定"按钮，生成 PDF 文件，如图 6-23 所示。

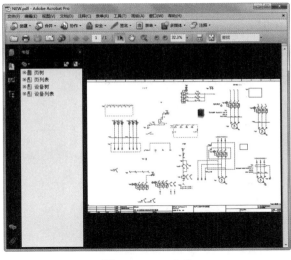

图6-23　PDF文件

6.3.4　导出图片文件

可以把原理图以不同的图片格式输出，输出格式包括 BMP、GIF、JPG、PNG 和 TIFF。可以导出一个单独的图纸页，也可以制定文件名，导出多个图纸页时，不能自主分配文件名，需要使用代号替代。

在"页"导航器中选择需要导出的图纸页，选择菜单栏中的"页"→"导出"→"图片文件"命令，弹出"导出图片文件"对话框，导出图片文件，如图 6-24 所示。

① 在"源"下拉列表中显示选中的图纸页。

② 选择"配置"后面的编辑按钮 ，切换到"设置：导出图片文件"对话框，如图 6-25 所示，设置图片文件的目标目录、文件类型、压缩、颜色类型、宽度。

图6-24　"导出图片文件"对话框

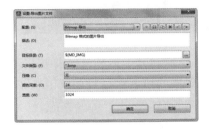

图6-25　"设置：导出图片文件"对话框

单击"确认"退出设置窗口。

③ "输出目录"选项下显示导出 PDF 文件的路径。

"黑白输出"复选框：原理图中所有元素以白底黑字输出到图片文件上。

④ "应用到整个项目"复选框：勾选该复选框，将导出图片文件中的设置应用到整个项目。

输出的图片文件每页以独立的图片文件保存到制定的目标目录下，若输出整个项目，则在目标目录下创建一个带有项目名称的文件夹，同时将所有图片文件保存在该文件夹下。

6.3.5　导出DXF/DWG文件

DXF/DWG 文件导出时，需要设置原理图中的层、颜色、字体和线型，完成这些设置后，方便 DXF/DWG 文件的导入和导出。

在"页"导航器中选择需要导出的图纸页，选择菜单栏中的"页"→"导出"→"DXF/DWG 文件"命令，弹出"DXF/DWG 文件"对话框，导出 DXF/DWG 文件，如图 6-26 所示。

① 在"源"下拉列表中显示选中的图纸页。

② 选择"配置"后面的编辑按钮 ，切换到"设置：DXF/DWG 导出和导入"对话框，如图 6-27 所示，设置 DXF/DWG 文件的目录、格式、层、颜色、线型、块定义和块特性等。

可以通过拖拉的方法把 DXF/DWG 文件插入到原理图中。

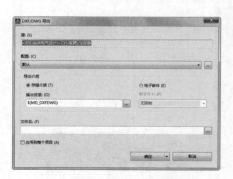

图6-26 "DXF/DWG文件"对话框

图6-27 "设置：DXF/DWG导出和导入"对话框

6.4
原理图的查错及编译

EPLAN 和其他的软件一样提供有电气检测法则，可以对原理图的电气连接特性进行自动检查，检查后的错误信息将在"信息管理"对话框中列出，同时也在原理图中标注出来，用户可以对检测规则进行设置，然后根据对话框中所列出的错误信息回过来对原理图进行修改。

6.4.1 运行检查

选择菜单栏中的"项目数据"→"消息"→"执行项目检查"命令，弹出"执行项目检查"对话框，如图 6-28 所示，在"设置"下拉列表中显示设置的检查标准，单击 按钮，在该对话框中设置所有与项目有关的选项，如图 6-29 所示。

单击"确定"按钮，自动进行检测。

图6-28 "执行项目检查"对话框

图6-29 设置的检查标准

6.4.2 检测结果

原理图的自动检测机制只是按照用户所绘制原理图中的连接进行检测，系统并不知道原理图到底要设计成什么样子，所以如果检测后的"消息管理"对话框中并无错误信息出现，这并不表示该原理图的设计完全正确。用户还需将所要求的设计反复对照和修改，直到完全正确为止。

选择菜单栏中的"项目数据"→"消息"→"管理"命令，弹出"消息管理"对话框，如图6-30所示，显示系统的自动检测结果。

图6-30　编译后的"消息管理"对话框

扫一扫 看视频

6.5 操作实例——电动机手动直接启动电路

手动控制是指手动电器进行电动机直接启动操作，可以使用的手动电器有刀开关、转换开关、断路器和组合开关。

6.5.1 创建项目

选择菜单栏中的"项目"→"新建"命令，或单击"默认"工具栏中的 ![icon]（新项目）按钮，弹出如图6-31所示的对话框，在"项目名称"文本框下输入创建新的项目名称"diandongjishoudong"，在"保存位置"文本框下选择项目文件的路径，在"模板"下拉列表中选择默认国家标准项目模板"GB_tpl001.ept"。

单击"确定"按钮，显示项目进度对话框，如图6-32所示，进度条完成后，弹出"项目属性"对话框，显示当前项目的图纸的参数属性。默认"属性名-数值"列表中的参数，如图6-33所示，单击"确定"按钮，关闭对话框，在"页"导航器中显示创建的空白新项目"diandongjishoudong"，如图6-34所示。

图6-31　"创建项目"
对话框

图6-32　进度
对话框

图6-33　"项目属性"
对话框

图6-34　空白新项目

6.5.2 创建图页

在"页"导航器中选中项目名称"diandongjishoudong"，选择菜单栏中的"页"→"新建"命令，或在"页"导航器中选中项目名称并单击右键，选择"新建"命令，如图6-35所示，弹出如图 6-36 所示的"新建页"对话框。

在该对话框中"完整页名"文本框内输入电路图页名称，默认名称为"/1"，如图 6-36 所示。从"页类型"下拉列表中选择需要页的类型。在"页类型"下拉列表中选择"多线原理图（交互式）"，"页描述"文本框输入图纸描述"刀开关控制"。

图6-35　新建命令

图6-36　"新建页"对话框

在"属性名 - 数值"列表中默认显示图纸的表格名称、图框名称、图纸比例与栅格大小。在"属性"列表中单击"新建"按钮 ，弹出"属性选择"对话框，选择"创建者的特别注释"属性，如图 6-37 所示，单击"确定"按钮，在添加的属性"创建者的特别注释"栏的"数值"列输入"三维书屋"，完成设置的对话框如图 6-38 所示。

单击"确定"按钮，完成图页添加，在"页"导航器中显示添加原理图页结果，如图 6-39 所示，自动进入原理图编辑环境。

图6-37　"属性选择"对话框

图6-38　"新建页"对话框

图6-39　新建图页文件

6.5.3　绘制原理图

（1）插入电机元件

选择菜单栏中的"插入"→"符号"命令，弹出如图 6-40 所示的"符号选择"对话框，选择需要的元件——电机，完成元件选择后，单击"确定"按钮，原理图中在光标上显示浮动的元件符号，选择需要放置的位置，单击鼠标左键，元件被放置在原理图中，自动弹出"属性（元件）：常规设备"对话框，设置电机属性，如图 6-41 所示。完成属性设置后，单击"确定"按钮，关闭对话框，显示放置在原理图中的电机元件 M1，如图 6-42 所示。同时，在"设备"导航器中显示新添加的电机元件 M1，如图 6-43 所示。

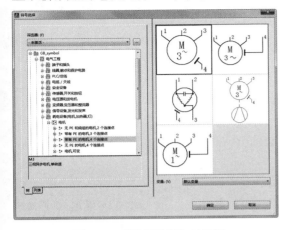

图6-40　"符号选择"对话框

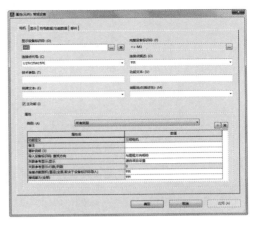

图6-41　"属性（元件）：常规设备"对话框

（2）插入熔断器元件

选择菜单栏中的"项目数据"→"符号"命令，在工作窗口左侧就会出现"符号选择"标签，并自动弹出"符号选择"导航器，在导航器树形结构选中"GB_symbol- 电气工程 - 安全设备 - 熔断器 - 三极熔断器 -F3"元件符号，直接拖动到原理图中适当位置或在该元件符号上单击右键，选择"插入"命令，如图 6-44 所示。选择元件符号时，打开"图形预览"窗口，显示选择元件的图形符号，方便符号的选择。

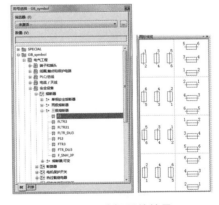

图6-42　放置电机元件　　　　图6-43　显示放置的元件　　　　图6-44　选择元件符号

自动激活元件放置命令，这时光标变成十字形状并附加一个交叉记号，如图 6-45 所示，将光标移动到原理图电机元件的垂直上方位置，单击完成元件符号插入，元件被放置在原理图中，自动弹出"属性（元件）：常规设备"对话框，设置熔断器属性，如图 6-46 所示。完成属性设置后，单击"确定"按钮，关闭对话框，显示放置在原理图中的与电机元件 M1 自动连接的熔断器元件 F1，如图 6-47 所示。此时鼠标仍处于放置熔断器元件符号的状态，按右键"取消操作"命令或"Esc"键即可退出该操作。

（3）插入刀开关元件

在"符号选择"导航器树形结构选中"GB_symbol- 电气工程 - 传感器、开关和按钮 - 开关 / 按钮 - 三极开关 / 按钮，6 个连接点 -Q3_1"元件符号，直接拖动到原理图中适当位置或在该元件符号上单击右键，选择"插入"命令，如图 6-48 所示。选择元件符号时，打开"图形预览"窗口，显示选择元件的图形符号，方便符号的选择。

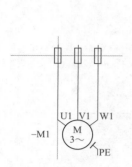

图6-45　元件插入

图6-46　"属性（元件）：常规设备"对话框

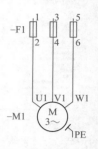

图6-47　放置熔断器元件

　　自动激活元件放置命令，这时光标变成十字形状并附加一个交叉记号，如图 6-49 所示，将光标移动到原理图熔断器元件的垂直上方位置，单击完成元件符号插入，元件被放置在原理图中，自动弹出"属性（元件）：常规设备"对话框，设置开关属性，如图 6-50 所示。完成属性设置后，单击"确定"按钮，关闭对话框，显示放置在原理图中的与熔断器元件 F1 自动连接的开关元件 Q1，如图 6-51 所示。此时鼠标仍处于放置开关元件符号的状态，按右键"取消操作"命令或"Esc"键即可退出该操作。

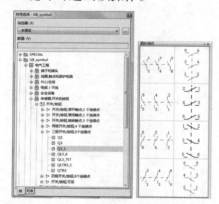

图6-48　选择元件符号

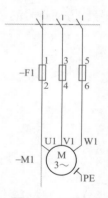

图6-49　元件插入

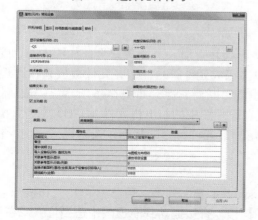

图6-50　"属性（元件）：常规设备"对话框

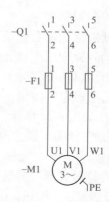

图6-51　放置熔断器元件

（4）插入端子符号

在"符号选择"导航器树形结构选中"GB_symbol-电气工程-端子和插头-端子-端子，1个连接点-X1_NB"元件符号，直接拖动到原理图中适当位置或在该元件符号上单击右键，选择"插入"命令，如图6-52所示。选择元件符号时，打开"图形预览"窗口，显示选择元件的图形符号，方便符号的选择。

自动激活元件放置命令，这时光标变成十字形状并附加一个交叉记号，如图6-53所示，将光标移动到原理图开关元件的垂直上方位置，单击完成元件符号插入，元件被放置在原理图中，自动弹出"属性（元件）：端子"对话框，设置开关属性，如图6-54所示。设置端子名称为L1，单击"确定"按钮，关闭对话框，显示放置在原理图中的与端子L1自动连接的开关元件Q1，此时鼠标仍处于放置端子元件符号的状态，继续放置端子L2、L3，按右键"取消操作"命令或"Esc"键即可退出该操作，如图6-55所示。

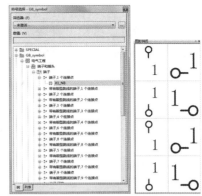

图6-52　选择元件符号

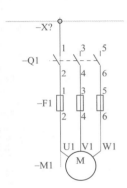  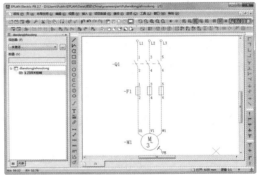

图6-53　元件插入　　图6-54　"属性（元件）：端子"对话框　　　　图6-55　放置端子

6.5.4　生成标题页

选择菜单栏中的"工具"→"报表"→"生成"命令，弹出"报表"对话框，如图6-56所示，在该对话框中打开"报表"选项卡，选择"页"选项，展开"页"选项，显示该项目下的图纸页为空。

单击"新建"按钮，打开"确定报表"对话框，选择"标题页/封页"选项，如图6-57所示。单击"确定"按钮，完成图纸页选择。

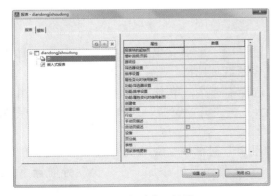 

图6-56　"报表"对话框　　　　　　　　　　图6-57　"确定报表"对话框

弹出"设置 - 标题页 / 封页"对话框，如图 6-58 所示，选择筛选器，单击"确定"按钮，完成图纸页设置。弹出"标题页 / 封页（总计）"对话框，如图 6-59 所示，显示标题页的结构设计，选择当前高层代号与位置代号，如图 6-59 所示。

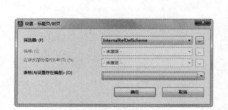

图6-58　"设置-标题页/封页"对话框　　　　　　　　图6-59　"标题页/封页（总计）"对话框

单击"确定"按钮，完成图纸页设置，返回"报表"对话框，在"页"选项下添加标题页，如图 6-60 所示。单击"确定"按钮，关闭对话框，完成标题页的添加，在"页"导航器下显示添加的标题页，如图 6-61 所示。

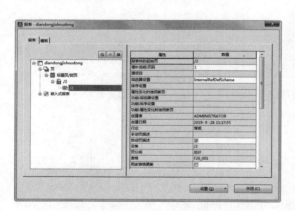

图6-60　"报表"对话框　　　　　　　　　　　图6-61　生成标题页

6.5.5　生成目录

在"报表"对话框中"页"选项下单击"新建"按钮，打开"确定报表"对话框，选择"目录"选项，如图 6-62 所示。单击"确定"按钮，完成图纸页选择。

弹出"设置 - 目录"对话框，如图 6-63 所示，选择筛选器，单击"确定"按钮，完成图纸页设置。弹出"目录（总计）"对话框，如图 6-64 所示，在"页导航器"列表下选择当前原理图的位置，如图 6-64 所示。

单击"确定"按钮，完成图纸页设置，返回"报表"对话框，在"页"选项下添加目录页，如图 6-65 所示。单击"确定"按钮，关闭对话框，完成目录页的添加，在"页"导航器下显示添加的目录页，如图 6-66 所示。

图6-62 "确定报表"对话框

图6-63 "设置-目录"对话框

图6-64 "目录（总计）"对话框

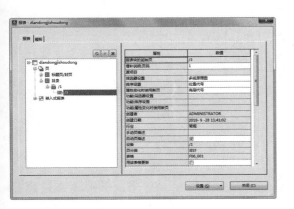

图6-65 "报表"对话框

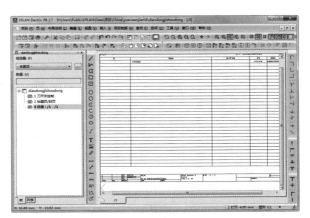

图6-66 生成目录页

6.5.6 生成端子图表

在"报表"对话框中"页"选项下单击"新建"按钮 🔆，打开"确定报表"对话框，选择"端子图表"选项，如图 6-67 所示。单击"确定"按钮，完成图纸页选择。

弹出"设置 - 端子图表"对话框，如图 6-68 所示，选择筛选器，单击"确定"按钮，完成图纸页设置。弹出"端子图表（总计）"对话框，如图 6-69 所示，在"页导航器"列表下选择当前原理图的位置，如图 6-69 所示。

单击"确定"按钮，完成图纸页设置，返回"报表"对话框，在"页"选项下添加端子图表页，如图 6-70 所示。单击"确定"按钮，关闭对话框，完成端子图表页的添加，在"页"导航器下显示添加的端子图表页，如图 6-71 所示。

6.5.7 导出PDF文件

在"页"导航器中选择需要导出的图纸页 1，选择菜单栏中的"页"→"导出"→"PDF.."命令，弹出"PDF 导出"对话框，如图 6-72 所示。

单击"确定"按钮，在"\diandongjishoudong.edb\DOC"目录下生成 PDF 文件，如图 6-73 所示。

图6-67　"确定报表"对话框

图6-68　"设置-端子图表"对话框

图6-69　"端子图表（总计）"对话框

图6-70　"报表"对话框

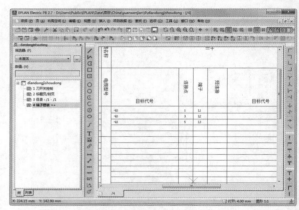

图6-71　生成端子图表页

图6-72　"PDF导出"对话框

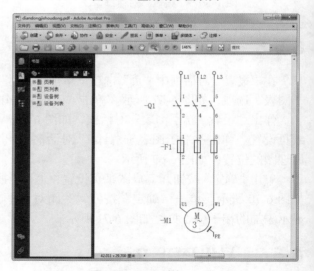

图6-73　PDF文件

6.5.8　导出图片文件

在"页"导航器中选择图纸页1，选择菜单栏中的"页"→"导出"→"图片文件"命令，弹出"导出图片文件"对话框，导出图片文件，如图 6-74 所示。单击"确定"按钮，在目录下生成图片文件"diandongjishoudong.bmp"，如图 6-75 所示。

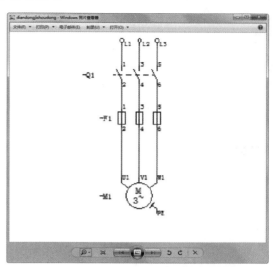

图6-74　"导出图片文件"对话框

图6-75　导出图片文件

6.5.9　导出DXF/DWG文件

在"页"导航器中选择图纸页 1，选择菜单栏中的"页"→"导出"→"DXF/DWG 文件"命令，弹出"DXF/DWG 导出"对话框，导出 DXF/DWG 文件"diandongjishoudong"，如图 6-76 所示。单击"确定"按钮，在目录下生成图片文件"diandongjishoudong.dxf"，如图 6-77 所示。

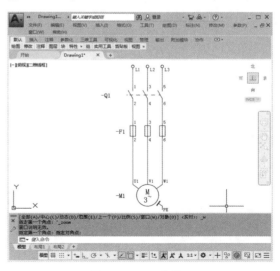

图6-76　"DXF/DWG导出"对话框

图6-77　DXF文件

6.5.10　编译项目

选择菜单栏中的"项目数据"→"消息"→"执行项目检查"命令，弹出"执行项目检查"对话框，如图 6-78 所示，单击"确定"按钮，完成项目检查。

单击"确定"按钮，自动进行检测。选择菜单栏中的"项目数据"→"消息"→"管理"命令，弹出"消息管理"对话框，如图6-79所示，显示系统的自动检测结果。本例没有出现任何错误信息，表明电气检查通过。

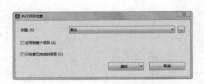

图6-78　"执行项目检查"对话框

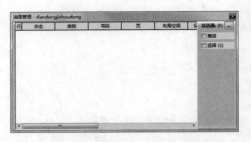

图6-79　编译后的"消息管理"对话框

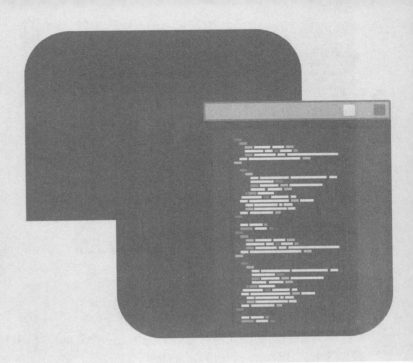

第 7 章

符号与部件设计

在 EPLAN 中，有两种制作元件的方法：一种是用黑盒，直接在多线原理图上绘制，然后在黑盒中放置设备连接点；另一种是在符号库中添加符号，复制符号库中的符号，然后修改相应的信息。在 EPLAN 中，有两种放置设备的方法：直接在原理图中插入设备；或在原理图中插入元件符号，再为元件符号选型，即添加设备。

虽然 EPLAN 为我们提供了丰富的符号库部件库资源，但是，在实际的电路设计中，由于电子元器件技术的不断更新，有些特定的符号和部件仍需我们自行制作。

本章将对符号库和部件库的创建及符号和部件进行详细介绍，并学习如何管理自己的符号库和部件库，从而更好地为设计服务。

7.1 创建符号库

首先介绍制作符号库的方法。打开或新建一个原理图符号库文件，即可进入原理图符号库文件编辑器，原理图符号库文件编辑器如图 7-1 所示。

7.1.1 原理图符号库

原理图符号库作为重要的部分被包含在存储于 "\EPLAN\Data\ 符号 \China" 文件夹中的集成库内。要在集成库外创建原理图符号库，选择菜单栏中的 "工具" → "主数据" → "符号库" 命令，打开这个集成库子菜单，如图 7-2 所示，选择不同命令进行新建、打开、导入、导出等编辑操作。

图7-1 原理图符号库文件编辑器

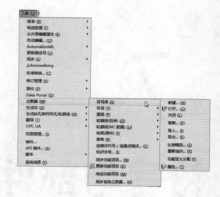

图7-2 符号库子菜单

7.1.2 创建新的原理图符号库

在开始创建新的元件符号前,先生成一个新的原理图符号库以用来存放元件符号。通过以下的步骤来完成建立一个新的原理图符号库。

(1)创建符号库

选择菜单栏中的"工具"→"主数据"→"符号库"→"新建"命令,弹出"创建符号库"对话框,新建一个名为"My Design"的符号库,如图7-3所示。

单击"保存"按钮,弹出如图7-4所示的"符号库属性"对话框,显示栅格大小,默认值为1.00mm,单击"确定"按钮,关闭对话框。

图7-3 "创建符号库"对话框

图7-4 "符号库属性"对话框

(2)加载符号库

完成原理图元件符号库创建后,为方便项目使用,需要将原理图元件符号库加载到符号库路径下。

选择菜单栏中的"选项"→"设置"命令,系统弹出"设置"对话框,在"项目"→"项目名称"→"管理"→"符号库"选项下,如图7-5所示,在"符号库"列下单击 按钮,弹出"选择符号库"对话框,选择要加载的新建的符号库,如图7-6所示,单击"打开"按钮,完成符号库的加载,如图7-7所示。完成设置后,原理图中添加新建的符号库,如图7-7所示。

选择菜单栏中的"插入"→"符号"命令,弹出"符号选择"对话框,显示加载的元件库"My Design",新建的符号库下显示空元件,如图7-8所示。

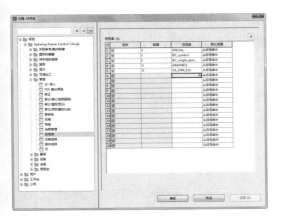

图7-5　"设置"对话框

图7-6　"选择符号库"对话框

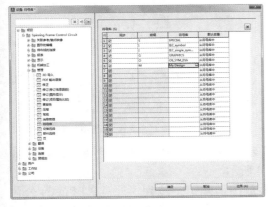

图7-7　加载符号库

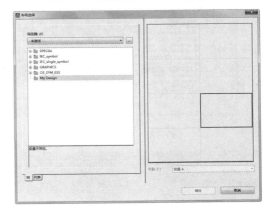

图7-8　"符号选择"对话框

7.1.3　创建新的原理图符号元件

因为一个新的符号库不包含符号，要打开一个没有符号的符号库，弹出如图 7-9 所示的"打开符合库"对话框，但无法打开符号库。只有新建了符号，才能打开符号库，进入符号编辑界面，下面介绍创建一个 NPN 型三极管。

选择菜单栏中的"工具"→"主数据"→"符号"→"新建"命令，弹出"生成变量"对话框，目标变量选择"变量 A"，如图 7-10 所示，单击"确定"按钮，关闭对话框，弹出"符号属性"对话框，如图 7-11 所示。

图7-9　"打开符号库"对话框

图7-10　"生成变量"对话框

图7-11　"符号属性"对话框

在"符号编号"文本框中命名符号编号；在"符号名"文本框中命名符号名 TR1；在"功能定义"文本框中选择功能定义，单击 [...] 按钮，弹出"功能定义"对话框，可根据绘制的符号类型，选择功能定义，如图 7-12 所示。在"连接点"文本框中定义连接点，单击 [逻辑... (L)] 按钮，弹出"连接点逻辑"对话框，如图 7-13 所示。

由于本例是创建一个变压器符号，符号名定为"TC1"，功能定义选择"变压器有 PE，可变"，连接点为"11"，单击"确定"。

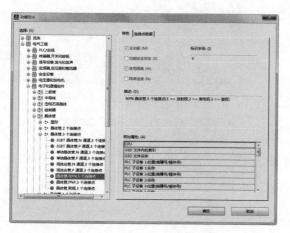

图7-12　"功能定义"对话框

图7-13　"连接点逻辑"对话框

单击"确定"按钮，进入符号编辑环境，如图 7-14 所示。

缩放图形确定定位到了原点，EPLAN 公司提供的元件均创建于由穿过图纸中心的圆圈标注的点旁，将图纸原点调整到设计窗口的中心，元件的参考点是在摆放元件时所抓取的点。对于一个原理图元件符号来说，参考点是最靠近原点的电气连接点（热点），通常就是最靠近的连接点的电气连接末端。

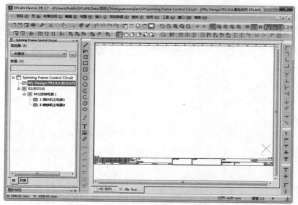

图7-14　符号编辑环境

在创建符号时，栅格尽量选择 C，以免在后续的电气图绘制时插入该符号而不能自动连线。

在属性对话框中将栅格设为 1mm，接受其他的默认设置。如果看不到栅格，单击"视图"工具栏中的"栅格"按钮 ▦，或按"Ctrl+Shift+F6"快捷键，可以显示栅格。

7.2 使用图形工具绘图

单击"图形"工具栏中的按钮，与"插入"菜单下"图形"命令子菜单中的各项命令具有对应关系，均是图形绘制工具，如图 7-15 所示。

7.2.1 绘制直线

在原理图中，直线可以用来绘制一些注释性的
图形，如表格、箭头、虚线等，或者在编辑元件时
绘制元件的外形。直线在功能上完全不同于前面所
说的连接导线，它不具有电气连接特性，不会影响
到电路的电气结构。

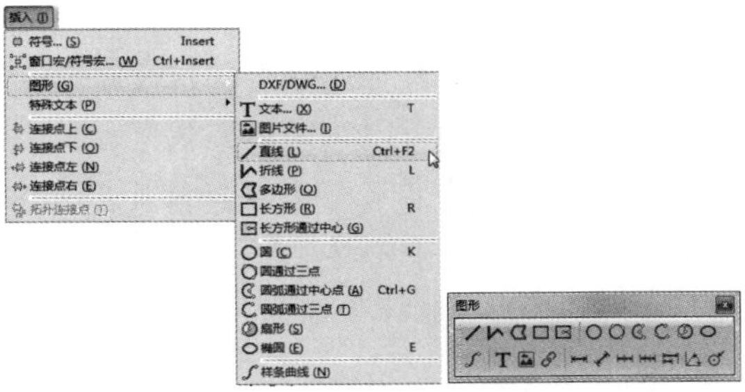

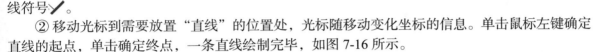

图7-15　图形工具

（1）直线的绘制步骤

①选择菜单栏中的"插入"→"图形"→"直
线"命令，或者单击"图形"工具栏中的"插入直线"按钮 ，这时光标变成交叉形状并附带直
线符号 。

②移动光标到需要放置"直线"的位置处，光标随移动变化坐标的信息。单击鼠标左键确定
直线的起点，单击确定终点，一条直线绘制完毕，如图 7-16 所示。

③此时鼠标仍处于绘制直线的状态，重复步骤②的操作即可绘制其他的直线，按下"Esc"
键便可退出操作。

（2）编辑直线

①在直线绘制过程中，打开提示框绘制更方便，激活提示框命令，在提示框下显示可直接
输入下一点坐标值，如图 7-17 所示。

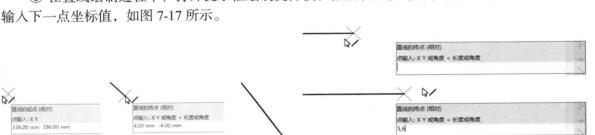

图7-16　直线绘制

图7-17　在提示框输入坐标

提示：

利用其他工具进行图形绘制时，同样可使用提示框，提高绘图效率。

---

②直线也可用垂线或切线。在直线绘制过程中，单击鼠标右键，弹出快捷菜单，如图7-18所示。

a.激活直线命令，光标变成交叉形状并附带直线符号 ，单击鼠标右键，选择"垂线"命令，
光标附带垂线符号 ，选中垂足，单击鼠标左键，放置垂线，如图7-19所示。

b.激活直线命令，光标变成交叉形状并附带直线符号 ，单击鼠标右键，选择"切线的"命
令，光标附带切线符号 ，选中切点，单击鼠标左键，放置切线，如图7-20所示。

图7-18　快捷菜单

图7-19　绘制垂线

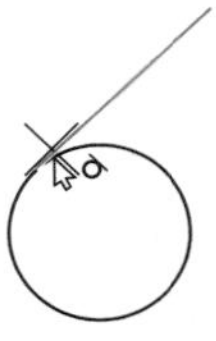

图7-20　绘制切线

（3）设置直线属性

双击直线，系统弹出相应的直线属性编辑对话框"属性（直线）"对话框，如图 7-21 所示。在该对话框中可以对坐标、线宽、类型和直线的颜色等属性进行设置。

①"直线"选项组。在该选项组下输入直线的起点、终点的 X 坐标和 Y 坐标。在"起点"选项下勾选"箭头显示"复选框，直线的一端显示箭头，如图 7-22 所示。

图7-21 "属性（直线）"对话框

图7-22 起点显示箭头

直线的表示方法可以是 (X, Y)，也可以是 $(A < L)$，其中，A 是直线角度，L 是直线长度。因此直线的显示属性下还包括"角度"与"长度"选项。

②"格式"选项组。

- 线宽：用于设置直线的线宽。下拉列表中显示固定值，包括0.50mm、0.13mm、0.18mm、0.20mm、0.25mm、0.35mm、0.40mm、0.50mm、0.70mm、1.00mm、2.00mm这11种线宽供用户选择。
- 颜色：单击该颜色显示框，用于设置直线的颜色。
- 隐藏：控制直线的隐藏与否。
- 线型：用于设置直线的线型。
- 式样长度：用于设置直线的式样长度。
- 线端样式：用于设置直线截止端的样式。
- 层：用于设置直线所在层。
- 悬垂：勾选该复选框，自动从线宽中计算悬垂。

7.2.2 绘制折线

直线为单条直线，折线为多条直线组成的几何图形。

（1）折线的绘制步骤

①选择菜单栏中的"插入"→"图形"→"折线"命令，或者单击"图形"工具栏中的"插入折线"按钮，这时光标变成交叉形状并附带折线符号。

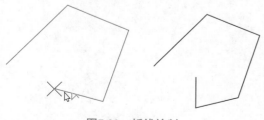

图7-23 折线绘制

②移动光标到需要放置"折线"的起点处，确定折线的起点，多次单击确定多个固定点；单击空格键或选择右键命令"封闭折线"，确定终点，一条折线绘制完毕，退出当前折线的绘制，如图 7-23 所示。

③此时鼠标仍处于绘制折线的状态，重复步骤②的操作即可绘制其他的折线，按下"Esc"键便可退出操作。

（2）编辑折线

① 在折线绘制过程中，如果绘制多边形，则自动在第一个点和最后一个点之间绘制连接，如图 7-24 所示。

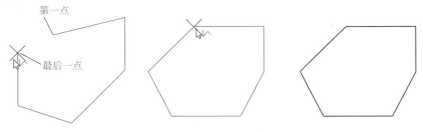

图7-24　折线绘制多边形

② 折线也可用垂线或切线。在折线绘制过程中，单击鼠标右键，选择"垂线"命令或"切线的"命令，放置垂线或切线。

③ 编辑折线结构段。选中要编辑的折线，此时，线高亮显示，同时在折线的结构段的角点和中心上显示小方块，如图 7-25 所示。通过单击鼠标左键将其角点或中心拉到另一个位置。将折线进行变形或增加结构段数量，如图 7-26、图 7-27 所示。

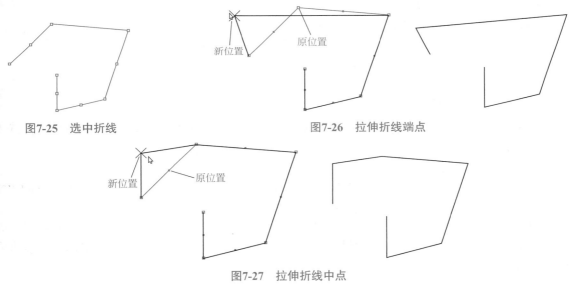

图7-25　选中折线　　　　　　　　　　图7-26　拉伸折线端点

图7-27　拉伸折线中点

（3）设置折线属性

双击折线，系统弹出相应的"属性（折线）"对话框，如图 7-28 所示。

在该对话框中可以对坐标、线宽、类型和折线的颜色等属性进行设置。

① "折线"选项组。折线是由一个个结构段组成的，在该选项组下输入折线结构段的起点、终点的 X 坐标和 Y 坐标，角度，长度和半径。

a. 在结构段 1 中"半径"文本框输入 10mm，结构段 1 显示半径为 10 的圆弧，如图 7-29 所示。同样地，任何一段结构段均可以设置半径转换为圆弧。

图7-28　"属性（折线）"对话框

b. 勾选"已关闭"复选框，自动连接折线的起点、终点，闭合几何体，如图 7-30 所示。

直线段   圆弧段   不闭合图形   闭合图形

图7-29 显示圆弧   图7-30 闭合图形

② "格式"选项组。

- 线宽：用于设置折线的线宽。下拉列表中显示固定值，包括0.50mm、0.13mm、0.18mm、0.20mm、0.25mm、0.35mm、0.40mm、0.50mm、0.70mm、1.00mm、2.00mm这11种线宽供用户选择。
- 颜色：单击该颜色显示框，用于设置折线的颜色。
- 隐藏：控制折线的隐藏与否。
- 线型：用于设置折线的线型。
- 式样长度：用于设置折线的式样长度。
- 线端样式：用于设置折线截止端的样式。
- 层：用于设置折线所在层。
- 填充表面：勾选该复选框，填充折线表面。

7.2.3 绘制多边形

由三条或三条以上的线段首尾顺次连接所组成的平面图形叫做多边形。在 EPLAN 中，折线绘制的闭合图形是多边形。

（1）多边形的绘制步骤

① 选择菜单栏中的"插入"→"图形"→"多边形"命令，或者单击"图形"工具栏中的"插入多边形"按钮 ，这时光标变成交叉形状并附带多边形符号 。

② 移动光标到需要放置"多边形"的起点处，单击确定多边形的起点，多次单击确定多个固定点，单击空格键或选择右键命令"封闭折线"，确定终点，多边形绘制完毕，退出当前多边形的绘制，如图 7-31 所示。

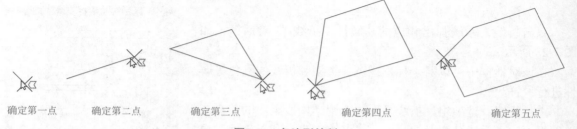

确定第一点   确定第二点   确定第三点   确定第四点   确定第五点

图7-31 多边形绘制

③ 此时鼠标仍处于绘制多边形的状态，重复步骤②的操作即可绘制其他的多边形，按下"Esc"键便可退出操作。

④ 多边形也可用垂线或切线。在多边形绘制过程中，单击鼠标右键，选择"垂线"命令或"切线的"命令，放置垂线或切线。

（2）编辑多边形结构段

选中要编辑的多边形，此时，多边形高亮显示，同时在多边形的结构段的角点和中心上显示小方块，如图 7-32 所示。通过单击鼠标左键将其角点或中心拉到另一个位置，将多边形进行变形或增加结构段数量。

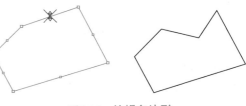

图7-32　编辑多边形

（3）设置多边形属性

双击多边形，系统弹出相应的"属性（折线）"对话框，如图 7-33 所示。

在该对话框中可以对坐标、线宽、类型和多边形的颜色等属性进行设置。

"多边形"选项组。多边形是由一个个结构段组成的，在该选项组下输入多边形结构段的起点、终点的 X 坐标和 Y 坐标，角度，长度和半径。

多边形默认勾选"已关闭"复选框，取消该复选框的勾选，自动断开多边形的起点、终点，如图 7-34 所示。

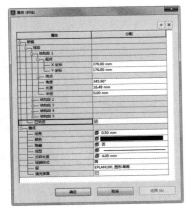

图7-33　"属性（折线）"对话框

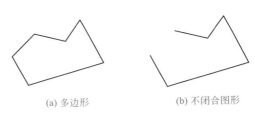

(a) 多边形　　　　(b) 不闭合图形

图7-34　不闭合多边形

设置多边形"格式"选项属性与折线属性相同，这里不再赘述。

7.2.4　绘制长方形

长方形是特殊的多边形，分为两种绘制方法。

（1）长方形的绘制步骤

① 通过起点和终点定义长方形。

a. 选择菜单栏中的"插入"→"图形"→"长方形"命令，或者单击"图形"工具栏中的"长方形"按钮，这时光标变成交叉形状并附带长方形符号。

b. 移动光标到需要放置"长方形"的起点处，单击确定长方形的角点，再次单击确定另一个角点，单击右键选择"取消操作"命令或按"Esc"键，长方形绘制完毕，退出当前长方形的绘制，如图 7-35 所示。

图7-35　长方形绘制

② 通过中心和角点定义长方形。

a. 选择菜单栏中的"插入"→"图形"→"长方形（通过中心）"命令，或者单击"图形"工具栏中的"长方形（通过中心）"按钮，这时光标变成交叉形状并附带长方形符号。

b. 移动光标到需要放置"长方形"的起点处，单击确定长方形的中心点，再次单击确定角点，单击右键选择"取消操作"命令或按"Esc"键，长方形绘制完毕，退出当前长方形的绘制，如图 7-36 所示。

③ 此时鼠标仍处于绘制长方形的状态，重复步骤②的操作即可绘制其他的长方形，按下"Esc"键便可退出操作。

（2）编辑长方形

选中要编辑的长方形，此时，长方形高亮显示，同时在长方形的角点和中心上显示小方块，如图 7-37 所示。通过单击鼠标左键将其角点或中心拉到另一个位置，将长方形进行变形。

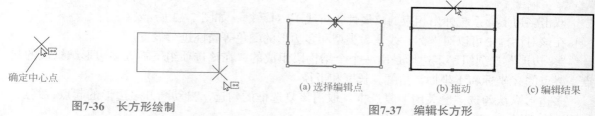

图7-36 长方形绘制

图7-37 编辑长方形

（a）选择编辑点　　（b）拖动　　（c）编辑结果

图7-38 "属性（长方形）"对话框

（3）设置长方形属性

双击长方形，系统弹出相应的"属性（长方形）"对话框，如图 7-38 所示。

在该对话框中可以对坐标、线宽、类型和长方形的颜色等属性进行设置。

① "长方形"选项组。在该选项组下输入长方形的起点、终点的 X 坐标和 Y 坐标，宽度，高度和角度。

② "格式"选项组。

a. 勾选"填充表面"复选框，填充长方形，如图 7-39 所示。

b. 勾选"倒圆角"复选框，对长方形倒圆角，在"半径"文本框中显示圆角半径，圆角半径根据矩形尺寸自动设置，如图 7-40 所示。

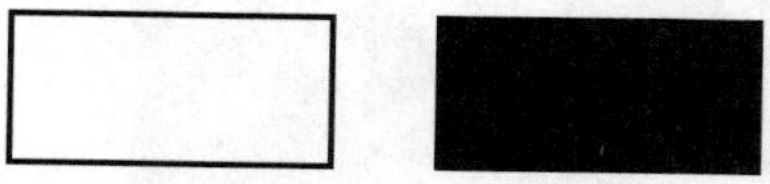

（a）填充前　　　（b）填充后

图7-39 填充长方形

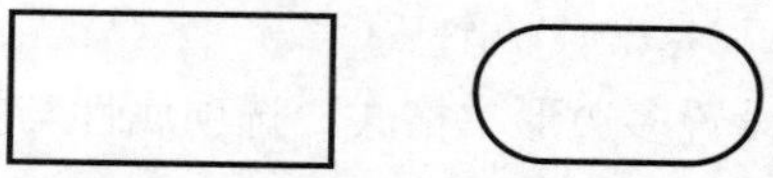

（a）倒圆角前　　（b）倒圆角后

图7-40 长方形倒圆角

长方形其余设置属性与折线属性相同，这里不再赘述。

7.2.5 绘制圆

圆是圆弧的一种特殊形式。

（1）圆的绘制步骤

① 通过圆形和半径定义圆。

a. 选择菜单栏中的"插入"→"图形"→"圆"命令，或者单击"图形"工具栏中的"圆"按钮◯，这时光标变成交叉形状并附带圆符号◯。

b. 移动光标到需要放置圆的位置处，单击鼠标左键第 1 次确定圆的中心，第 2 次确定圆的半径，从而完成圆的绘制。单击右键选择"取消操作"命令或按"Esc"键，圆绘制完毕，退出当前圆的绘制，如图 7-41 所示。

② 通过三点定义圆。

a. 选择菜单栏中的"插入"→"图形"→"圆通过三点"命令，或者单击"图形"工具栏中的"圆通过三点"按钮◯，这时光标变成交叉形状并附带圆符号◯。

b. 移动光标到需要放置圆的位置处，单击鼠标左键第 1 次确定圆的第一点，第 2 次确定圆的第二点，第 3 次确定圆的第三点，从而完成圆的绘制。单击右键选择"取消操作"命令或按"Esc"键，圆绘制完毕，退出当前圆的绘制，如图 7-42 所示。

c. 此时鼠标仍处于绘制圆的状态，重复步骤 b 的操作即可绘制其他的圆，按下"Esc"键便可退出操作。

③ 圆也可用切线圆。在圆绘制过程中，单击鼠标右键，选择"切线的"命令，绘制切线圆，如图 7-43 所示。

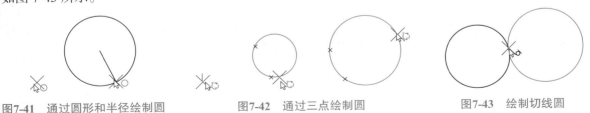

图7-41 通过圆形和半径绘制圆　　　图7-42 通过三点绘制圆　　　图7-43 绘制切线圆

（2）编辑圆

选中要编辑的圆，此时，圆高亮显示，同时在圆的象限点上显示小方块，如图 7-44 所示。通过单击鼠标左键将其象限点拉到另一个位置，将圆进行变形。

（3）设置圆属性

双击圆，系统弹出相应的"属性（弧/扇形/圆）"对话框，如图 7-45 所示。

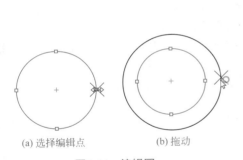

(a) 选择编辑点　　　(b) 拖动

图7-44 编辑圆

图7-45 "属性（弧/扇形/圆）"对话框

在该对话框中可以对坐标、线宽、类型和圆的颜色等属性进行设置。

① "弧/扇形/圆"选项组。在该选项组下输入圆的中心的 X 坐标和 Y 坐标，起始角，终止角，半径。

a. 起始角与终止角可以设置，可选择 0°、45°、90°、135°、180°、−45°、−90°、−135°，起始角与终止角的差值为 360° 时绘制的图形为圆，设置起始角与终止角分别为 0°、90°，显示如图 7-46 所示的圆弧。

b. 勾选"扇形"复选框，封闭圆弧，显示扇形，如图 7-47 所示。

② "格式"选项组。勾选"已填满"复选框，填充圆，如图 7-48 所示。

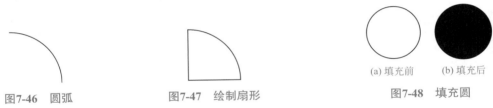

(a) 填充前　　　(b) 填充后

图7-46 圆弧　　　　　图7-47 绘制扇形　　　　　图7-48 填充圆

圆其余设置属性与折线属性相同，这里不再赘述。

7.2.6　绘制圆弧

圆上任意两点间的部分叫弧。

（1）圆弧的绘制步骤

① 通过中心点定义圆弧。

a. 选择菜单栏中的"插入"→"图形"→"圆弧通过中心点"命令，或者单击"图形"工具栏中的"圆弧通过中心点"按钮 ，这时光标变成交叉形状并附带圆弧符号 。

b. 移动光标到需要放置圆弧的位置处，单击鼠标左键第 1 次确定弧的中心，第 2 次确定圆弧的半径，第 3 次确定圆弧的起点，第 4 次确定圆弧的终点，从而完成圆弧的绘制。单击右键选择"取消操作"命令或按"Esc"键，圆弧绘制完毕，退出当前圆弧的绘制，如图 7-49 所示。

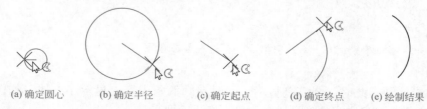

(a) 确定圆心　　　(b) 确定半径　　　(c) 确定起点　　　(d) 确定终点　　　(e) 绘制结果

图7-49　通过中心点绘制圆弧

② 通过三点定义圆弧。

a. 选择菜单栏中的"插入"→"图形"→"圆弧通过三点"命令，或者单击"图形"工具栏中的"圆弧通过三点"按钮 ，这时光标变成交叉形状并附带圆弧符号 。

b. 移动光标到需要放置圆弧的位置处，单击鼠标左键第 1 次确定圆弧的第一点，第 2 次确定圆弧的第二点，第 3 次确定圆弧的半径，从而完成圆弧的绘制。单击右键选择"取消操作"命令或按"Esc"键，圆弧绘制完毕，退出当前圆弧的绘制，如图 7-50 所示。

c. 此时鼠标仍处于绘制圆弧的状态，重复步骤②的操作即可绘制其他的圆弧，按下"Esc"键便可退出操作。

③ 圆弧也可用切线圆弧。在圆弧绘制过程中，单击鼠标右键，选择"切线的"命令，绘制切线圆弧。

（2）编辑圆弧

选中要编辑的圆弧，此时，圆弧高亮显示，同时在圆弧的端点和中心点上显示小方块，如图 7-51 所示。通过单击鼠标左键将其端点和中心点拉到另一个位置，将圆弧进行变形。

圆弧属性设置与圆属性相同，这里不再赘述。

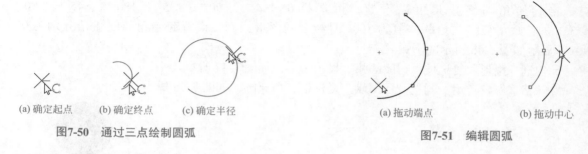

(a) 确定起点　　　(b) 确定终点　　　(c) 确定半径

图7-50　通过三点绘制圆弧

(a) 拖动端点　　　　　　　　(b) 拖动中心

图7-51　编辑圆弧

7.2.7　绘制扇形

（1）扇形的绘制步骤

① 选择菜单栏中的"插入"→"图形"→"扇形通过中心点"命令，或者单击"图形"工具

栏中的"扇形"按钮 ，这时光标变成交叉形状并附带扇形符号 。

②移动光标到需要放置扇形的位置处，单击鼠标左键第 1 次确定弧的中心，第 2 次确定扇形的半径，第 3 次确定扇形的起点，第 4 次确定扇形的终点，从而完成扇形的绘制。单击右键选择"取消操作"命令或按"Esc"键，扇形绘制完毕，退出当前扇形的绘制，如图 7-52 所示。

(a) 确定圆心　(b) 确定半径　(c) 确定起点　(d) 确定终点　(e) 绘制结果

图7-52　扇形绘制

③此时鼠标仍处于绘制扇形的状态，重复步骤②的操作即可绘制其他的扇形，按下"Esc"键便可退出操作。

（2）编辑扇形

选中要编辑的扇形，此时，扇形高亮显示，同时在扇形的端点和中心点上显示小方块，如图 7-53 所示。通过单击鼠标左键将其端点和中心点拉到另一个位置，将扇形进行变形。

扇形属性设置与圆属性相同，这里不再赘述。

(a) 拖动端点　(b) 拖动中心

图7-53　编辑扇形

7.2.8　绘制椭圆

（1）椭圆的绘制步骤

①选择菜单栏中的"插入"→"图形"→"椭圆"命令，或者单击"图形"工具栏中的"椭圆"按钮 ，这时光标变成交叉形状并附带椭圆符号 。

②移动光标到需要放置椭圆的位置处，单击鼠标左键第 1 次确定椭圆的中心，第 2 次确定椭圆长轴和短轴的长度，从而完成椭圆的绘制。单击右键选择"取消操作"命令或按"Esc"键，椭圆绘制完毕，退出当前椭圆的绘制，如图 7-54 所示。

③此时鼠标仍处于绘制椭圆的状态，重复步骤②的操作即可绘制其他的椭圆，按下"Esc"键便可退出操作。

（2）编辑椭圆

选中要编辑的椭圆，此时，椭圆高亮显示，同时在椭圆的象限点上显示小方块，如图 7-55 所示。通过单击鼠标左键将其长轴和短轴的象限点拉到另一个位置，将椭圆进行变形。

(a) 确定中心　(b) 确定长轴和短轴的长度　(c) 绘制结果　　(a) 选择长轴象限点　(b) 选择短轴象限点

图7-54　椭圆绘制　　　　　　　　　**图7-55　编辑椭圆**

（3）设置椭圆属性

双击椭圆，系统弹出相应的"属性（椭圆）"对话框，如图 7-56 所示。

在该对话框中可以对坐标、线宽、类型和椭圆的颜色等属性进行设置。

①"椭圆"选项组。在该选项组下输入椭圆的中心和半轴的 X 坐标和 Y 坐标，旋转角度。旋转角度可以设置 0°、45°、90°、135°、180°、−45°、−90°、−135°，用于旋转椭圆。

② "格式"选项组。在该选项组下勾选"已填满"复选框,填充椭圆,如图7-57所示。

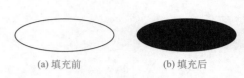

(a) 填充前　　　　　　　(b) 填充后

图7-56　"属性(椭圆)"对话框　　　　　　　　　图7-57　填充椭圆

椭圆其余属性设置与圆属性相同,这里不再赘述。

7.2.9　绘制样条曲线

EPLAN 使用一种称为非一致有理 B 样条(NURBS)曲线的特殊样条曲线类型。NURBS 曲线在控制点之间产生一条光滑的样条曲线。样条曲线可用于创建形状不规则的曲线,例如,为地理信息系统(GIS)应用或汽车设计绘制轮廓线。

(1)样条曲线的绘制步骤

①选择菜单栏中的"插入"→"图形"→"样条曲线"命令,或者单击"图形"工具栏中的"样条曲线"按钮 ,这时光标变成交叉形状并附带样条曲线符号 。

②移动光标到需要放置样条曲线的位置处,单击鼠标左键,确定样条曲线的起点。然后移动光标,再次单击鼠标左键确定终点,绘制出一条直线,如图 7-58 所示。

③继续移动鼠标,在起点和终点间合适位置单击鼠标左键确定控制点 1,然后生成一条弧线,如图 7-59 所示。

图7-58　确定一条直线　　　　　　　　　　图7-59　确定曲线的中间点

④继续移动鼠标,曲线将随光标的移动而变化,单击鼠标左键,确定控制点 2。单击右键选择"取消操作"命令或按"Esc"键,样条曲线绘制完毕,退出当前样条曲线的绘制。

⑤此时鼠标仍处于绘制样条曲线的状态,重复步骤②～④的操作即可绘制其他的样条曲线,按下"Esc"键便可退出操作。

(2)编辑样条曲线

选中要编辑的样条曲线,此时,样条曲线高亮显示,同时在样条曲线的起点、终点、控制点 1、控制点 2 上显示小方块,如图 7-60 所示。通过单击鼠标左键将样条曲线上点拉到另一个位置,将样条曲线进行变形。

(3)设置样条曲线属性

双击样条曲线,系统弹出相应的"属性(样条曲线)"对话框,如图 7-61 所示。

在该对话框中可以对坐标、线宽、类型和样条曲线的颜色等属性进行设置。在"样条曲线"选项组下输入样条曲线的起点、终点、控制点 1、控制点 2 坐标。

样条曲线其余属性设置与圆属性相同,这里不再赘述。

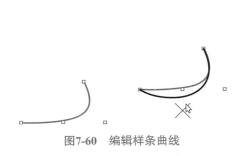

图7-60　编辑样条曲线

图7-61　"属性（样条曲线）"对话框

7.2.10　文本

文本注释是图形中很重要的一部分内容，进行各种设计时，通常不仅要绘出图形，还要在图形中标注一些文字，如技术要求、注释说明等，对图形对象加以解释。

（1）插入文本

① 选择菜单栏中的"插入"→"图形"→"文本"命令，或者单击"图形"工具栏中的"文本"按钮 **T**，弹出"属性（文本）"对话框，如图 7-62 所示。

完成设置后，关闭对话框。

② 这时光标变成交叉形状并附带文本符号 **T**，移动光标到需要放置文本的位置处，单击鼠标左键，完成当前文本放置。

③ 此时鼠标仍处于绘制文本的状态，重复步骤②的操作即可绘制其他的文本，单击右键选择"取消操作"命令或按"Esc"键，便可退出操作。

（2）文本属性设置

双击文本，系统弹出相应的"属性（文本）"对话框，如图 7-62 所示。

该对话框包括两个选项卡：

① "文本"选项卡。

- 文本：用于输入文本内容。
- 路径功能文本：勾选该复选框，插入路径功能文本。
- 不自动翻译：勾选该复选框，不自动翻译输入的文本内容。

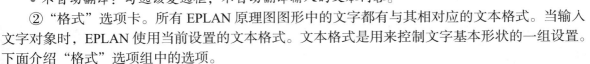

图7-62　"属性（文本）"对话框

② "格式"选项卡。所有 EPLAN 原理图图形中的文字都有与其相对应的文本格式。当输入文字对象时，EPLAN 使用当前设置的文本格式。文本格式是用来控制文字基本形状的一组设置。下面介绍"格式"选项组中的选项。

- "字号"下拉列表框：用于确定文本的字符高度，可在文本编辑器中设置输入新的字符高度，也可从此下拉列表框中选择已设定过的高度值。
- 颜色：用于确定文本的颜色。
- 方向：用于确定文本的方向。
- 角度：用于确定文本的角度。
- 层：用于确定文本的层。
- 字体：文字的字体确定字符的形状，在EPLAN中，一种字体可以设置不同的效果，从而被多种文本样式使用，下拉列表中显示同一种字体（宋体）的不同样式。
- 隐藏：不显示文本。

- 行间距：用于确定文本的行间距。这里所说的行间距是指相邻两文本行基线之间的垂直距离。
- 语言：用于确定文本的语言。
- "粗体"复选框：用于设置加粗效果。
- "斜体"复选框：用于设置斜体效果。
- "删除线"复选框：用于在文字上添加水平删除线。
- "下划线"复选框：用于设置或取消文字的下划线。
- "应用"按钮：确认对文字格式的设置。当对现有文字格式的某些特征进行修改后，都需要单击此按钮，系统才会确认所做的改动。

（3）文本分类

EPLAN 中对文本做了 3 种定义，分别是静态文本、功能文本和路径功能文本。

① 静态文本。它是指纯静态的文本，如图 7-63 所示，在插入时可修改文字属性，无任何关联。生成报表时也无法自动去对应显示，只是一段普通文字，属于注释、解释性文本。

② 功能文本。功能文本属于关联于元件属性内的文本，其属性编号为 20011，常用于表示元件功能，在生成报表时可调出属性显示。如图 7-64 所示。

图7-63　静态文本

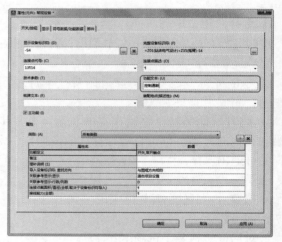

图7-64　功能文本

③ 路径功能文本。路径功能文本是指在此路径区域内的元件下的功能文本。路径是指作用于标题栏的路径，在制作标题栏时被指定，选择菜单栏中的"视图"→"路径"命令，在原理图中可以查看其作用域，如图 7-65 所示。

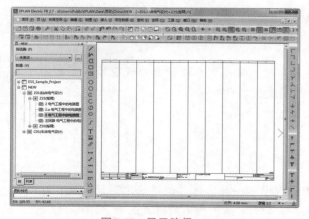

图7-65　显示路径

图7-66　路径功能文本

在"属性（文本）"对话框中，勾选"路径功能文本"复选框，插入路径功能文本，如图 7-66 所示。同一区域下的所有元件共享路径功能文本的内容。

在生成报表时功能文本显示的优先级是：功能文本＞路径功能文本。

7.2.11　放置图片

在电路原理图的设计过程中，有时需要添加一些图片文件，例如元件的外观、厂家标志等。

（1）放置图片的步骤

选择菜单栏中的"插入"→"图形"→"图片文件"命令，或者单击"图形"工具栏中的"图片文件"按钮，弹出"选取图片文件"对话框，如图 7-67 所示。

选择图片后，单击"打开"按钮，弹出"复制图片文件"对话框，如图 7-68 所示，单击"确定"按钮。

图7-67　选择图片

图7-68　"复制图片文件"对话框

光标变成交叉形状并附带图片符号，并附有一个矩形框。移动光标到指定位置，单击鼠标左键，确定矩形框的位置，移动鼠标可改变矩形框的大小，在合适位置再次单击鼠标左键确定另一顶点，如图 7-69 所示，同时弹出"属性（图片文件）"对话框，如图 7-70 所示。完成属性设置后，单击即可将图片添加到原理图中，如图 7-71 所示。

图7-69　确定位置　　　　图7-70　"属性（图片文件）"对话框

图7-71　图片

（2）设置图片属性

在放置状态下，或者放置完成后，双击需要设置属性的图片，弹出"属性（图片文件）"对话框，如图 7-70 所示。

● 文件：显示图片文件路径。

- 显示尺寸：显示图片文件的宽度与高度。
- 原始尺寸的百分比：设置原始图片文件的宽度与高度比例。
- 保持纵横比：勾选该复选框，保持缩放后原始图片文件的宽度与高度比例。

7.3
图形编辑命令

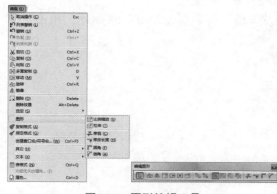

图7-72 图形编辑工具

这一类编辑命令在对指定对象进行编辑后，使编辑对象的几何特性发生改变，包括倒角、圆角、修剪、延伸等命令。

单击"图形"工具栏中的按钮，与"插入"菜单下"图形"命令子菜单中的各项命令具有对应关系，均是图形绘制工具，如图 7-72 所示。

7.3.1 比例缩放命令

比例缩放的绘制步骤如下：

① 选择菜单栏中的"编辑"→"图形"→"比例缩放"命令，或者单击"编辑图形"工具栏中的"比例缩放"按钮 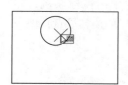，这时光标变成交叉形状并附带缩放符号 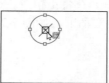。

② 移动光标到缩放对象位置处，框选对象，单击鼠标左键选择缩放比例的原点，如图 7-73 所示，弹出"比例缩放"对话框，如图 7-74 所示，单击"确定"按钮，关闭对话框，完成缩放图形。

图7-73 缩放图形

图7-74 "比例缩放"对话框

7.3.2 修剪命令

修剪的绘制步骤如下：

① 选择菜单栏中的"编辑"→"图形"→"修剪"命令，或者单击"编辑图形"工具栏中的"修剪"按钮 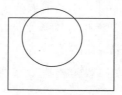，这时光标变成交叉形状并附带修剪符号 。

② 移动光标到修剪对象位置处，单击边界对象外需要修剪的部分，如图 7-75 所示，完成修剪图形。

系统规定可以用作边界对象的对象有直线段、射线、双向无限长线、圆弧、圆、椭圆、二维和三维多段线、样条曲线等。

③ 此时鼠标仍处于修剪的状态，重复步骤②的操作即可修剪其他的对象，按下"Esc"键便可退出操作。

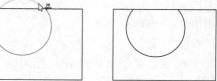

图7-75 修剪图形

7.3.3　圆角命令

圆角是指用指定的半径决定的一段平滑的圆弧连接两个对象。系统规定可以用圆角连接一对直线段、非圆弧的多段线段、样条曲线、双向无限长线、射线、圆、圆弧和椭圆。可以在任何时刻圆角连接非圆弧多段线的每个节点。

圆角的绘制步骤如下：

① 选择菜单栏中的"编辑"→"图形"→"圆角"命令，或者单击"编辑图形"工具栏中的"圆角"按钮，这时光标变成交叉形状并附带圆角符号。

② 移动光标到需要倒圆角对象位置处，单击确定倒圆角位置，系统会根据指定的圆弧的半径把多段线各顶点用圆滑的弧连接起来，拖动鼠标，调整圆角大小，单击确定圆角大小，如图 7-76 所示，完成图形倒圆角。

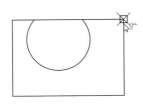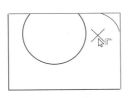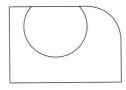

图7-76　图形倒圆角

③ 此时鼠标仍处于绘制倒圆角的状态，重复步骤②的操作即可绘制其他的倒圆角，按下"Esc"键便可退出操作。

7.3.4　倒角命令

倒角是指用斜线连接两个不平行的线型对象。可以用斜线连接直线段、双向无限长线、射线和多段线。

倒角的绘制步骤如下：

① 选择菜单栏中的"编辑"→"图形"→"倒角"命令，或者单击"编辑图形"工具栏中的"倒角"按钮，这时光标变成交叉形状并附带倒角符号。

② 移动光标到需要倒角对象位置处，单击确定倒角位置，系统会根据指定的选择倒角的两个斜线距离将被连接的两对象连接起来，拖动鼠标，调整倒角大小，单击确定倒角大小，如图 7-77 所示，完成图形倒角。

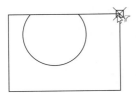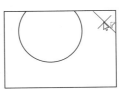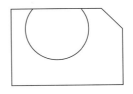

图7-77　图形倒角

③ 此时鼠标仍处于绘制倒角的状态，重复步骤②的操作即可绘制其他的倒角，按下"Esc"键便可退出操作。

7.3.5　修改长度命令

修改长度对象是指拖拉选择的且长度发生改变后的对象。

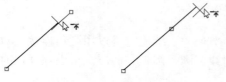

图7-78　修改图形长度

修改长度的绘制步骤如下：

① 选择菜单栏中的"编辑"→"图形"→"修改长度"命令，或者单击"编辑图形"工具栏中的"修改长度"按钮，这时光标变成交叉形状并附带修改长度符号。

② 移动光标到修改长度对象位置处，单击选中对象并确定基点，拖动鼠标确定修改的长度，如图 7-78 所示，确定位置后，单击鼠标左键，完成图形修改长度。

③ 此时鼠标仍处于图形修改长度的状态，重复步骤②的操作即可修改其他图形长度，按下"Esc"键便可退出操作。

7.3.6　拉伸命令

拉伸对象时，应指定拉伸的基点和移置点，可以使用拖拉鼠标的方法来动态地改变对象的长度或角度。利用一些辅助工具如捕捉、相对坐标等提高拉伸的精度。

拉伸的绘制步骤如下：

① 选择菜单栏中的"编辑"→"图形"→"拉伸"命令，或者单击"编辑图形"工具栏中的"拉伸"按钮，这时光标变成交叉形状并附带拉伸符号。

② 移动光标到拉伸对象位置处，框选选中对象并单击确定基点，拖动鼠标确定拉伸后的位置，如图 7-79 所示，确定位置后，单击鼠标左键，完成图形拉伸。

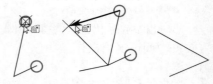

图7-79　拉伸图形

③ 此时鼠标仍处于图形拉伸的状态，重复步骤②的操作即可拉伸其他图形，按下"Esc"键便可退出操作。

7.4

黑盒设备

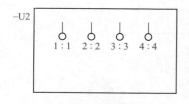

图7-80　黑盒设备

由于某些电子设备的引脚非常特殊，或者设计人员使用了一个最新的电子设备，在电气标准中没有对应的电气符号，一般都会使用黑盒加设备连接点来表示设备的外形轮廓，如触摸屏、多功能仪表等设备，如图 7-80 所示。

黑盒设备之间也是借助于设备连接点进行连接的，也可以使用导线完成连接。

7.4.1　黑盒

黑盒是由图形元素构成，代表物理上存在的设备。默认的黑盒是长方形，也可使用多边形。

（1）插入黑盒

选择菜单栏中的"插入"→"盒子连接点 / 连接板 / 安装板"→"黑盒"命令，或单击"盒子"工具栏中的"黑盒"按钮，此时光标变成交叉形状并附加一个黑盒符号。

将光标移动到需要插入黑盒的位置，单击确定黑盒的一个顶点，移动光标到合适的位置再一次单击确定其对角顶点，即可完成黑盒的插入，如图7-81所示。此时光标仍处于插入黑盒的状态，重复上述操作可以继续插入其他的黑盒。黑盒插入完毕，按"Esc"键即可退出该操作。

（2）设置黑盒的属性

在插入黑盒的过程中，用户可以对黑盒的属性进行设置。双击黑盒或在插入黑盒后，弹出如图7-82所示的黑盒属性设置对话框，在该对话框中可以对黑盒的属性进行设置，在"显示设备标识符"中输入黑盒的编号。

图7-81　插入黑盒

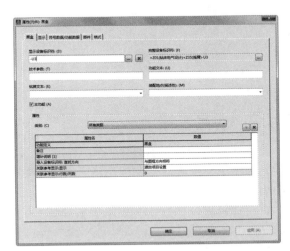

图7-82　黑盒属性设置对话框

打开"符号数据 / 功能数据"选项卡，在"符号数据"下显示选择的图形符号预览图，如图7-83所示，在"编号 / 名称"栏后单击███按钮，弹出"符号选择"对话框，如图7-84所示，选择黑盒图形符号。

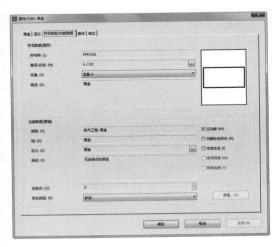

图7-83　"符号数据/功能数据"选项卡

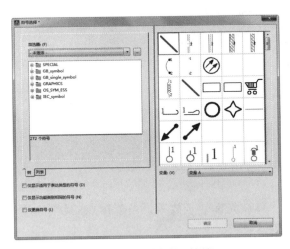

图7-84　"符号选择"对话框

打开"格式"选项卡，在"属性 - 分配"列表中显示黑盒图形符号：长方形的起点、终点、宽度、高度与角度；还可设置长方形的线型、线宽、颜色等参数，图 7-85 中，切换选项，显示如图 7-86 所示的黑盒。

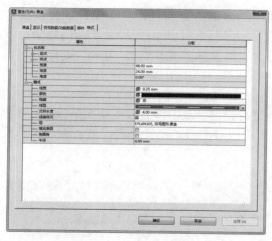

图7-85 "格式"选项卡

图7-86 修改黑盒线型

7.4.2 设备连接点

设备连接点的符号看起来像端子符号，又有所不同；使用设备连接点，这些点不会被 BOM 统计，而端子会被统计；设备连接点不会被生成端子表，而端子会。设备连接点通常指电子设备上的端子，如 Q401.2 指空开开关 Q401 的 2 端子。

设备连接点分两种，一种是单向连接，一种是双向连接，如图 7-87 所示。单向连接的设备连接点有一个连接点，双向连接的设备连接点有两个连接点。

（1）插入设备连接点

选择菜单栏中的"插入"→"设备连接点"命令，或单击"盒子"工具栏中的"电位连接点"按钮 ，此时光标变成交叉形状并附加一个设备连接点符号 。

将光标移动到黑盒内需要插入设备连接点的位置，单击插入设备连接点，如图 7-88 所示。此时光标仍处于插入设备连接点的状态，重复上述操作可以继续插入其他的设备连接点。设备连接点插入完毕，按"Esc"键即可退出该操作。

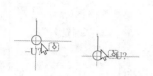

图7-87 设备连接点

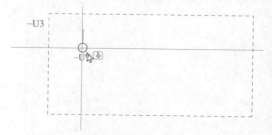

图7-88 插入设备连接点

（2）确定设备连接点方向

在光标处于放置设备连接点的状态时按"Tab"键，旋转设备连接点符号，变换设备连接点模式。

（3）设置设备连接点的属性

在插入设备连接点的过程中，用户可以对设备连接点的属性进行设置。双击设备连接点或在插入设备连接点后，弹出如图 7-89 所示的设备连接点属性设置对话框，在该对话框中可以对设备连接点的属性进行设置。

如果一个黑盒设备中用同名的连接点号，可以通过属性"Plug DT"进行区分，让这些连接点分属不同的插头。

7.4.3 黑盒的属性设置

制作完的黑盒仅仅描述了一个设备的图形化信息，还需要设置属性。

双击黑盒，弹出如图7-90所示的黑盒属性设置对话框，在该对话框中打开"符号数据/功能数据"选项卡，在"功能数据"下显示重新定义黑盒描述的设备。

打开"符号数据/功能数据"选项卡，在"功能数据"选项下"定义"文本框后单击 按钮，弹出"功能定义"对话框，选择重新定义的设备所在类别，如图7-91所示，完成选择后，单击"确定"按钮，返回对话框，在"类别""组""描述"栏后显示新设备类别，如图7-92所示。

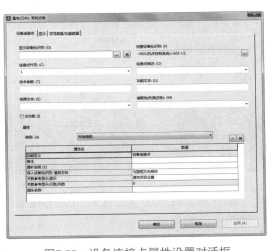

图7-89 设备连接点属性设置对话框

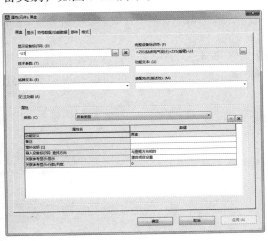

图7-90 黑盒属性设置对话框

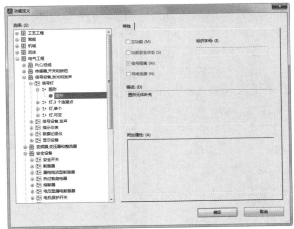

图7-91 "功能定义"对话框

完成定义后的设备，重新打开属性设置对话框，直接显示新设备名称，如图7-93所示。

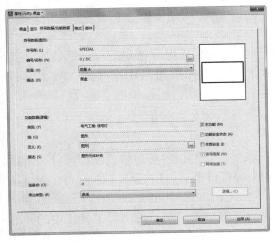

图7-92 设备逻辑属性定义

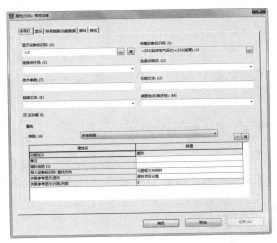

图7-93 设备属性设置对话框

7.4.4 黑盒的组合

选择菜单栏中的"编辑"→"其他"→"组合"命令，将黑盒与设备连接点或端子等元件组合成一个整体。

7.5
部件库

部件库文件几乎包含了系统自带标准部件和用户创建的部件库库文件的所有信息，用来对库文件进行编辑管理。

7.5.1 "部件主数据"导航器

选择菜单栏中的"工具"→"部件"→"部件主数据导航器"命令，在工作窗口左侧就会出现"部件主数据"标签，并自动弹出"部件主数据"导航器，如图7-94所示。该导航器中的部件与"部件选择"对话框中的部件数据相同。

在"筛选器"下拉列表中选择标准的部件库，如图7-95所示。

单击"筛选器"右侧的 ··· 按钮，系统弹出如图7-96所示的"筛选器"对话框，可以看到此时系统已经装入的标准的部件库。

图7-94 "部件主数据"导航器　图7-95 选择标准的部件库

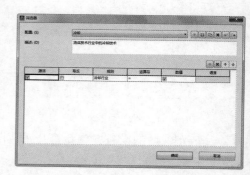

图7-96 "筛选器"对话框

在"筛选器"对话框中，⊞按钮用来新建标准部件库，🖫用来保存新建的标准部件库，🗐用来粘贴新建的标准部件库，✖用来删除标准部件库，↵和↴按钮是用来导入、导出部件库的。

7.5.2 部件管理

EPLAN Electric P8 提供了强大的部件管理功能，厂家及系统提供各种各样的新型部件。考虑到芯片引脚的排列通常是有规则的，多种芯片可能有同一种部件形式，EPLAN Electric P8 提供了部件库管理功能，可以方便地保存和引用部件。

选择菜单栏中的"工具"→"部件"→"管理"命令，或单击"项目编辑"工具栏中的"部件管理"按钮🗐，系统弹出如图7-97所示的"部件管理"对话框，显示部件库的管理与编辑。

下面介绍该对话框中的各个选项功能。

（1）字段筛选器

在该下拉列表中显示当前系统中默认的筛选规则，将系统中的部件分专业进行划分，如图7-98所示。单击  按钮，弹出"筛选器"对话框，在该对话框中新建筛选规则，如图7-99所示。

① 创建新名称。单击"配置"下拉列表后的"新建"按钮 ，弹出"新配置"对话框，显示已创建的配置信息，在"名称"文本框中输入新建筛选器名称，在"描述"文本框下输入对该筛选器名称的解释，结果如图7-100所示。

图7-97　"部件管理"对话框

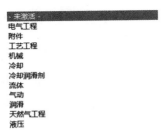

图7-98　默认的筛选规则

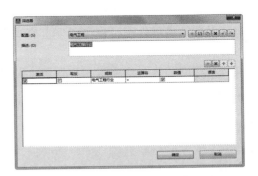

图7-99　"筛选器"对话框

完成配置信息设置后，单击"确定"按钮，返回"筛选器"对话框，如图7-101所示，显示创建的新筛选器名称。

图7-100　"新配置"对话框

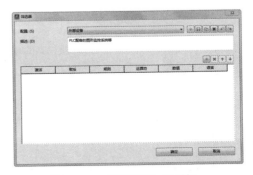

图7-101　"筛选器"对话框

② 创建新规范。默认情况下，新建的筛选器不包含任何规则，为实现筛选功能，在新筛选器下创建规则。单击下方规范列表右上角的"新建"按钮 ，弹出"规范选择"对话框，在"属性"选项组下显示新建筛选器规范，选择"PLC工作站类型"，结果如图7-102所示。

完成规范选择后，单击"确定"按钮，返回"筛选器"对话框，在下方的规范列表中"规则"栏显示上面选择的属性规则"PLC工作站类型"，在"运算符"栏显示"="，在"数值"栏选择规则的取值。勾选"激活"复选框，显示创建的新筛选器规则，如图7-103所示。

至此，完成新筛选器规则的创建。单击"确定"按钮，返回"部件管理"对话框，显示创建的新筛选器规则，如图7-104所示。

图7-102 "规范选择"对话框

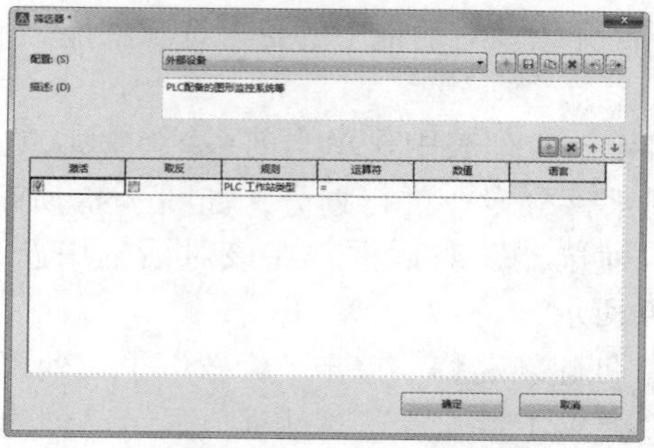

图7-103 "筛选器"对话框

（2）部件库列表

部件可以分为零部件和部件组，部件组由零部件组成，同一个部件，可以作为零部件直接选择，也可以选择一个部件组（由该零部件组成）。例如，一个热继电器，可以直接安装在接触器上，与接触器组成部件组，也可以配上底座单独安装，作为零部件单独使用。

（3）常规属性

打开右侧"常规"选项卡，显示选中的部件库的基本信息，如图7-105所示。

图7-104 创建筛选规则

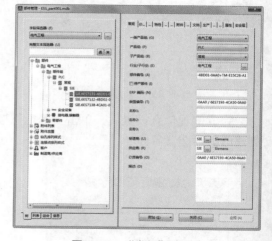

图7-105 "常规"选项卡

- 产品组：显示部件的层次结构，一类产品组+产品组+子产品组，对应部件左侧树形结构顺序。
- 部件编号：元件的型号。
- 名称1：元件的描述，比如三极断路器、单极断路器等；如果公司有ERP编码，可以将其写在"名称2"或"名称3"中，这些信息都属于部件订货用的信息。
- 订货编号：厂商提供的订货号。
- 制造商：部件的制造商。
- 供应商：部件的供应商。
- 描述：记录技术参数。

（4）价格/其他属性

打开右侧"价格/其他"选项卡，统计整个项目或每个控制柜内电气元件的总价，如图7-106所示。

下面介绍该选项卡中选项的含义：

- 折扣：可以计算润滑、维护周期。对于一些气动或液压元件，是需要定期维护的，比如加润滑油，那么可由系统产生一个项目中需要维护器件的周期表。

- 认证：进行出口设备的公司或需要CE、UL认证时，必须统计需要认证的元件，在后期通过报表文件，显示需要认证的元件信息。

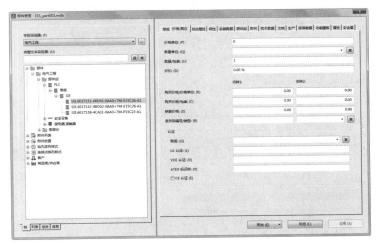

图7-106 "价格/其他"选项卡

（5）安装数据属性

打开右侧"安装数据"选项卡，设置部件尺寸，如图7-107所示。也可不进行设置而通过下面的方法直接得到。

① 进行面板布局（2D）或 Cabinet 布局（3D）时，不需查找手册即可直接获得尺寸。

② 直接从导航器拖拽到布局图中，获得真实尺寸。

③ 关联 2D 的图形宏（支持 DWG/DXF 等格式），3D 的图形宏（支持 Inventor/STEP）等，使布局图形象、直观。

下面介绍该选项卡中选项的含义：

- 重量：进行电柜布局时，可以用来统计整个安装板上部件的总重量，由机械工程师来评估底板的厚度是否足够。
- 安装面：通过定义安装面，避免将底板的部件安装到面板上或将柜外的部件放到柜内。
- 图形宏：有图形宏时，在安装板图纸上放置部件时有图形。单击⋯按钮，选择图形宏的图片文件。
- 图片文件：单击⋯按钮，弹出"选取图片文件"对话框，如图7-108所示，选择部件的图片文件，通过该文件，选型时不需要翻阅产品手册，直接了解产品特性。勾选"预览"复选框，在预览窗口直接预览部件外观，而选择窗口可以看到相关技术参数，也可以打开电子手册查看，根据需要可以添加附件。如果使用部件组，可以一同选取附件，比如接触器可能有辅助触点、浪涌吸收器等。
- 安装间隙：部件之间的间隔距离，由于部件是立体的，因此安装间隙分宽度方向、高度方向及深度方向。

（6）功能模板属性

打开右侧"功能模板"选项卡，显示设备选择的功能模板，选型后直接替换为部件真实的连接点名称，如图 7-109 所示，也可通过插入符号的设计方法，手动修改连接点。

属性设置。单击"附加"按钮，选择"设置"命令，弹出如图 7-110 所示的"设置：部件"对话框，设置属性列表的结构。

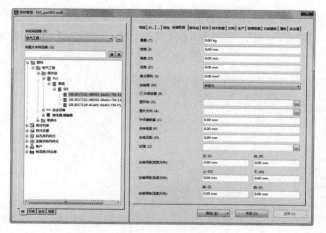

图7-107　　"安装数据"选项卡

图7-108　　"选取图片文件"对话框

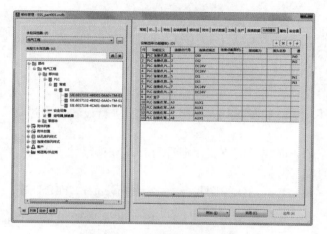

图7-109　　"功能模板"选项卡

图7-110　　"设置：部件"对话框

7.5.3　新建部件库

在"部件管理"对话框树中单击"附加"按钮，弹出快捷菜单，如图 7-111 所示，选择"设置"命令，弹出"设置：部件（用户）"对话框，如图 7-112 所示，设置部件库的数据。

图7-111　　"部件管理"对话框

图7-112　　"设置：部件（用户）"对话框

在"Access"文本框下显示默认部件库为ESS_part001.mdb，单击█按钮，弹出"生成新建数据库"对话框，如图7-113所示，输入新的部件库名称，单击"打开"按钮，创建新的部件库。

返回单击"设置：部件（用户）"对话框，如图7-114所示，单击…按钮，弹出"选择部件数据库"对话框，如图7-115所示，设置部件库路径，设置结果如图7-116所示。单击"确定"按钮，进入新建的部件库界面，如图7-117所示，部件库中没有部件，用户可以自定义新建或导入部件。

图7-113 "生成新建数据库"对话框

图7-114 "设置：部件（用户）"对话框

图7-115 "选择部件数据库"对话框

图7-116 选择新建的部件库

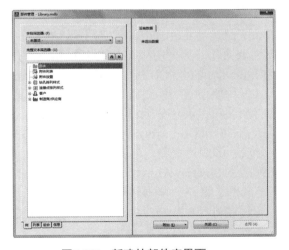

图7-117 新建的部件库界面

7.6
创建部件

部件库是一个电气元器件的虚拟仓库，具有强大的数据库，为电气工程师的选型和图纸中的元器件的电气逻辑提供准确支持。公司根据具体情况在EPLAN原有基础上把自己公司用到的品牌的电气产品加入公司的部件库，直接应用到项目原理图中，也可以直接创建部件。

7.6.1　部件概述

芯片的部件在 PCB 板上通常表现为一组焊盘、丝印层上的边框及芯片的说明文字。焊盘是部件中最重要的组成部分，用于连接芯片的引脚，并通过印制板上的导线连接印制板上的其他焊盘，进一步连接焊盘所对应的芯片引脚，完成电路板的功能。在封装中，每个焊盘都有唯一的标号，以区别于部件中的其他焊盘。丝印层上的边框和说明文字主要起指示作用，指明焊盘组所对应的芯片，方便印制板的焊接。焊盘的形状和排列是封装的关键组成部分，确保焊盘的形状和排列正确才能正确地建立一个部件。对于安装有特殊要求的封装，边框也需要绝对正确。

EPLAN 提供了强大的封装绘制功能，能够绘制各种各样的新出现部件。考虑到芯片的引脚排列通常是规则的，多种芯片可能有同一种部件形式，EPLAN 提供了部件库管理功能，绘制好的部件可以方便地保存和引用。

7.6.2　常用部件介绍

总体上讲，根据元件采用安装技术的不同，可分为插入式封装技术（Through Hole Technology，THT）和表贴式封装技术（Surface Mounted Technology，SMT）。

插入式封装元件安装时，元件安置在板子的一面，将引脚穿过 PCB 板焊接在另一面上。插入式元件需要占用较大的空间，并且要为每只引脚钻一个孔，所以它们的引脚会占据两面的空间，而且焊点也比较大。但从另一方面来说，插入式元件与 PCB 连接较好，机械性能好。例如，排线的插座、接口板插槽等类似的界面都需要一定的耐压能力，因此，通常采用 THT 封装技术。

表贴式封装的元件，引脚焊盘与元件在同一面。表贴元件一般比插入式元件体积要小，而且不必为焊盘钻孔，甚至还能在 PCB 板的两面都焊上元件。因此，与使用插入式元件的 PCB 比起来，使用表贴元件的 PCB 板上元件布局要密集很多，体积也就小很多。此外，表贴封装元件也比插入式元件要便宜一些，所以现今的 PCB 上广泛采用表贴元件。

元件封装可以大致分为以下几种类型。

- BGA（Ball Grid Array）：球栅阵列封装。因其封装材料和尺寸的不同还细分成不同的BGA封装，如陶瓷球栅阵列封装CBGA、小型球栅阵列封装μBGA等。
- PGA（Pin Grid Array）：插针栅格阵列封装技术。这种技术封装的芯片内外有多个方阵形的插针，每个方阵形插针沿芯片的四周间隔一定距离排列，根据引脚数目的多少，可以围成2～5圈。安装时，将芯片插入专门的PGA插座。该技术一般用于插拔操作比较频繁的场合之下，如个人计算机CPU。
- QFP（Quad Flat Package）：方形扁平封装，为当前芯片使用较多的一种封装形式。
- PLCC（Plastic Leaded Chip Carrier）：有引线塑料芯片载体。
- DIP（Dual In-line Package）：双列直插封装。
- SIP（Single In-line Package）：单列直插封装。
- SOP（Small Out-line Package）：小外形封装。
- SOJ（Small Out-line J-Leaded Package）：J形引脚小外形封装。
- CSP（Chip Scale Package）：芯片级封装，较新的封装形式，常用于内存条中。在CSP的封装方式中，芯片是通过一个个锡球焊接在PCB板上，由于焊点和PCB板的接触面积较大，故内存芯片在运行中所产生的热量可以很容易地传导到PCB板上并散发出去。另外，CSP封装芯片采用中心引脚形式，有效地缩短了信号的传导距离，其衰减随之减少，芯片的抗干扰、抗噪性能也能得到大幅提升。

- Flip-Chip：倒装焊芯片，也称为覆晶式组装技术，是一种将IC与基板相互连接的先进封装技术。在封装过程中，IC会被翻覆过来，让IC上面的焊点与基板的接合点相互连接。由于成本与制造因素，使用Flip-Chip接合的产品通常根据I/O数多少分为两种形式，即低I/O数的FCOB（Flip Chip on Board）封装和高I/O数的FCIP（Flip Chip in Package）封装。Flip-Chip技术应用的基板包括陶瓷、硅芯片、高分子基层板及玻璃等，其应用范围包括计算机、PCMCIA卡、军事设备、个人通信产品、钟表及液晶显示器等。
- COB（Chip on Board）：板上芯片封装。即芯片被绑定在PCB上，这是一种现在比较流行的生产方式。COB模块的生产成本比SMT低，并且还可以减小模块体积。

7.6.3 新建部件

① 在"部件管理"对话框树形结构中显示不同层次的部件，如图 7-118 所示。创建部件的同时自动定义部件层次结构。其中，部件下第 1 层部件行业分类通过字段筛选器进行选择与创建。

② 创建第二层。在"电气工程"上单击鼠标右键，弹出快捷菜单，选择新建命令，显示创建的该层部件库类型，包括零部件、部件组、模块，如图 7-119 所示。

选择"零部件"命令，在"零部件"层下创建嵌套的部件，如图 7-120 所示。同样地，选择"部件组"命令，在"部件组"层下创建嵌套的部件，如图 7-121 所示。

选择"模块"命令，新增在"模块"层下及创建嵌套的部件，如图 7-122 所示。

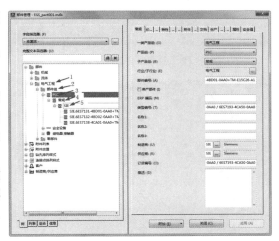

图7-118　部件库层次

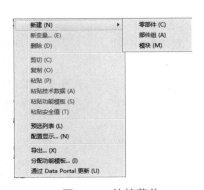

图7-119　快捷菜单

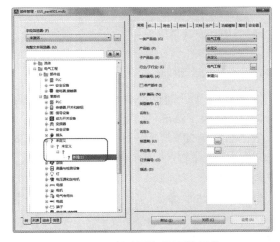

图7-120　创建零部件下的部件

③ 第三层。在第三层下选择部件层次上单击右键，弹出快捷菜单，选择"新建"命令，直接创建以该层为顶层的层次结构部件，如图 7-123 所示。

往下其余层均直接选择"新建"命令，新建该层为顶层的部件层次结构，如图 7-124 所示。

新建部件后，在右侧的参数界面输入所要建立的零部件的参数。

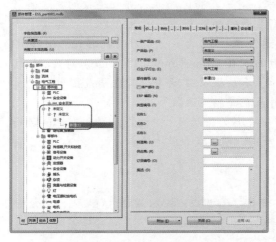

图7-121　创建部件组下的部件

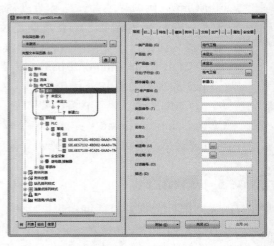

图7-122　创建模块部件

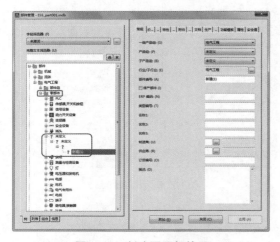

图7-123　创建同层部件层

图7-124　新建部件

7.6.4　复制部件

在"部件管理"对话框树形结构中选择部件，选择右键命令"新建"，新建上一层结构的部件，如图 7-125 所示，该部件信息显示为空白。

在"部件管理"对话框树形结构中选择部件，选择右键命令"复制"，复制该部件，部件的粘贴包括 4 种不同方法，选择如图 7-126 所示。

（1）粘贴

选择"粘贴"命令，直接在该部件下方添加与复制的部件有相同参数的部件，如图 7-127 所示。

（2）粘贴功能模板

在新建的空白部件上选择"粘贴功能模板"命令，直接在该部件中添加复制的部件的功能模板，如图 7-128 所示。

选择"粘贴技术数据"命令和"粘贴安全值"命令同样粘贴复制的部件的功能模板数据和安全值数据。

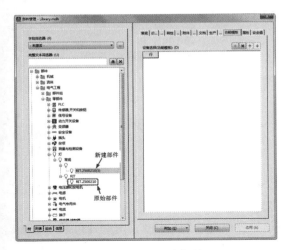

图7-125　新建部件

图7-126　粘贴命令

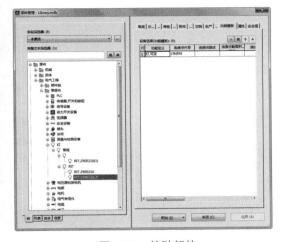

图7-127　粘贴部件

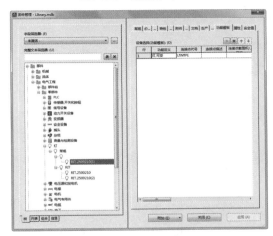

图7-128　粘贴部件的功能模板

7.7
部件导入导出

选择菜单栏中的"工具"→"部件"→"管理"命令，或单击"项目编辑"工具栏中的"部件管理"按钮，系统弹出如图 7-129 所示的"部件管理"对话框，打开新建的部件库，显示空白的部件库，单击"附加"按钮，弹出快捷菜单，对新部件库的数据进行编辑。

（1）导入部件

选择"导入"命令，弹出"导入数据集"命令，如图 7-130 所示，在文件类型下拉列表中选择导入部件文件的类型，如图 7-131 所示，选择不同类型的文件。

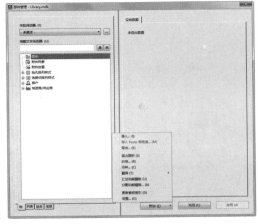

图7-129　"部件管理"对话框

图7-130 "导入数据集"对话框

图7-131 导入文件类型

① 在"文件名"文本框中显示导入文件名称，单击 ... 按钮，弹出"打开"对话框，如图 7-132 所示，选择导入文件。

② 选择"字段分配"后面的编辑按钮 ...，切换到"字段分配"对话框，如图 7-133 所示，设置导入文件的字段分配配置信息。单击"确认"退出设置对话框。

③ 返回"导入数据集"对话框，单击"确定"按钮，弹出进度对话框，如图 7-134 所示，显示导入进度，完成进度后，自动关闭该进度对话框，显示新的数据库，如图 7-135 所示。

图7-132 "打开"对话框

图7-133 "字段分配"对话框

图7-134 进度对话框

用户进行设计过程中，一般情况下建议自定义自己的数据库，方便用户进行编辑。

（2）导出部件

选择"导出"命令，弹出"导出数据集"对话框，如图 7-136 所示，在文件类型下拉列表中

图7-135 导入数据库信息

图7-136 "导出数据集"对话框

选择导出部件文件的类型；可以选择输出"总文件"或"单个文件"，在"文件名"文本框中输入总文件名称，在"单个文件"文本框中设置文件路径与名称；在"数据集类型""行业""流体"选项组下选择导出文件的类别，如图7-136所示。

7.8
操作实例——NPN三极管

NPN型三极管由三块半导体构成，其中两块 N 型和一块 P 型半导体，P 型半导体在中间，两块 N 型半导体在两侧。三极管是电子电路中最重要的器件，它最主要的功能是电流放大和开关作用。

7.8.1　创建符号库

选择菜单栏中的"工具"→"主数据"→"符号库"→"新建"命令，弹出"创建符号库"对话框，新建一个名为"Library"的符号库，如图 7-137 所示。

单击"保存"按钮，弹出如图 7-138 所示的"符号库属性"对话框，显示栅格大小，默认值为 1.00mm，单击"确定"按钮，关闭对话框。

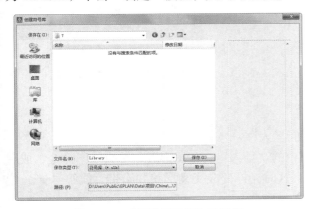

图7-137　"创建符号库"对话框

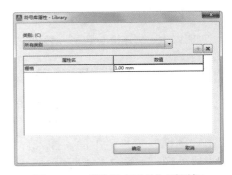

图7-138　"符号库属性"对话框

7.8.2　创建符号变量A

选择菜单栏中的"工具"→"主数据"→"符号"→"新建"命令，弹出"生成变量"对话框，目标变量选择"变量 A"，如图 7-139 所示，单击"确定"按钮，关闭对话框，弹出"符号属性"对话框。

在"符号编号"文本框中命名符号编号；在"符号名"文本框中命名符号名 NPN；在"功能定义"文本框中选择功能定义，单击□按钮，弹出"功能定义"对话框，如图 7-140 所示，可根据绘制的符号类型，选择功能定义，功能定义选择"半导体，3 个连接点"，在"连接点"文本框中定义连接点，连接点为"3"。单击 逻辑...(L) 按钮，弹出"连接点逻辑"对话框，如图 7-141 所示。

默认连接点逻辑信息，如图 7-142 所示，单击"确定"按钮，进入符号编辑环境，绘制符号外形。

图7-139 "生成变量"对话框

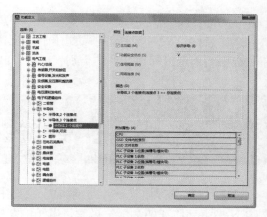

图7-140 "功能定义"对话框

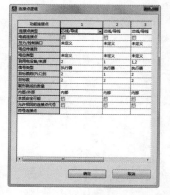

图7-141 "连接点逻辑"对话框

图7-142 "符号属性"对话框

7.8.3 绘制原理图符号

栅格尽量选择 C，以免在后续的电气图绘制时插入该符号而不能自动连线。

① 定义 NPN 三极管元件实体。选择菜单栏中的"插入"→"图形"→"直线"命令，或者单击"图形"工具栏中的"插入直线"按钮，这时光标变成交叉形状并附带直线符号，绘制直线外形，如图 7-143 所示。

② 双击绘制好的直线打开属性对话框，如图 7-144 所示，在"直线"选项组中设置坐标（0，0）开始到坐标（0，-8）结束画一条垂直的线。然后画坐标从（0，-3）到（4，-1），以及从（0，-5）到（4，-8）的其他两条线，可以将线调整到任意角度。单击右键或者按下"Esc"按钮退出画线模式。画完后的效果如图 7-145 所示。

图7-143 在图纸上放置三极管　　图7-144 设置直线属性　　图7-145 三极管外形

③ 如果要设置下端为箭头形状，则可以在画好的线上双击，在"直线"选项组"终点"选项下勾选"箭头显示"复选框，如图 7-146 所示，直线的一端显示箭头，结果如图 7-147 所示。

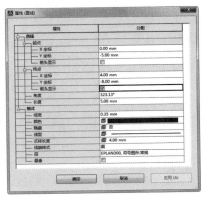

图7-146　"属性（直线）"对话框

图7-147　效果图

7.8.4　给原理图元件添加连接点

元件引脚赋予元件电气属性并且定义元件连接点，在原理图编辑器中为元件摆放元件连接点步骤如下：

① 选择菜单栏中的"插入"→"连接点左"命令，这时光标变成交叉形状并附带连接点符号🢀，按住"Tab"键，旋转连接点方向，单击确定连接点位置，自动弹出"连接点"属性对话框，在该对话框中，默认显示连接点号 1，如图 7-148 所示。绘制其他 2 个连接点，如图 7-149 所示。

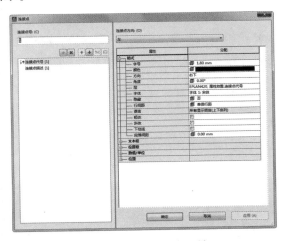

图7-148　设置连接点属性

图7-149　绘制连接点

如果在放置连接点前定义连接点属性，定义的设置将会成为默认值，连接点编号以及那些以数字方式命名的引脚名在放下一个连接点时会自动加一。

② 当连接点出现在指针上时，按下"Tab"键可以以 90° 为增量旋转调整连接点。记住，连接点上只有一端是电气连接点，必须将这一端放置在元件实体外。非电气端有一个连接点名字靠着它。

③ 放置这个元件所需的其他连接点，并确定连接点名、编号及符号正确。

④ 现在已经完成了元件的绘制。

7.8.5 添加原理图库

① 选择菜单栏中的"选项"→"设置"命令，弹出"设置"对话框，选择"项目"→"新项目"→"管理"→"符号库"，如图 7-150 所示，在右侧的符号库表格中单击  按钮，弹出"选择符号库"对话框，如图 7-151 所示，增加"Library"符号库，如图 7-152 所示。

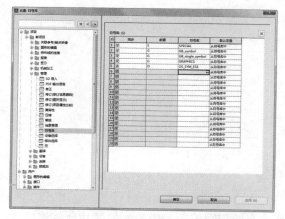

图7-150 "设置：符号库"界面

图7-151 "选择符号库"对话框

完成符号库加载后，单击"应用"按钮，更新符号库主数据。单击"确定"按钮，关闭对话框。

选择菜单栏中的"工具"→"主数据"→"符号"→"关闭"命令，退出符号编辑环境。

② 在原理图编辑环境中，选择菜单栏中的"插入"→"符号"命令，弹出"符号选择"对话框，在新建的符号库显示新建的三极管符号，如图 7-153 所示。

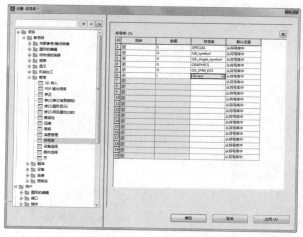

图7-152 加载符号库

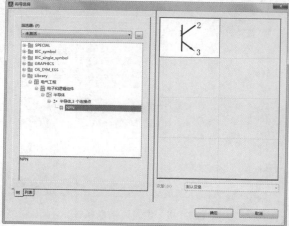

图7-153 "符号选择"对话框

③ 完成元件选择后，单击"确定"按钮，原理图中在光标上显示浮动的元件符号，如图 7-154 所示，选择需要放置的位置，单击鼠标左键，在原理图中放置元件，自动弹出"属性（元件）：常规设备"对话框，默认设备标识符，如图 7-155 所示。

选择该符号并插入到图纸中的适当位置，如图 7-156 所示。

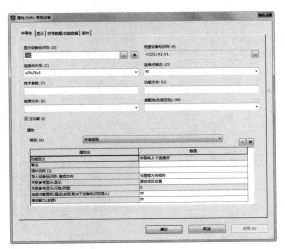

图7-154　显示元件符号　　　　图7-155　"属性（元件）：常规设备"对话框　　　　图7-156　插入元件

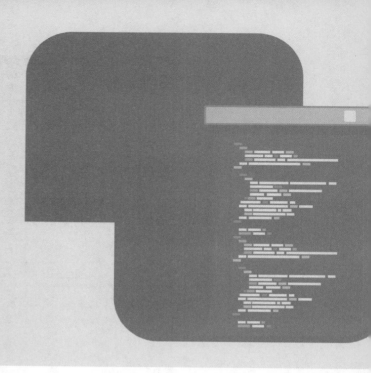

第**8**章

电缆设计

电线电缆的制造与大多数机电产品的生产方式是完全不同的，电线电缆是以长度为基本计量单位。所有电线电缆都是从导体加工开始，在导体的外围一层一层地加上绝缘、屏蔽、成缆、护层等而制成电线电缆产品。产品结构越复杂，叠加的层次就越多。

电缆有控制电缆、屏蔽电缆等，都是由单股或多股导线和绝缘层组成的，用来连接电路、电器等。

8.1 电缆连接

电缆是由许多电缆芯线组成芯线时带有常规连接功能定义的连接。电缆是高度分散的设备，由电缆定义线、屏蔽和芯线组成，具有相同的设备名称 DT。

8.1.1 电缆定义

在 EPLAN 中电缆通过电缆定义体现，也可通过电缆定义线或屏蔽对电缆进行图形显示，在生成的电缆总览表中看到该电缆对应的各个线号。电缆分为外部绝缘和内部导体组成。电缆的功能是基于连接的。因为绘制时不会立即更新连接，也可在更新连接后生成和更新电缆。

（1）插入电缆

选择菜单栏中的"插入"→"电缆定义"命令，此时光标变成交叉形状并附加一个电缆符号**⊞**。将光标移动到需要插入电缆的位置上，单击鼠标左键确定电缆第一点，移动光标，选择电缆的第二点，在原理图中单击鼠标左键确定插入电缆，如图 8-1 所示。此时光标仍处于插入电缆的状态，重复上述操作可以继续插入其他的电缆。电缆插入完毕，按右键"取消操作"命令或"Esc"键即可退出该操作。

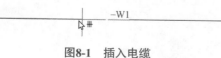

图8-1　插入电缆

（2）确定电缆方向

在光标处于放置电缆的状态时按"Tab"键，旋转电缆符号，变换电缆连接模式。

（3）设置电缆的属性

在插入电缆的过程中，用户可以对电缆的属性进行设置。双击电缆或在插入电缆后，弹出如图8-2所示的电缆属性设置对话框，在该对话框中可以对电缆的属性进行设置。

① 在"显示设备标识符"中输入电缆的编号，电缆名称可以是信号的名称，也可以自己定义。

② 在"类型"文本框中选择电缆的类型，单击 按钮，弹出如图8-3所示的"部件选择"对话框，在该对话框中选择电缆的型号，完成选择后，单击"确定"按钮，关闭对话框，返回电缆属性设置对话框，显示选择类型后，根据类型自动更新类型对应的连接数，如图8-4所示。完成类型选择后的电缆显示结果如图8-5所示。

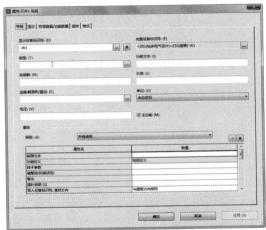

图8-2　电缆属性设置对话框

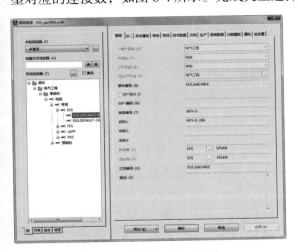

图8-3　"部件选择"对话框

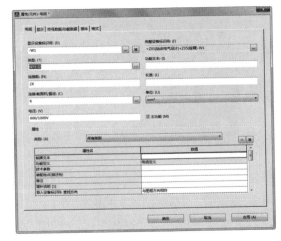

图8-4　选择类型

③ 打开"符号数据/功能数据"选项卡，如图8-6所示，显示电缆的符号数据，在"编号/名称"文本框中显示电缆符号编号，单击 按钮，弹出"符号选择"对话框，在符号库中重新选择电缆符号，如选择图8-7所示的电缆符号，单击"确定"按钮，返回电缆属性设置对话框。显示选择编号后的电缆，如图8-8所示。完成编号选择后的电缆显示结果如图8-9所示。

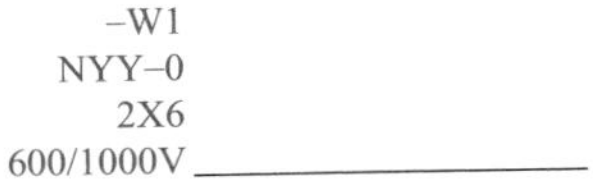

–W1
NYY–0
2X6
600/1000V

图8-5　设置电缆属性

8.1.2　电缆默认参数

选择菜单栏中的"选项"→"设置"命令，或单击"默认"工具栏中的"设置"按钮 ，系统弹出"设置"对话框。

选择"项目"→"设备"→"电缆"选项，打开电缆设置界面，在该界面包括电缆长度、电缆和连接、默认电缆型号，如图8-10所示。

单击"默认电缆"文本框后的 按钮，弹出"部件选择"对话框，在符号库中重新选择电缆部件型号。

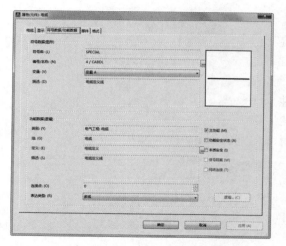

图8-6 "符号数据/功能数据"选项卡

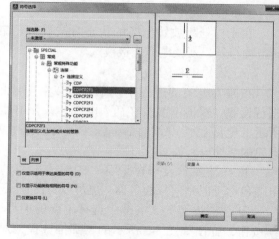

图8-7 "符号选择"对话框

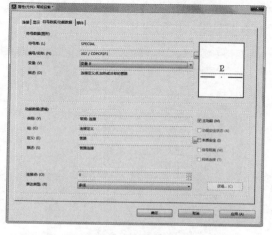

图8-8 设置电缆编号

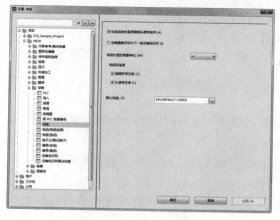

图8-9 修改后的电缆

选择"项目"→"设备"→"电缆（电缆连接）"选项，如图 8-11 所示，显示电缆连接参数，在"编号 / 名称"文本框单击 按钮，弹出"符号选择"对话框，在符号库中重新选择电缆符号。

通过"设置"对话框中设置的电缆数据适用于选择的整个项目中所有电缆。原理图中，单个电缆进行属性设置过程中，选择电缆部件及电缆符号时只适用选择的单个电缆。

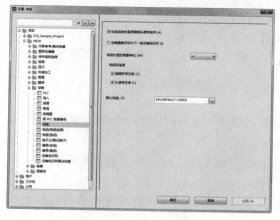

图8-10 电缆设置界面

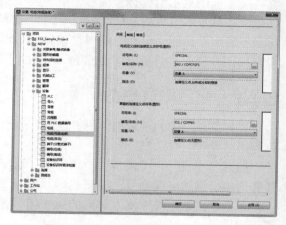

图8-11 "电缆（电缆连接）"选项

8.1.3 电缆连接定义

在 EPLAN 中放置电缆定义时，电缆定义和自动连线相交处会自动生成电缆连接定义，如图 8-12 所示。

单个电缆连接可通过连接定义点或功能连接点逻辑中的电缆连接点属性来定义，双击原理图中的电缆连接，或在电缆连接上单击鼠标右键弹出快捷菜单选择"属性"命令或将电缆连接放置到原理图中后，自动弹出属性对话框，如图 8-13 所示。

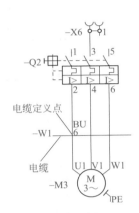

图8-12　生成电缆连接定义

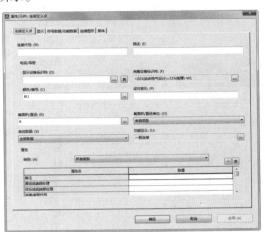

图8-13　电缆连接属性设置对话框

8.1.4 电缆导航器

选择菜单栏中的"项目数据"→"电缆"→"导航器"命令，打开"电缆"导航器，如图 8-14 所示，显示电缆定义与该电缆连接的导线及元件。

在选中的导线上单击鼠标右键，弹出快捷菜单，选择"属性"命令，弹出"属性（元件）：电缆"对话框，在"显示设备标识符"中输入电缆定义的名称。

在导航器项目上单击鼠标右键，弹出快捷菜单，选择"新建"命令，弹出"功能定义"对话框，定义电缆，如图 8-15 所示。默认标识符 W，单击"确定"按钮，退出对话框，自动弹出创建的电缆 W3 的"属性（元件）：电缆"对话框，如图 8-16 所示。

图8-14　"电缆"导航器

在"显示设备标识符"中显示电缆定义的名称，在"类型"文本框选择电缆类型，自动显现该类型下的连接数、连接截面积/直径、电压等参数。

完成参数设置后，单击"确定"按钮，退出对话框，在"电缆"导航器下显示创建的电缆 W3，如图 8-17 所示。

在"电缆"导航器下创建的电缆 W3 上单击鼠标右键，弹出快捷菜单，选择"放置"命令，此时光标变成交叉形状并附加一个电缆符号▓。

将光标移动到需要插入电缆的位置上，单击鼠标左键确定电缆第一点，移动光标，选择电缆的第二点，在原理图中单击鼠标左键确定插入电缆，如图 8-18 所示。此时光标仍处于插入电缆的状态，重复上述操作可以继续插入其他的电缆。电缆插入完毕，按右键"取消操作"命令或"Esc"键即可退出该操作。

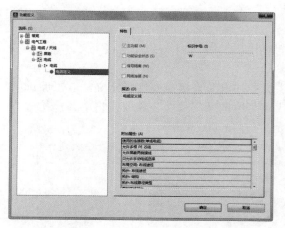

图8-15 "功能定义"对话框

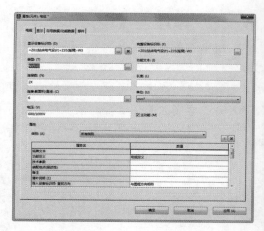

图8-16 "属性(元件):电缆"对话框

图8-17 创建电缆W3

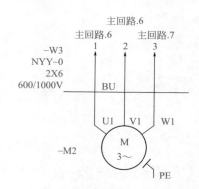

图8-18 插入电缆

8.1.5 电缆选型

电缆选型分为自动选型和手动选型两种。

（1）自动选型

双击电缆或在插入电缆后，弹出如图8-19所示的电缆属性设置对话框，打开"部件"选项卡，单击"设备选择"按钮，弹出"设备选择"对话框，在该对话框中选择主部件电缆编号，如图8-20所示。单击"确定"按钮，选择满足条件的电缆编号后，再次单击"确定"按钮，显示电缆选型结果，三根芯线被正确地分配到三个连接上，显示电缆连接点，如图8-21所示。

（2）手动选型

打开"部件"选项卡，在"部件编号"下单击按钮，弹出"部件选择"对话框，EPLAN会根据电缆的芯数以及电缆的电位等信息，将部件库中符合条件的电缆筛选出来，如图8-22所示。选择满足条件的电缆后，单击"确定"按钮，显示选中的部件，如图8-23所示。

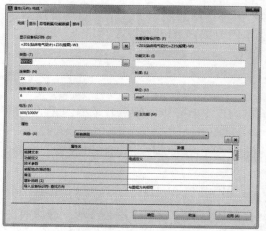

图8-19 电缆属性设置对话框

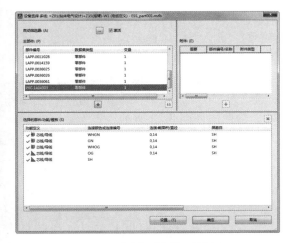

图8-20 "设备选择"对话框

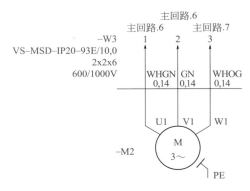

图8-21 显示电缆连接点

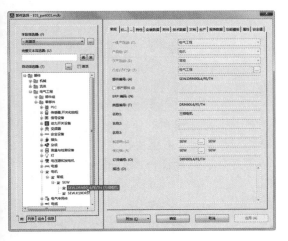

图8-22 "部件选择"对话框

图8-23 "部件"选项卡

通过电缆设备选择，可以发现，系统并没有将电缆的三个芯线正确地指派到3个连接上，如图8-24所示。手动对电缆选型后还需要进行编辑和调整才能正确地分配电缆芯线。

8.1.6 多芯电缆

在EPLAN中放置电缆时，一根多芯电缆放置在不同的位置，包括两种标识方式。

（1）功能设置

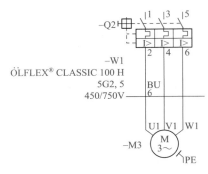

图8-24 手动选型结果

默认情况下，在同一位置使用的电缆添加电缆定义时，电缆与每个连接都有一个电缆连接点，根据电缆的定义点可确定电缆分配的芯线数，图8-25中显示电缆W4有三条芯线，设置其中电缆定义显示主功能。

在其他位置添加定义一条电缆，输入相同完整设备标识符，不勾选"主功能"复选框，如图8-26所示。则这些电缆均为同一条电缆W4，只是位于不同位置，如图8-27所示。

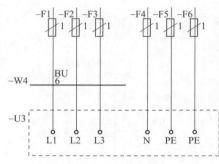

图8-25 显示电缆W4

（2）插入连接定义点

选择菜单栏中的"插入"→"连接定义点"命令，将光标移动到需要插入连接定义点的导线上，弹出如图 8-28 所示的连接定义点属性设置对话框，在该对话框中设置连接定义点的"连接"属性为"电缆"，在"显示设备标识符"文本框输入"–W4"，修改后如图 8-29 所示。

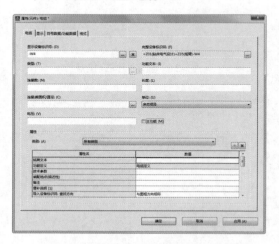

图8-26 不勾选"主功能"复选框

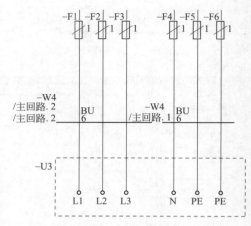

图8-27 添加芯线

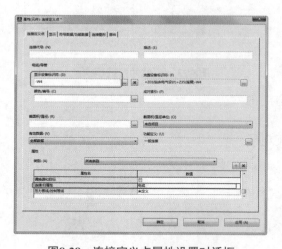

图8-28 连接定义点属性设置对话框

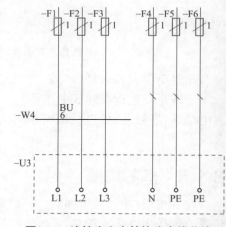

图8-29 连接定义点转换为电缆芯线

8.1.7 电缆编辑

在原理图中或"电缆"导航器中选择电缆，选择菜单栏中的"项目数据"→"电缆"命令，弹出如 8-30 所示的子菜单，激活命令，在该菜单中可以对电缆进行编辑和设置。

（1）电缆编辑

选择"编辑"命令，弹出如图 8-31 所示的"编辑电缆"对话框，在该对话框中显示电缆编号与连接，在手动选项不匹配的情况下，通过单击该对话框中的↑↓按钮，手动调节连接的顺序，从而达到正确分配电缆的目的。采用这种方法，避免手动更改原理图中电缆的芯线，步骤简单。

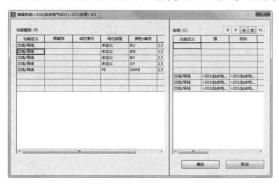

图8-30 子菜单

图8-31 "编辑电缆"对话框

单击该对话框中的↑按钮，上移连接线，将连接线与左侧电缆模板对应连接，电缆芯线被正确连接调整，如图 8-32 所示，单击"确定"按钮，关闭对话框，调整后的电缆连接点上生成了诸如 BK、BN、GY 等电缆颜色信息，如图 8-33 所示。

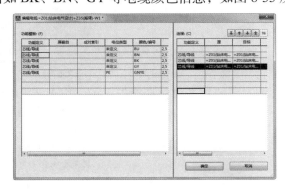

图8-32 调整顺序

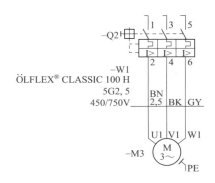

图8-33 调整后的电缆分配结果

（2）电缆编号

项目数据的来源不同，包含的编号规则不同，为统一规则，对电缆进行重新编号。

选择"编号"命令，弹出"对电缆编号"对话框，如图 8-34 所示，显示编号的起始值与增量。单击"设置"选项后的□按钮，弹出"设置：电缆编号"对话框，如图 8-35 所示，设置编号格式。

图8-34 "对电缆编号"对话框

图8-35 "设置：电缆编号"对话框

在"配置"下拉列表中显示系统中的配置类型，利用□□□□按钮，新建、保存、复制、删除配置。

在"格式"下拉菜单中包括"来自项目结构""根据源""根据目标""根据源和目标""根据目标和源"几种格式。

（3）自动选择电缆

选择"自动选择电缆"命令，弹出"自动选择电缆"对话框，如图8-36所示，在"设置"下拉列表中选择默认配置或通过 □ 按钮新建一个配置，如图8-37所示。

图8-36 "自动选择电缆"对话框

图8-37 设置新建的配置

单击"配置"选项右侧的 █ 按钮，弹出"新配置"对话框，新建配置，如图8-38所示。

自动选择电缆不是自动在符号库中选择电缆，而是需要添加可供选择的电缆。单击"电缆预选"列表上的 █ 按钮，弹出"部件选择"对话框，选择电缆类型，预先在列表中添加选中的电缆，如图8-39所示。

图8-38 "新配置"对话框

图8-39 添加电缆

单击"电缆预选"列表上的 ✎ 按钮，编辑选中的电缆型号。单击"电缆预选"列表上的 ✖ 按钮，删除预添加的电缆，单击"电缆预选"列表上的 ↑ ↓ 按钮，调整电缆顺序。

单击"确定"按钮，返回"自动选择电缆"对话框，显示添加的新设置。若勾选"只是自动生成或命名的电缆"复选框，将添加的配置应用到自动生成或命名的电缆；若勾选"应用到整个项目"复选框，将电缆的新配置信息应用到整个项目，将整个项目下的电缆根据新配置中预选的电缆进行自动分配。根据不同的情况，可酌情选择。

单击"确定"按钮，将选中的电缆W1进行自动选型，结果如图8-40所示。

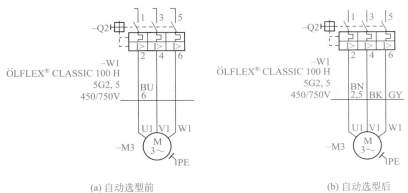

(a) 自动选型前 (b) 自动选型后

图8-40　对电缆自动选型

（4）自动生成电缆

在 EPALN 中可直接自动生成电缆及电缆的一些功能。

选择"自动生成电缆"命令，弹出"自动生成电缆"对话框，如图 8-41 所示，在"电缆生成""电缆编号""自动选择电缆"选项组下设置新生成的电缆参数，默认参数，勾选"结果预览"复选框，对电缆编号进行预览，若发现错误，还可以进行更改。

单击"确定"按钮，弹出"对电缆编号：结果预览"对话框，显示原理图中的电缆编号与新建的电缆编号，如图 8-42 所示，可以使用原先的编号，也可以进行更改，如图 8-43 所示。

图8-41　"自动生成电缆"对话框　图8-42　"对电缆编号：结果预览"对话框　图8-43　更改电缆编号

完成设置后，单击"确定"按钮，关闭对话框，在原理图中更改电缆编号，在"电缆"导航器中同样显示自动生成前后电缆编号的变化，如图 8-44 所示。

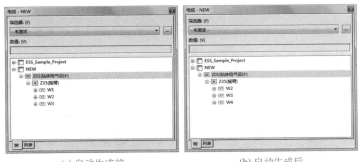

(a) 自动生成前 (b) 自动生成后

图8-44　自动生成前后电缆变化

（5）分配电缆

分配电缆连接中的芯线与其他对象。

选择"分配电缆"命令，该命令下包括两个分配命令："保留现有属性"和"全部重新分配"。

① 保留现有属性。

把电缆中的新芯线分配给新的连接时，不影响原有的芯线连接。

② 全部重新分配。

把当前电缆新芯线分配给新连接时，将所有的芯线（包括已连接的芯线）进行重新分配，已连接的芯线重新分配可能发生变化，也可能不发生变化。

8.1.8 屏蔽电缆

在电气工程设计中，屏蔽线是为了减少外电磁场对电源或通信线路的影响。屏蔽线的屏蔽层需要接地，外来的干扰信号可被该层导入大地。

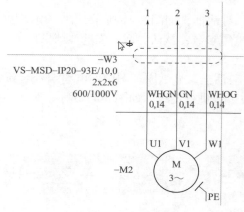

图8-45 插入屏蔽

（1）插入屏蔽电缆

选择菜单栏中的"插入"→"屏蔽"命令，此时光标变成交叉形状并附加一个屏蔽符号 ⊕ ⊪。

将光标移动到需要插入屏蔽的位置上，单击鼠标左键确定屏蔽第一点，移动光标，选择屏蔽的第二点，在原理图中单击鼠标左键确定插入屏蔽，如图 8-45 所示。此时光标仍处于插入屏蔽的状态，重复上述操作可以继续插入其他的屏蔽。屏蔽插入完毕，按右键"取消操作"命令或"Esc"键即可退出该操作。

在图纸中绘制屏蔽的时候，需要从右往左放置，屏蔽符号本身带有一个连接点，具有连接属性。

（2）设置屏蔽的属性

双击屏蔽，弹出如图 8-46 所示的屏蔽属性设置对话框，在该对话框中可以对屏蔽的属性进行设置。

在"显示设备标识符"中输入屏蔽的编号，单击 … 按钮，弹出如图 8-47 所示的"设备标识符"对话框，在该对话框中选择要屏蔽的电缆标识符，完成选择后，单击"确定"按钮，关闭对话框，返回屏蔽属性设置对话框，根据选择的电缆自动更新设备标识符。

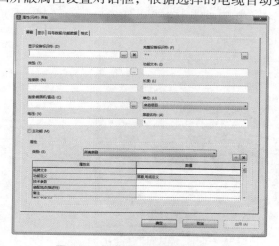

图8-46 屏蔽属性设置对话框

图8-47 "设备标识符"对话框

打开"符号数据/功能数据"选项卡，显示屏蔽的符号数据，如图 8-48 所示。

完成电缆选择后的屏蔽，屏蔽层需要接地，可以通过连接符号来生成自动连线，结果如图 8-49 所示。

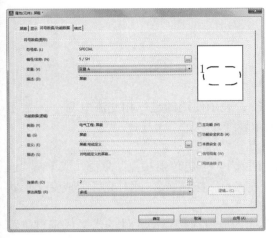

图8-48 "符号数据/功能数据"选项卡

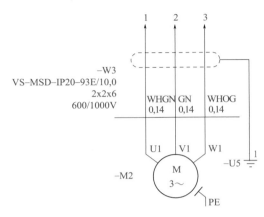

图8-49 添加屏蔽

8.2 电位

电位是指在特定时间内的电压水平，信号通过连接在不同的原理图间传输。电位表示从源设备出发，通过传输设备，终止于耗电设备的整个回路，传输设备两端电位相同；信号表示非连接元件之间的所有回路。

8.2.1 电位跟踪

电位在原理图中还有个重要的作用——电位跟踪，电位跟踪能够看到电位的传递情况，便于发现电路连接中存在的问题。很多设备都是传递电位的，比如端子、开关按钮、断路器、接触器、继电器等。电位终止于用电设备，比如指示灯、电机、接触器、继电器、线圈等。

单击"视图"工具栏中的"电位跟踪"按钮，此时光标变成交叉形状并附加一个电位跟踪符号。

将光标移动到需要插入电位连接点的元件的水平或垂直位置上，电位连接点与元件间显示自动连接，单击查看电位的导线，单击导线上某处，与该点等电位连接均呈现"高亮"状态，如图 8-50 所示，按右键"取消操作"命令或"Esc"键即可退出该操作。图中高亮显示的小段黄色线是因为等电位的显示问题，不影响电路原理的正确性。

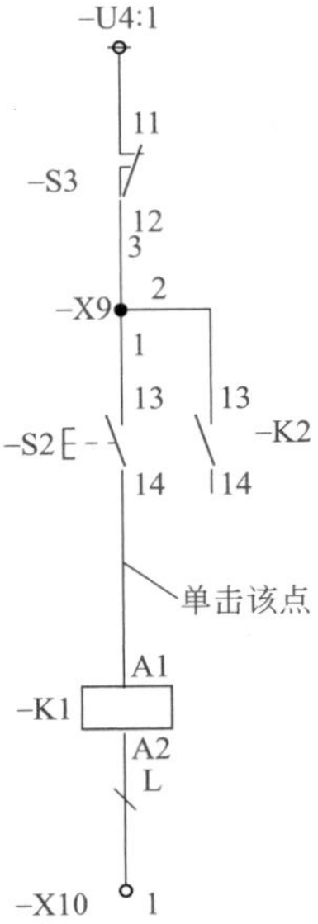

8.2.2 电位连接点

图8-50 等电位显示

电位连接点用于定义电位，可以为其设定电位类型（L、N、PE、+、-等）。其外形看起来像端子，但它不是真实的设备。

电位连接点通常可以代表某一路电源的源头，系统所有的电源都是从这一点开始。添加电位的目的主要是为了在图纸中分清不同的电位，常用的电位有：

- L1\L2\L3 黑色
- N   淡蓝
- PE   绿色
- 24V+   蓝色
- M   淡蓝

其中，L 表示交流电，一般电路中显示 L1、L2、L3，表示使用的是三相交流电源，+- 表示的是直流的正负，M 表示公共端，PE 表示地线，N 表示零线。

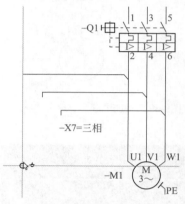

图8-51　插入电位连接点

（1）插入电位连接点

选择菜单栏中的"插入"→"电位连接点"命令，或单击"连接"工具栏中的"电位连接点"按钮，此时光标变成交叉形状并附加一个电位连接点符号。

将光标移动到需要插入电位连接点的元件的水平或垂直位置上，电位连接点与元件间显示自动连接，单击插入电位连接点，如图 8-51 所示，此时光标仍处于插入电位连接点的状态，重复上述操作可以继续插入其他的电位连接点。电位连接点插入完毕，按右键"取消操作"命令或"Esc"键即可退出该操作。

（2）设置电位连接点的属性

在插入电位连接点的过程中，用户可以对电位连接点的属性进行设置。双击电位连接点或在插入电位连接点后，弹出如图 8-52 所示的电位连接点属性设置对话框，在该对话框中可以对电位连接点的属性进行设置，在"显示设备标识符"中输入电位连接点的编号，电位连接点名称可以是信号的名称，也可以自己定义。

在光标处于放置电位连接点的状态时按"Tab"键，旋转电位连接点连接符号，变换电位连接点连接模式，切换变量，也可在属性设置对话框中切换变量，如图 8-53 所示。

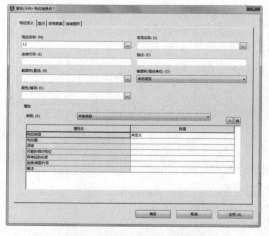

图8-52　电位连接点属性设置对话框

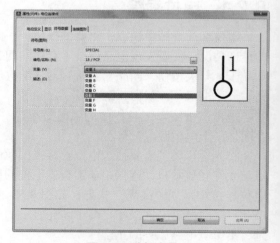

图8-53　选择变量

（3）电位导航器

使用"电位连接点"导航器可以快速编辑电位连接。

选择菜单栏中的"项目数据"→"连接"→"电位导航器"命令，打开"电位"导航器，如图 8-54 所示，显示元件下的电位及其连接信息。

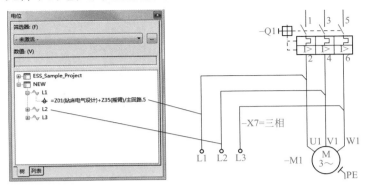

图8-54 "电位"导航器

在选中的导线上单击鼠标右键，选择"属性"命令，弹出如图 8-55 所示的"属性（元件）：电位连接点"对话框，在"电位名称"中输入电位连接点的电位名称。

8.2.3 电位定义点

电位定义点与电位连接点功能完全相同，也不代表真实的设备，但是与电位连接点不同的是，它的外形看起来像是连接定义点，不是放在电源起始位置。电位定义点一般位于变压器、整流器与开关电源输出侧，因为这些设备改变了回路的电位值。使用菜单"插入"→"电位定义点"可以插入电位定义点。使用"电位导航器"可以快速查看系统中的电位定义点。

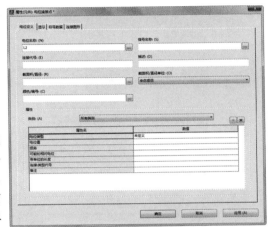

图8-55 "属性（元件）：电位连接点"对话框

（1）插入电位定义点

选择菜单栏中的"插入"→"电位定义点"命令，或单击"连接"工具栏中的"电位定义点"按钮，此时光标变成交叉形状并附加一个电位定义点符号。

将光标移动到需要插入电位定义点的导线上，单击插入电位定义点，如图 8-56 所示，此时光标仍处于插入电位定义点的状态，重复上述操作可以继续插入其他的电位定义点。电位定义点插入完毕，按右键"取消操作"命令或"Esc"键即可退出该操作。

（2）设置电位定义点的属性

在插入电位定义点的过程中，用户可以对电位定义点的属性进行设置。双击电位定义点或在插入电位定义点后，弹出如图 8-57 所示的电位定义点属性设置对话框，在该对话框中可以对电位定义点的属性进行设置，在"电位名称"栏输入电位定义点名称，可以是信号的名称，也可以自己定义。

自动连接的导线颜色都是来源于层，基本上是红色，在导线上插入"电位定义点"，为区分不同电位，修改电位定义点颜色，从而改变插入电位定义点的导线的颜色。打开"连接图形"选项卡，单击颜色块，选择导线颜色，如图 8-58 所示。

设置电位定义点图形颜色后，原理图中的导线不自动更新信息，导线依旧显示默认的红色。选择菜单栏中的"项目数据"→"连接"→"更新"命令，导线更新信息，颜色修改，如图 8-59 所示。

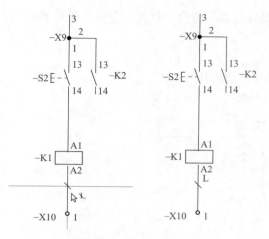

图8-56 插入电位定义点

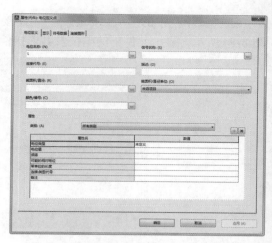

图8-57 电位定义点属性设置对话框

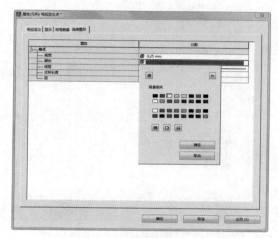

图8-58 选择颜色

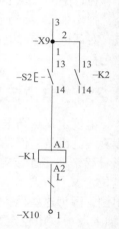

图8-59 修改导线颜色

　　如果为电位设置了显示颜色，则整个项目中等电位的连接都会以相同的颜色显示出来。最常见的情况就是为 PE 电位连接点设置绿色虚线显示。

8.2.4 电位导航器

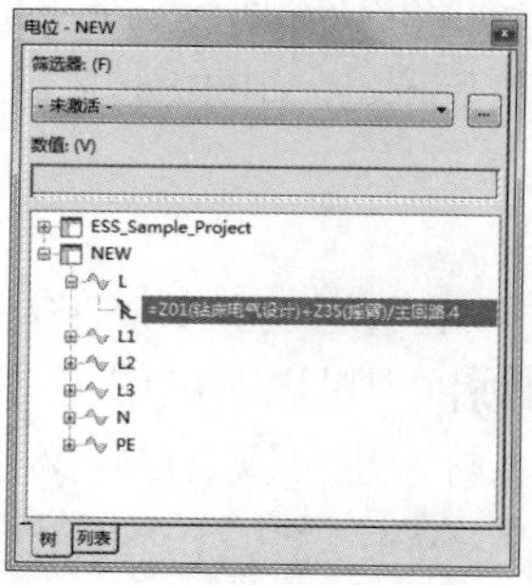

　　在原理图绘制初始一般会用到电位连接点或电位定义点用于定义电位。除了定义电位，还可以使用它的其他一些属性和功能，在"电位"导航器中可以快速查看系统中的电位连接点与电位定义点。比如给每个电位定义颜色，可以很容易在原理图中看出每条线的电位类型，在放置连接代号时也能够清楚地知道导线应该使用什么颜色。

　　选择菜单栏中的"项目数据"→"连接"→"电位导航器"命令，系统打开"电位"导航器，如图 8-60 所示，在树形结构中显示所有项目下的电位。

图8-60 "电位"导航器

8.2.5 网络定义点

　　元件之间的连接叫做一个网络。在原理图设计的时候，对于多个继电器的公共端短接在一起，门上的按钮/指示灯公共端接在一起的情况，插入网络定义点，可以定义整个网络的接线的源和目标，而无须考虑"连接符号"的方向，比"指向目标的连接"表达更简洁和清楚。

（1）插入中断点

选择菜单栏中的"插入"→"网络定义点"命令，此时光标变成交叉形状并附加一个网络定义点符号 。

将光标移动到需要插入网络定义点的导线上，单击插入网络定义点，如图8-61所示，此时光标仍处于插入网络定义点的状态，重复上述操作可以继续插入其他的网络定义点。网络定义点插入完毕，按右键"取消操作"命令或"Esc"键即可退出该操作。

（2）设置网络定义点的属性

在插入网络定义点的过程中，用户可以对网络定义点的属性进行设置。双击网络定义点或在插入网络定义点后，弹出如图8-62所示的网络定义点属性设置对话框，在该对话框中可以对网络定义点的属性进行设置，在"电位名称"中输入网络放置位置的电位，在"网络名称"中输入网络名，网络名可以是信号的名称，也可以自己定义。

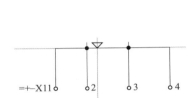

图8-61 插入网络定义点

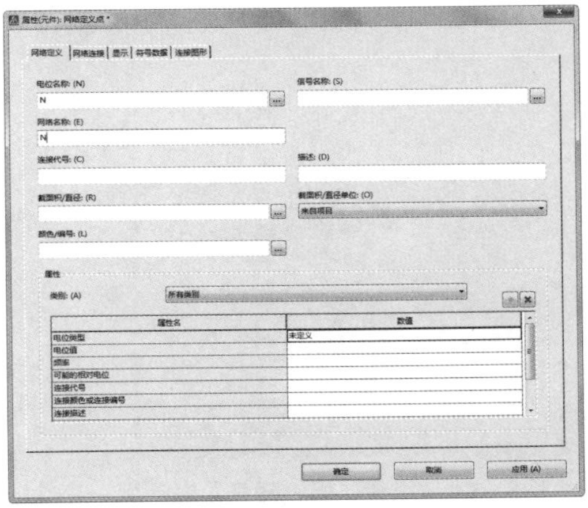

图8-62 网络定义点属性设置对话框

（3）确定网络定义点方向

在光标处于放置网络定义点的状态时按"Tab"键，旋转网络定义点符号，网络定义点的图标为一个颠倒的三角形。

8.3
生成电缆图表

选择菜单栏中的"工具"→"报表"→"生成"命令，弹出"报表"对话框，如图8-63所示，在该对话框中显示"页"选项。

单击"新建"按钮 ，打开"确定报表"对话框，选择"电缆图表"，如图8-64所示。单击"确定"按钮，完成图纸页选择。

弹出"设置：电缆图表"对话框，如图8-65所示，选择筛选器，单击"确定"按钮，完成图纸页设置。弹出"电缆图表（总计）"对话框，如图8-66所示，显示电缆图表页的结构设计，选择当前高层代号与位置代号，如图8-66所示。

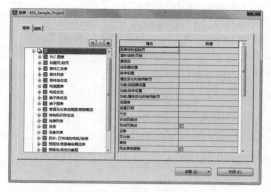

图8-63　"页"选项

图8-64　"确定报表"对话框

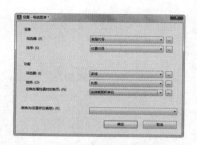

图8-65　"设置：电缆图表"对话框

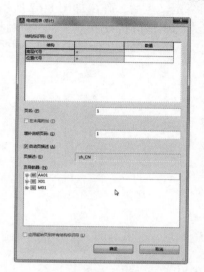

图8-66　"电缆图表（总计）"对话框

单击"确定"按钮，完成图纸页设置，返回"报表"对话框，在"页"选项下添加电缆图表页，如图 8-67 所示。单击"确定"按钮，关闭对话框，完成电缆图表页的添加，在"页"导航器下显示添加的电缆图表页，如图 8-68 所示。

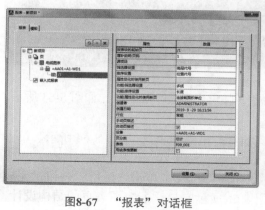

图8-67　"报表"对话框

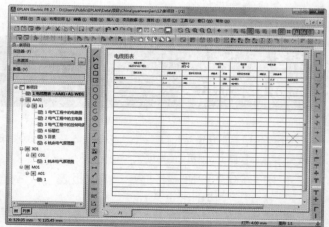

图8-68　生成电缆图表

执行器是在工业生产过程自动控制系统中，以调节仪表或其他控制装置的信号为输入信号，按一定调节规律调节被控对象输入量的装置。它是一种工业自动化仪表，如调节阀、挡板和电磁阀等均属此类。

本实例控制驱动装置在一定范围内"磨削，向右"，通过变频器与变压器进行物质和能量的相互转换。

（1）创建项目

选择菜单栏中的"项目"→"新建"命令，或单击"默认"工具栏中的 "新项目"按钮，弹出如图 8-69 所示的对话框，在"项目名称"文本框下输入创建新的项目名称"Actuator Control System Circuit"，在"保存位置"文本框下选择项目文件的路径，在"模板"下拉列表中选择默认国家标准项目模板"GB_tpl001.ept"。

单击"确定"按钮，显示项目创建进度对话框，如图 8-70 所示，进度条完成后，弹出"项目属性"对话框，显示当前项目的图纸的参数属性。默认"属性名 - 数值"列表中的参数，如图 8-71 所示，单击"确定"按钮，关闭对话框，在"页"导航器中显示创建的空白新项目"Actuator Control System Circuit.elk"，如图 8-72 所示。

图8-69 "创建项目"对话框

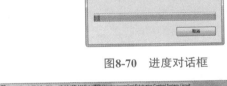

图8-70 进度对话框

图8-71 "项目属性"对话框

图8-72 空白新项目

（2）图页的创建

在"页"导航器中选中项目名称"Actuator Control System Circuit.elk"，选择菜单栏中的"页"→"新建"命令，或在"页"导航器中选中项目名称并单击右键，选择"新建"命令，弹出如图 8-73 所示的"新建页"对话框。

在该对话框中"完整页名"文本框内输入电路图页名称，默认名称为"/1"，弹出如图 8-74 所示的"完整页名"对话框，设置高层代号与位置代号，得到完整的页名。从"页类型"下拉列表中选择需要页的类型。在"页类型"下拉列表中选择"多线原理图（交互式）"，"页描述"文本框输入图纸描述"控制系统电路"，完成设置的对话框如图 8-75 所示。

图8-73 "新建页"对话框

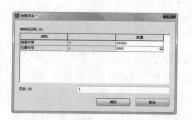

图8-74 "完整页名"对话框

单击"确定"按钮，完成图页添加，在"页"导航器中显示添加原理图页结果，进入原理图编辑环境，如图 8-76 所示。

图8-75 完成设置的对话框

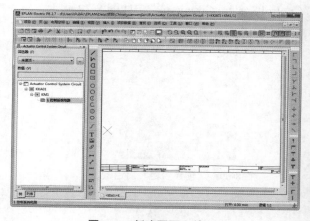

图8-76 新建图页文件

8.4.1 绘制原理图

（1）插入变频器

选择菜单栏中的"插入"→"设备"命令，弹出如图 8-77 所示的"部件选择"对话框，选择需要的元件部件——变频器，在"图形预览"对话框中显示选中元件的符号，如图 8-78 所示，单击"确定"按钮，原理图中在光标上显示浮动的元件符号，选择需要放置的位置，单击鼠标左键，弹出"插入模式"对话框，选择"不更改"选项，在原理图中放置变频器 T1，结果如图 8-79 所示。

（2）插入电机

选择菜单栏中的"插入"→"设备"命令，弹出如图 8-80 所示的"部件选择"对话框，选择需要的元件部件——电机及常闭触点，在"图形预览"对话框中显示选中元件的符号，如图 8-81 所示。单击"确定"按钮，原理图中在光标上显示浮动的元件符号，选择需要放置的位置，单击鼠标左键，在原理图中放置电机 M1 及 M1 常闭触点，放置过程中，元件自动进行连接，结果如图 8-82 所示。

图8-77 "部件选择"对话框

图8-78 "图形预览"对话框

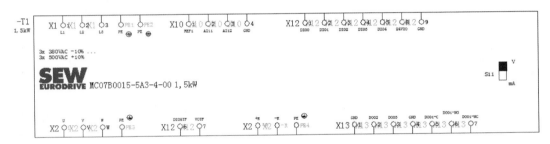

图8-79 放置变频器

图8-80 "部件选择"对话框

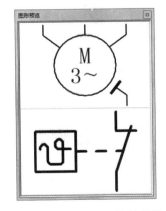

图8-81 显示选中元件的符号

（3）插入电机保护开关

选择菜单栏中的"插入"→"设备"命令，弹出如图 8-83 所示的"部件选择"对话框，选择需要的元件部件——电机保护开关，在"图形预览"对话框中显示选中元件的符号，如图 8-84 所示。单击"确定"按钮，原理图中在光标上显示浮动的元件符号，选择需要放置的位置，单击鼠标左键，在原理图中放置电机保护开关 Q1，结果如图 8-85 所示。

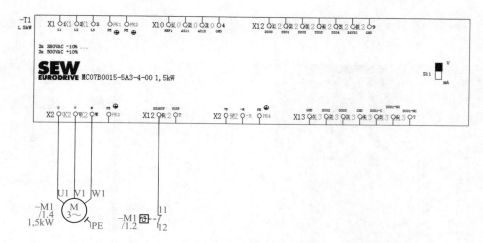

图8-82 放置电机

图8-83 "部件选择"对话框

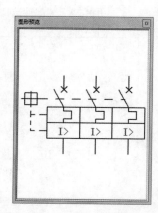

图8-84 "图形预览"对话框

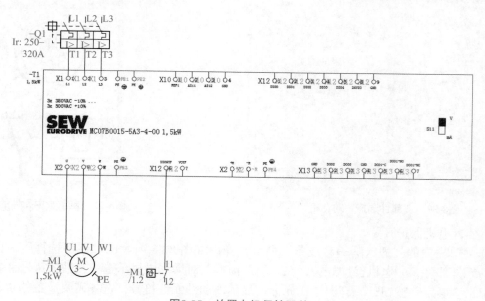

图8-85 放置电机保护开关

8.4.2　连接原理图

（1）导线连接

选择菜单栏中的"插入"→"连接符号"→"角（右下）"命令，或单击"连接符号"工具栏中的"右下角"按钮 $\ulcorner$，连接原理图，如图8-86所示。

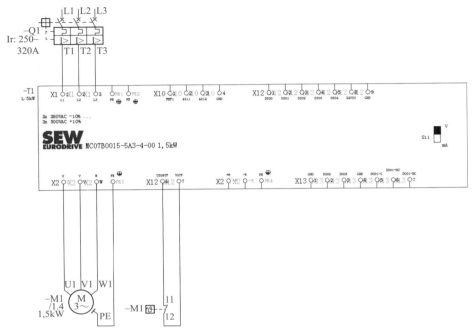

图8-86　连接原理图

（2）插入中断点

选择菜单栏中的"插入"→"连接符号"→"中断点"命令，选择菜单栏中的"插入"→"连接符号"→"T节点（向右）"命令，或单击"连接符号"工具栏中的"T节点，向右"按钮 $\sim$；单击插入中断点与节点，弹出如图8-87所示的中断点属性设置对话框，在"显示设备标识符"中输入中断点的编号，结果如图8-88所示。

（3）插入屏蔽电缆

选择菜单栏中的"插入"→"屏蔽"命令，此时光标变成交叉形状并附加一个屏蔽符号，在原理图中单击鼠标左键确定插入屏蔽WD1、WD2，如图8-89所示。

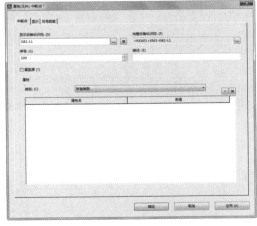

图8-87　中断点属性设置对话框

选择菜单栏中的"插入"→"连接符号"→"角（右下）"命令，或单击"连接符号"工具栏中的"右下角"按钮 $\ulcorner$，选择菜单栏中的"插入"→"连接符号"→"T节点"命令，或单击"连接符号"工具栏中的"T节点，向下"按钮、"T节点，向上"按钮，连接电路图，设置T节点属性，取消勾选"作为点描绘"复选框，结果如图8-90所示。

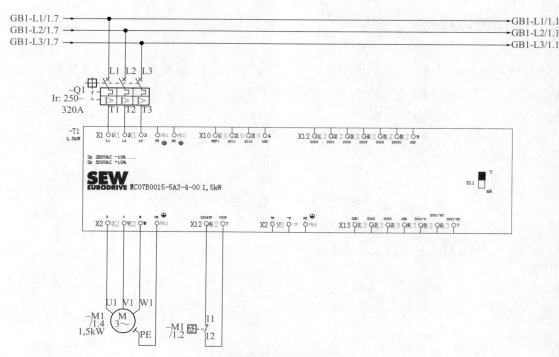

图8-88　插入中断点

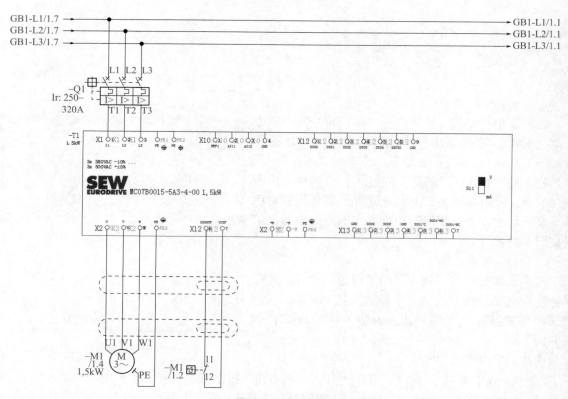

图8-89　插入屏蔽

（4）插入电缆

① 选择菜单栏中的"插入"→"电缆定义"命令，此时光标变成交叉形状并附加一个电缆符

号 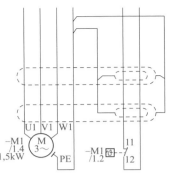，在原理图中单击鼠标左键确定插入电缆，弹出如图 8-91 所示的电缆属性设置对话框，在"显示设备标识符"中输入电缆的编号"-WD1"，在"类型"文本框中选择电缆的类型，单击 ... 按钮，弹出如图 8-92 所示的"部件选择"对话框，在该对话框中选择电缆的型号，在"图形预览"对话框中显示选中电缆的符号，如图 8-93 所示。完成选择后，单击"确定"按钮，关闭对话框，返回电缆属性设置对话框，显示选择类型，根据类型自动更新类型对应的连接数，勾选"主功能"复选框，选择单位为 mm²，如图 8-94 所示。

图8-90 T节点连接

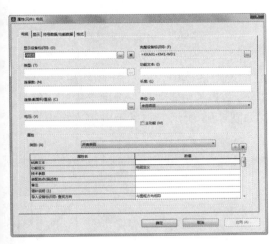

图8-91 电缆属性设置对话框

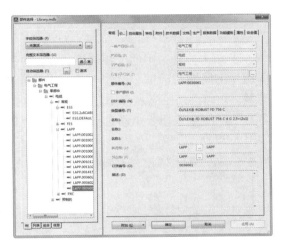

图8-92 "部件选择"对话框

图8-93 "图形预览"对话框

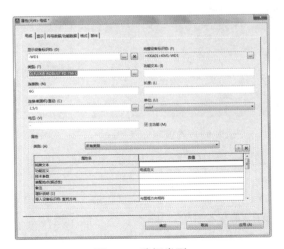

图8-94 选择类型

此时光标仍处于插入电缆的状态，重复上述操作可以继续插入其他的电缆 WD2。电缆插入完毕，按右键"取消操作"命令或"Esc"键即可退出该操作，如图 8-95 所示。

② 在 EPLAN 中放置电缆定义时，电缆定义和自动连线相交处会自动生成电缆连接定义，图 8-96 中不显示电缆连接定义点，但存在电缆定义点。需要设置电缆连接定义的属性，才能显示。

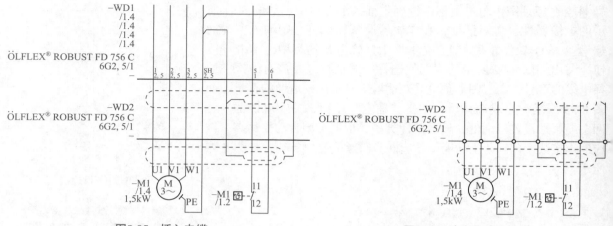

图8-95 插入电缆　　　　　　　图8-96 选中连接定义点

③ 双击原理图中的电缆连接，或在电缆连接上单击鼠标右键弹出快捷菜单选择"属性"命令，自动弹出属性对话框，设置电缆。电缆连接定义的属性设置对话框中，显示图形为图 8-97 所示类型，导致连接定义点在原理图中不显示。需要单击"符号数据 / 功能数据"选项卡中的"编号 / 名称"栏的 ▣ 按钮，重新选择连接定义点的符号类型，如图 8-98 所示，则显示电缆连接定义点，如图 8-99 所示。

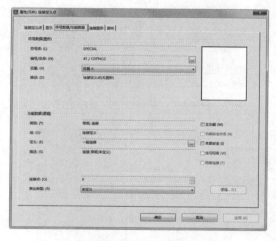

图8-97 连接定义点符号

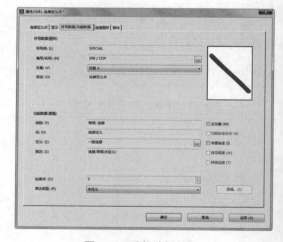

图8-98 重新选择编号

④ 在图 8-100 所示的电缆连接定义点属性设置对话框中设置编号及颜色，结果如图 8-101 所示。

（5）插入结构盒

选择菜单栏中的"插入"→"盒子连接点 / 连接板 / 安装板"→"结构盒"命令，或单击"盒子"工具栏中的"结构盒"按钮 ▣，此时光标变成交叉形状并附加一个结构盒符号 ▣，单击完成结构盒的插入。弹出如图 8-102 所示的结构盒属性设置对话框，在该对话框中可以对结构盒的属性进行设置，在"显示设备标识符"中输入结构盒的编号"+XD1"。

完成设置后，此时光标仍处于插入结构盒的状态，重复上述操作可以继续插入其他的结构盒。结构盒插入完毕，按"Esc"键即可退出该操作。向内移动设备标识符，结构盒显示带有空白区域，如图 8-103 所示。

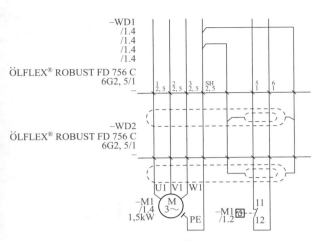

图8-99　显示连接定义点

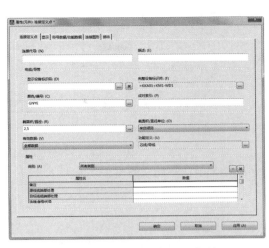

图8-100　电缆连接属性设置对话框

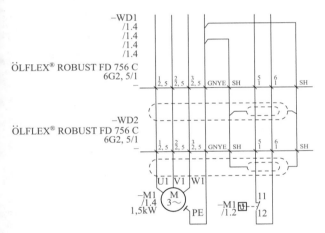

图8-101　设置电缆连接定义点

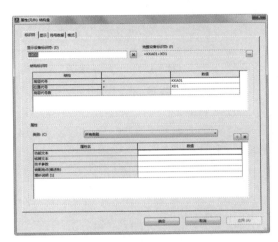

图8-102　结构盒属性设置对话框

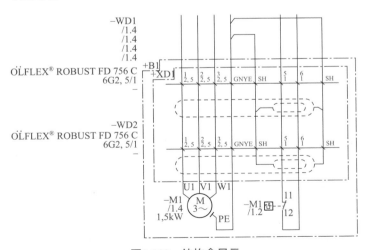

图8-103　结构盒显示

（6）插入端子符号

选择菜单栏中的"插入"→"设备"命令，弹出如图8-104所示的"部件选择"对话框，选择需要的元件——端子，完成元件选择后，在"图形预览"对话框中显示选中元件的符号，如图 8-105 所示。单击"确定"按钮，原理图中在光标上显示浮动的元件符号，选择需要放置的位置，单击鼠标左键，在原理图中放置端子 X1，如图 8-106 所示。

图8-104 "部件选择"对话框

图8-105 "图形预览"对话框

（7）插入母线连接点

选择菜单栏中的"插入"→"盒子连接点 / 连接板 / 安装板"→"母线连接点"命令，此时光标变成交叉形状并附加一个母线连接点符号，在原理图中单击鼠标左键确定插入母线连接点WE1，如图 8-107 所示。

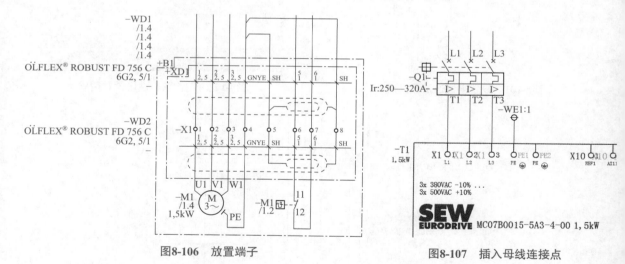

图8-106 放置端子

图8-107 插入母线连接点

8.4.3 放置文本标注

① 选择菜单栏中的"插入"→"图形"→"文本"命令，或者单击"图形"工具栏中的"文本"按钮 **T**，弹出"属性（文本）"对话框，在文本框中输入"驱动装置'磨削，向右'"，如图 8-108 所示。

② 单击"确定"按钮，关闭对话框，单击右键选择"取消操作"命令或按"Esc"键，便可退出操作，原理图标注结果如图 8-109 所示。

8.4.4　生成电缆图表

① 在菜单栏中的"工具"→"报表"→"生成"命令，弹出"报表"对话框，如图8-110所示，在该对话框选中"页"选项。

② 单击"新建"按钮 ，打开"确定报表"对话框，选择"电缆图表"，单击"确定"按钮，完成图纸页选择。弹出"设置：电缆图表"对话框，如图8-111所示，选择筛选器，单击"确定"按钮，完成图纸页设置。弹出"电缆图表（总计）"对话框，显示电缆图表页的结构设计，选择当前高层代号与位置代号，如图8-112所示。

③ 单击"确定"按钮，完成图纸页设置，返回"报表"对话框，在"页"选项下添加电缆图表页，如图8-113所示。

图8-108　文本框属性设置对话框

单击"确定"按钮，关闭对话框，完成电缆图表页的添加，在"页"导航器下显示添加的电缆图表页，如图8-114所示。

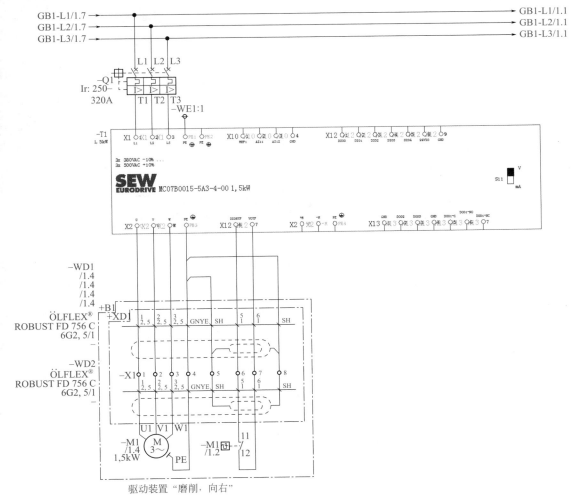

图8-109　标注原理图

图8-110 "页"选项

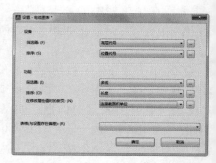

图8-111 "设置：电缆图表"对话框

图8-112 "电缆图表（总计）"对话框

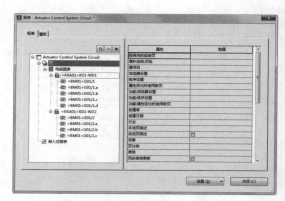

图8-113 "报表"对话框

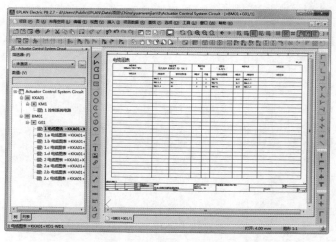

图8-114 生成电缆图表

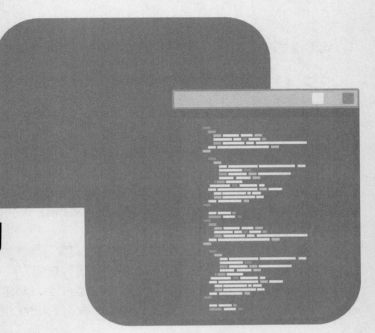

第**9**章

多页原理图的
设计

对应电路原理图的模块化设计，EPLAN 中提供了多页原理图的设计方法，这种方法可以将一个庞大的系统电路作为一个整体项目来设计，而根据系统功能所划分出的若干个电路模块，则分别作为设计文件添加到该项目中。这样就把一个复杂的大型电路原理图设计变成了多个简单的小型电路原理图设计，层次清晰，设计简便。

多页电路原理图的设计理念是将实际的总体电路进行模块划分，划分的原则是每一个电路模块都应该有明确的功能特征和相对独立的结构，而且要有简单、统一的接口，便于模块彼此之间的连接。

9.1
多页电路原理图的基本结构和组成

随着电子技术的发展，所要绘制的电路越来越复杂，在一张图纸上很难完整地绘制出来，即使绘制出来但因为过于复杂，不利于用户的阅读分析与检测，也容易出错。多页电路的出现解决了这一问题。

系统提供的多页原理图设计功能非常强大，能够实现多页的层次化设计功能。用户可以将整个电路系统划分为若干个子系统，每一个子系统可以划分为若干个功能模块，而每一个功能模块还可以再细分为若干个基本的小模块，这样依次细分下去，就把整个系统划分成为多个层次，电路设计由繁变简。

9.2
多页原理图的设计方法

根据上面所讲的多页原理图的模块化结构，我们知道，多页电路原理图的设计实际上就是将整个原理图分成若干原理图页分别进行设计的过程。设计过程的关键在于不同图页间的信号如何正确地传递，这一点主要就是通过在原理图图页中放置中断点来实现的。

9.2.1　创建原理图页

原理图页就是用来描述某一电路模块具体功能的普通电路原理图，只不过增加了一些中断点，作为与其他图页进行电气连接的通道口。普通电路原理图的绘制方法在前面已经学习过，主要由各种具体的元件、导线等构成。

新建一个原理图页文件即可同时打开原理图编辑器，具体操作步骤如下：

在"页"导航器中选中项目名称，选择菜单栏中的"页"→"新建"命令，或在"页"导航器中选中项目名称并单击右键，弹出如图 9-1 所示的快捷菜单，选择"新建"按钮，弹出如图 9-2 所示的"新建页"对话框。

在该对话框中设置原理图页的名称、类型与属性等参数。在"完整页名"文本框内显示电路图页名称，默认名称为"/1"，单击"应用"按钮，可重复创建相同参数设置的多张图纸。每单击一次，创建一张新原理图页，在创建者框中会自动递增图纸编号。

单击"确定"按钮，完成图页添加，在"页"导航器中显示添加原理图页结果，如图 9-3 所示。

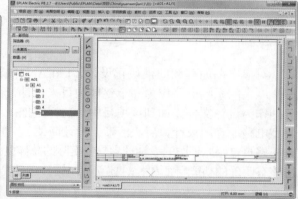

图9-1　快捷菜单　　　图9-2　"新建页"对话框　　　图9-3　新建图页文件

9.2.2　中断点

中断点之间也是借助于导线完成连接。同一个项目的所有电路原理图中，相同名称的中断点之间，在电气意义上都是相互连接的。

EPLAN 是最佳的电气制图辅助软件，功能相当强大，在电气原理图中经常用到中断点来表示两张图纸使用同一根导线，单击中断点自动在两个原理图页中跳转。

原理图分散在许多页图纸中，之间的联系就靠中断点了。同名的中断点在电气上是连接在一起的，如图 9-4 所示。它们之间互为关联参考，选中一个中断点，按"F"键，会跳转到相关联的另一点。不过中断点只能够——对应，不能一对多或多对一。

（1）插入中断点

选择菜单栏中的"插入"→"连接符号"→"中断点"命令，此时光标变成交叉形状并附加一个中断点符号→。

将光标移动到需要插入中断点的导线上，单击插入中断点，如图 9-5 所示。此时光标仍处于插入中断点的状态，重复上述操作可以继续插入其他的中断点。中断点插入完毕，按右键"取消操作"命令或"Esc"键即可退出该操作。

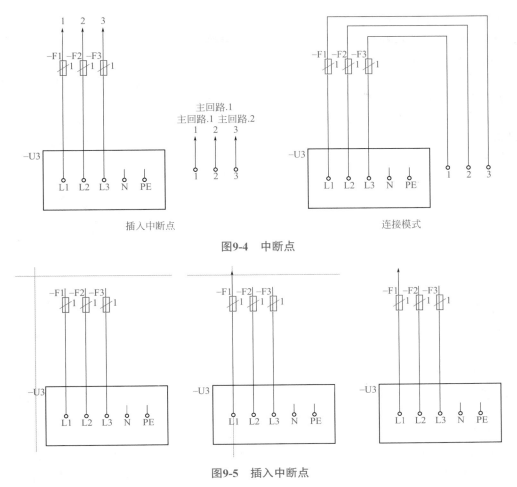

图9-4 中断点

图9-5 插入中断点

（2）设置中断点的属性

在插入中断点的过程中，用户可以对中断点的属性进行设置。双击中断点或在插入中断点后，弹出如图9-6所示的中断点属性设置对话框，在该对话框中可以对中断点的属性进行设置，在"显示设备标识符"中输入中断点的编号，中断点名称可以是信号的名称，也可以自己定义。

> **提示：**
>
> 中断点命名：三相380V建议分别命名为 L1、L2、L3，1L1、1L2、1L3，2L1、2L2、2L3 等；AC 110V建议命名为 L11、N11，L12、N12，L13、N13 等；DC 24V建议命名为 L+、L−，L1+、L1−，L2+、L2− 等。

图9-6 中断点属性设置对话框

（3）中断点关联参考

中断点的关联参考分为两种：

① 星形关联参考：在星形关联参考中，中断点被视为出发点。具有相同名称的所有其他中断点参考该出发点。在出发点显示一个对其他中断点关联参考的可格式化列表，在此能确定应该显

示多少并排或上下排列的关联参考。

②连续性关联参考：在连续性关联参考中，始终是第一个中断点提示第二个，第三个提示第四个等，提示始终从页到页进行。

选择菜单栏中的"项目数据"→"连接"→"中断点导航器"命令，系统打开"中断点"导航器，如图 9-7 所示，在树形结构中显示所有项目下的中断点。选择中断点，单击鼠标右键，在弹出的快捷菜单中选择"中断点排序"命令，弹出"中断点排序"对话框，如图 9-8 所示，通过弹出对话框中的 ↓↑ 按钮，对中断点的关联顺序进行更改，也可以修改中断点的序号，或者将中断点改为星源型。

图9-7 所示"中断点"导航器

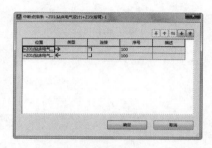

图9-8 "中断点排序"对话框

9.2.3 页面的排序

当图纸越画越多的时候难免会有增页删页的情况，当页编号已经不连续了，而且存在子页时，若手动按页更改步骤太麻烦了，这时可以使用页的标号功能。

（1）页面编号

单击鼠标左键选中第一页，按住"Shift"键选择要结束编号的页，如图 9-9 所示。自动选择这两页（包括这两页）之间所有的页。在选中的图纸页上单击鼠标右键选择"编号"命令，或选择菜单栏中的"页"→"编号"命令，弹出如图 9-10 所示的"给页编号"对话框。

在"起始号"和"增量"文本框中输入图纸页的起始编号与递增值，在"子页"下拉列表中显示 3 种子页的排序方法：保留、从头到尾编号、转换为主页。

- "保留"是指当前的子页形式保持不变；
- "从头到尾编号"是指子页起始值为1，增量为1进行重新编号；
- "转换为主页"是指子页转换为主页并重新编号。

①"应用到整个项目"：勾选该复选框，将整个项目下的图纸页按照对话框中的设置进行重新排序，包括选中与未选中的原理图页。

②"结构相关的编号"：勾选该复选框，将与选择图纸页结构相关的图纸页按照对话框中的设置进行重新排序。

③"保持间距"：勾选该复选框，原理图页编号保持间隔。

④"保留文本"：勾选该复选框，原理图页数字编号按照增量进行，保留编号中的字母编号。

⑤"结果预览"：勾选该复选框，弹出"给页编号：结果预览"对话框，显示预览设置结果，如图 9-11 所示。

预览结果检查无误后，单击"确定"按钮，在"页"导航器中显示排序结果，如图 9-12 所示。

图9-9　选择原理图页

图9-10　"给页编号"对话框

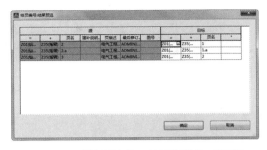

图9-11　"给页编号：结果预览"对话框

（2）设置编号

选择菜单栏中的"选项"→"设置"命令，弹出"设置"对话框中选择"项目"→"项目名称（NEW）"→"管理"→"页"，在"子页标识"下拉列表中选择"数字"选项，如图9-13所示。

单击"确定"按钮，关闭对话框。在原理图中进行编号时，"给页编号"对话框中"子页"下拉列表中选择"从头到尾编号"，页编号模式变为子页起始值为1，增量为1的形式，如图9-14所示。

(a) 保留　　　(b) 从头到尾编号　　　(c) 转换为主页

图9-12　原理图页排序结果

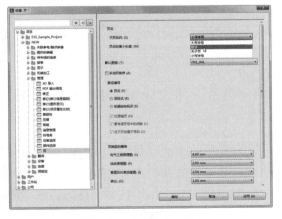

图9-13　"页"选项卡

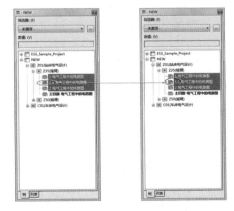

图9-14　设置数字编号

9.3 图纸页管理

EPLAN 的项目是用来管理相关文件及属性的。在新建项目下创建相关的图纸文件，如根据创建的文件类型的不同，生成的图纸文件也不尽相同。

原理图页一般采用的是高层代号＋位置代号＋页名，添加页结构描述，分别对高层代号、位置代号、页名进行设置。

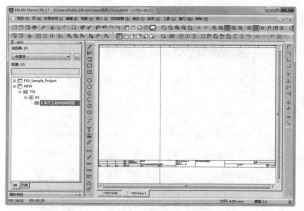

图9-15　打开原理图页文件

9.3.1　图页的打开

选中"页"导航器上选择要打开的原理图页，选择菜单栏中的"页"→"打开"命令或在"页"导航器中选中的原理图页上单击右键，弹出快捷菜单，选择"打开"命令，打开选择的文件，如图9-15所示。

9.3.2　图页的删除

删除原理图页文件比较简单，和Windows一样选中后按"Delete"键即可，或在"页"导航器中选中的原理图页上单击右键，选择快捷命令"删除"。另外，删除操作是不可恢复的，需谨慎操作。

9.3.3　图页的选择

图页的选择包括下面三种：

①在"页"导航器中可利用鼠标直接双击原理图页的名称。

②选择在菜单栏的"页"→"上一页"（或"下一页"）命令，即可选择当前选择页的上一页或下一页。

③按快捷键。

- 快捷键Page Up：显示前一页。
- 快捷键Page Down：显示后一页。

9.3.4　图页的重命名

图页结构命名一般采用的是"高层代号＋位置代号＋页名"，相对应地，对图页的重命名，需要分别对高层代号、位置代号和页名进行重命名。

（1）高层代号重命名

在"页"导航器中选择要重命名的高层代号文件，选择菜单栏中的"页"→"重命名"命令或在"页"导航器中选中的原理图页上单击右键，弹出快捷菜单，选择"重命名"命令，高层代号文件进入编辑状态，激活编辑文本框，如图9-16所示，输入新原理图高层代号文件的名称"钻床电气设计"，输入完成后，在编辑框外单击，退出编辑状态，完成重命名。

（2）位置代号重命名

在"页"导航器中选择要重命名的图页文件的位置代号，选择菜单栏中的"页"→"重命名"命令或在"页"导航器中选中的原理图页上单击右键，弹出快捷菜单，选择"重命名"命令，图页文件的位置代号进入编辑状态，激活编辑文本框，如图9-17所示，输入新图页名称"Z35（摇臂）"，输入完成后，在编辑框外单击，退出编辑状态，完成重命名。

不论原理图页是否打开，重命名操作都会立即生效。

（3）页名重命名

在"页"导航器中选择要重命名的图页文件的页名，选择菜单栏中的"页"→"重命名"命令或在"页"导航器中选中的原理图页上单击右键，弹出快捷菜单，选择"重命名"命令，图页文件的页名进入编辑状态，激活编辑文本框，输入新图页名称，输入完成后，在编辑框外单击，退出编辑状态，完成重命名。

图9-16　"页"导航器

图9-17　图页重命名

9.3.5　图页的移动、复制

EPLAN Electric P8 使用项目文件夹把一个设计中的所有原理图页组织在一起，一个项目文件可能包含多个原理图页文件夹。可以把多页原理图从一个文件夹转移到另一个文件夹，也可以把同一个原理图页复制到多个原理图页文件夹中。如果一个项目（.elk 文件）中有多个原理图页，在其他项目中也要用到，可以把这些原理图页从一个项目中转移到另一个项目中，或复制到另一个项目中，这样可以充分利用现有资源，避免重复设计。下面介绍操作方法。

（1）原理图页的转移

① 在"页"导航器中选定要移动的项目文件夹"NEW"下的原理图页"1"，如图 9-18 所示，可以按住"Ctrl""Shift"键选择多个图页。

② 如果是移动到项目文件夹，选择菜单栏中的"编辑"→"剪切"命令；如果是复制到项目文件夹，则选择菜单栏中的"编辑"→"复制"命令。

图9-18　选择要复制的原理图页

③ 选定目标项目文件夹"NEW"，选择菜单栏中的"编辑"→"粘贴"，弹出如图 9-19 所示的"调整结构"对话框。在该对话框中显示选择要复制的源原理图页与目标原理图页，可以修改要复制的源原理图页与目标原理图页的名称，调整源理图页的粘贴位置与名称。

勾选"页名自动"复选框，自动激活"覆盖"复选框。激活"覆盖"复选框后，若包含与将覆盖的页同名的原理图页，调整页名，目标原理图页的页名自定更改为 2，页名的数字编号自动递增，如图 9-20 所示。

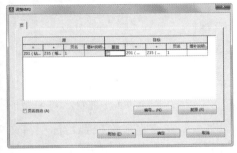

图9-19　"调整结构"对话框

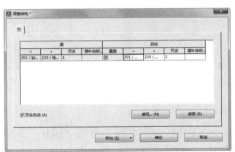

图9-20　页名自动递增

单击 确定 按钮，在选中的原理图页 1 下粘贴相同的原理图页 2，结果如图 9-21 所示。

④ 另一种更简单的操作如下。选中一个原理图页，左键直接拖拽到目标文件夹，弹出如图 9-22 所示的"调整结构"对话框，在该对话框中显示的目标原理图页编号已自动递增为 3，单击 确定 按钮，在选中的原理图页 1 下粘贴相同的原理图页 2，结果如图 9-23 所示。

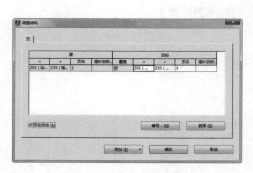

图9-21 复制同层原理图页　　　　图9-22 "调整结构"对话框　　　　图9-23 复制原理图页

如果想复制到另一个文件夹，原文件夹中仍然保留这个图页，可以按住"Ctrl"键，然后拖拽到目标文件夹。

选中多个页面的方法是按住"Ctrl"键，然后左键单击要选的图页文件，与 Windows 中的操作是一样的。

（2）原理图页在位置结构间转移

① 在"页"导航器中选定要移动的项目文件夹"NEW"下的高层结构"Z35（摇臂）"，如图 9-24 所示，也可以按住"Ctrl""Shift"键选择多个图页。

② 如果是移动到项目文件夹，选择菜单栏中的"编辑"→"剪切"命令；如果是复制到项目文件夹，则选择菜单栏中的"编辑"→"复制"命令。

③ 选定目标项目文件夹"NEW"，选择菜单栏中的"编辑"→"粘贴"，弹出如图 9-25 所示的"调整结构"对话框。在该对话框中将位置结构的源原理图页"Z35（摇臂）"修改为目标原理图页"Z50（摇臂）"，结果如图 9-26 所示。

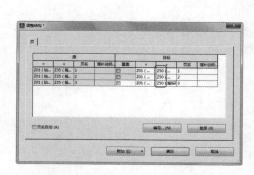

图9-24 选择原理图页　　　　图9-25 复制位置结构原理图页　　　　图9-26 复制Z50（摇臂）

④ 另一种更简单的操作如下。选中一个位置结构的原理图页，左键直接拖拽到目标项目文件夹。如果想复制到另一个项目文件夹，原项目文件夹中仍然保留这个位置结构的图页，可以按

住"Ctrl"键，然后拖拽到目标项目文件夹。

选中多个页面的方法是按住"Ctrl"键，然后左键单击要选的位置结构的图页文件，与Windows中的操作是一样的。

（3）高层结构原理图页在不同项目之间转移

① 在"页"导航器中选定要移动的项目文件夹下高层结构原理图页"Z01（钻床电气设计）"文件，左键选择要移动的原理图页。

② 选择菜单栏中的"编辑"→"剪切"命令或"复制"命令，剪切或复制该高层结构下所有的原理图页。

③ 打开目标项目，单击左键选择原理图页文件夹，要移动的图页放在这里。

④ 选择菜单栏中的"编辑"→"粘贴"，弹出如图9-27所示的"调整结构"对话框。在该对话框中将位置结构的源原理图页"Z01（钻床电气设计）"修改为目标原理图页"C01（车床电气设计）"，完成移动或复制，结果如图9-28所示。

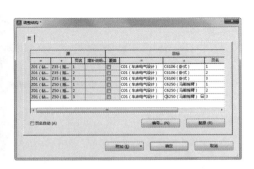

图9-27　复制位置结构原理图页

图9-28　复制创建C01（车床电气设计）

⑤ 注意两个项目都要保存一下，这一步很重要，免得丢数据。

（4）不同项目间的复制与剪切

同样，也可以把整个原理图页文件夹从一个项目中转移到另一个项目中。在"页"导航器中打开两个工程，在一个项目中选择要移动的原理图页，单击左键直接拖拽到另一个项目的目标原理图文件夹中，弹出如图9-29所示的"调整结构"对话框，默认要移动的原理图页移动结果如图9-30所示。如果进行复制操作，则拖拽时按住"Ctrl"键即可，复制结果如图9-31所示。

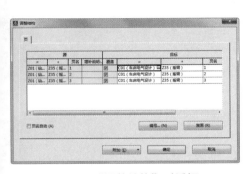

图9-29　"调整结构"对话框

图9-30　移动原理图页

图9-31　复制原理图页

当把图页移动到目标工程中后，需要立即保存。如果没有及时保存，很可能会引起数据丢失。

同样，高层结构及原理图页的文件夹也可以从一个项目中移动到另一个项目中，操作方法类似，这里不再赘述。

（5）图页的复制

下面讲解如何利用菜单命令移动、复制不同结构层次的原理图文件图页。

① 在"页"导航器中，打开项目文件，选中原理图页，单击右键，选择"重命名"命令，修改图页名称为"主回路"，结果如图 9-32 所示。

② 选择菜单栏中的"页"→"复制从 / 到…"命令，弹出"复制页"对话框，如图 9-33 所示，在"选定的项目"下显示要复制的项目文件，在该选项组下可选择任意原理图页，单击扩展按钮 ，弹出如图 9-34 所示的对话框，在该对话框中显示当前属性管理器中打开的项目文件，从中选择需要操作的项目文件。

图9-32　打开项目文件　　　　图9-33 "复制页"对话框　　　　图9-34　"项目选择"对话框

除此之外，还可以对未打开的项目文件进行复制操作，单击 按钮，弹出"打开项目"对话框，在该对话框中选择任意项目文件，选择要复制的项目文件，如图 9-35 所示。完成项目选择后，返回"复制页"对话框，单击 按钮，将选中的"主回路"原理图页复制到右侧"当前项目"中，如图 9-36 所示，若有需要，还可以选择其余原理图文件进行复制，在图 9-37 所示的"页"导航器中显示最终的复制结果。

图9-35　"打开项目"对话框　　　　图9-36　复制"主回路"　　　　图9-37　复制结果

关联参考表示 EPLAN 符号元件主功能与辅助功能之间逻辑和视图的连接，可快速在大量页中准确查找某一特定元件或信息。搜索信息至少要包含所查找的页名，另外，它还可包含用于页内定位的列说明和用于其他定位的行说明。

EPLAN 在插入设备、触点和中断点时自动在线生成关联参考，成对关联参考可通过设置实现关联。图框的类型、项目级的设置和个体设备的设置决定了关联参考的显示。

9.4.1　关联参考设置

图框的行与列的划分是项目中各元件间关联参考的基础，关联参考可根据行列划分的水平单元与竖置单元进行不同方式的编号。

选择菜单栏中的"选项"→"设置"命令，弹出"设置"对话框，选择"项目"→"当前项目"→"关联参考 / 触点映像"选项，显示多线和单线、总览等多种表达类型之间的关联参考，如图 9-38 所示。

打开"显示"选项卡，在该项目中，包括多线原理图中设备主功能的多线表达，关联其他所有多线表达，同时关联总览表达，关联拓

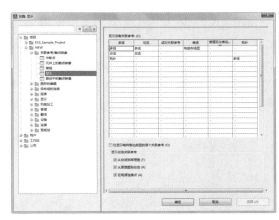

图9-38　"关联参考/触点映像"选项

扑表达，如果存在单线图，在设备主功能的多线表达中，不显示单线的关联参考。默认在单线表达中，添加多线的关联参考，方便在设计和看图时候更加容易快速地理解图纸。

9.4.2　成对的关联参考

在 EPLAN 中成对的关联参考是为了更好地表达图纸而出现的，请大家注意成对关联参考在设备导航器中的图标，以及在图纸中的颜色区分。在生产报表时，成对的关联参考对图纸逻辑没有影响。

成对的关联参考通常用来表示原理图上的电动机过载保护器或断路器辅助触点和主功能的关系。

（1）选项设置

打开"常规"选项卡，设置关联参考的常规属性，包括显示形式、分隔符、触点映像表、前缀，如图 9-39 所示。

① 在"显示"组选项下控制触点映像的排列数量及映像表的文字。显示关联参考"按行"或"按列"编号，默认"每行 / 每列的数量"为 1。

a. 如果按行显示，则每行 / 每列的数量将被确定为 3：

012

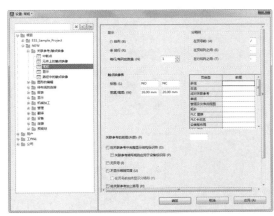

图9-39　"常规"选项卡

3 4 5

6

b. 如果更改为按列显示，则关联参考显示如下：

0 3 6

1 4

2 5

② 在"分隔符"选项组下显示关联参考的分隔符，其中，"在页号前"用"/"分隔，"在页和列之间"用"."分隔，"在行和列之间"用"："分隔。

③ 在"触点映像表"选项组下显示触点映像的标签与宽度/高度。

④ 在"关联参考的前缀"选项组下设置关联参考前缀显示完整设备标识符、完整的分隔符等信息。

（2）创建成对关联参考

在图 9-40 中的线圈 K1 右侧放置关联参考开关 K1，双击开关 K1，弹出属性设置对话框，在"开关/按钮"选项卡下，设置"显示设备标识符"文本框中输入为空，取消"主功能"复选框的勾选，如图 9-41 所示。打开"符号数据/功能数据"选项卡，在"表达类型"下拉列表中选择"成对关联参考"选项，如图 9-42 所示。完成设置后，原理图中的成对关联参考开关 K1 变为黄色，与线圈 K1 生成关联参考，如图 9-43 所示，选中其中之一，按下"F"键，切换两个元件。

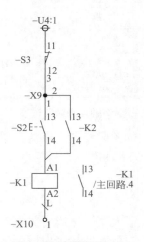

图9-40 放置开关K1

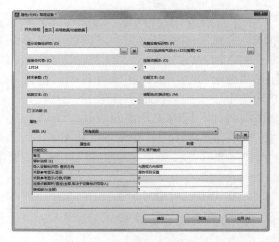

图9-41 "开关/按钮"选项卡

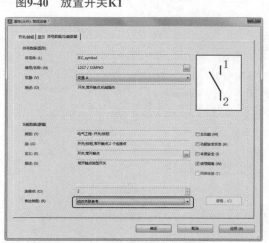

图9-42 "符号数据/功能数据"选项卡

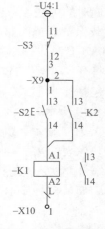

图9-43 成对关联参考

9.4.3　中断点的关联参考

中断点的关联参考是 EPLAN 自动生成的，它可分为成对的关联参考和星型的关联参考。

（1）选项设置

打开"中断点"选项卡，设置中断点的关联参考、成对关联参考、星型关联参考的常规属性，如图 9-44 所示。

在"显示"选项下显示关联参考"按行"或"按列"编号，默认"每行／每列的数量"为 1。

- "显示关联参考"复选框：勾选该复选框，在原理图中显示关联参考标识。
- "在关联参考中仅显示页名"复选框：勾选该复选框，在原理图中显示关联参考的标识符时仅显示页名，如"1"。
- "在关联参考中完整显示结构标识符"复选框：勾选该复选框，在原理图中显示关联参考的标识符时仅显示显示完整的页名，如"=GB1+A1&EFS1/1"。
- "在成对关联参考上显示目标"复选框：勾选该复选框，在成对关联参考上显示目标中断点。
- "在星型关联参考上显示目标"复选框：勾选该复选框，在星型关联参考上显示目标中断点。
- "在关联参考的下方显示目标"复选框：勾选该复选框，在关联参考的下方显示目标中断点。
- "名称和关联参考之间的分隔符"默认设置为"/"。

（2）成对中断点

成对中断点有源中断点和目标中断点。一般情况下，中断点的源放置在图纸的右半部分，目标放置在图纸的左半部分，因此，根据放置位置可以轻易地区分中断点的源和目标，确定中断点的指向，输入相同设备标识符名称的中断点自动实现关联参考，如图 9-45 所示。

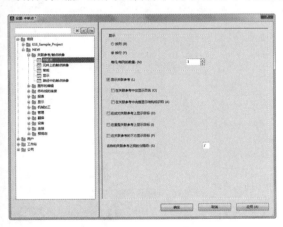

图9-44　"中断点"选项

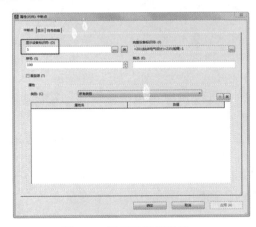

图9-45　显示设备标识符

在"中断点"导航器上管理和编辑中断点，放置和分配源和目标的排序，如图 9-46 所示，源和目标总是成对出现的。

选中成对中断点的源，按下"F"键，切换中断点的目标；同样地选中成对中断点的目标，按下"F"键，切换中断点的源。

选中成对中断点的源，单击鼠标右键，弹出快捷菜单，选择"关联参考功能"命令，显示"列表""向前""向后"命令，切换中断点目标与源，选择"列表"命令，弹出如图 9-47 所示的对话框，显示中断点的关联参考。

（3）星型中断点

星型中断点由一个起始点（源）与指向该起始点的其余中断点（目

图9-46　"中断点"导航器

标）组成，如图 9-48 所示。这里的源与目标中断点，不再只根据放置位置判定，只单纯将源放置在图纸右半部分不能直接判定该中断点为源，在中断点属性设置对话框中勾选"星型源"复选框，则该终端点为源，如图 9-49 所示。

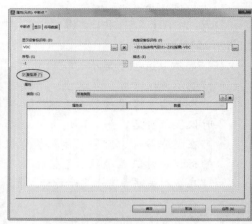

图9-47　显示中断点的关联参考　　　图9-48　星型中断点　　　　　图9-49　设置属性

9.5
操作实例——车床控制系统电路

CA1640 型普通车床是我国自行设计制造的一种普通车床，车床最大工件回转半径为160mm，最大工件长度为 500mm。CA1640 型车床电气控制电路包括主电路、控制电路及照明电路，如图 9-50 所示。从电源到三台电动机的电路称为主电路，这部分电路中通过的电流大；由接触器、继电器组成的电路称为控制电路，采用 110V 电源供电；照明电路中指示灯电压为6V，照明灯的电压为 24V 安全电压。

图9-50　车床控制系统电路原理图

9.5.1　设置绘图环境

（1）创建项目

选择菜单栏中的"项目"→"新建"命令，或单击"默认"工具栏中的 （新项目）按钮，弹出如图 9-51 所示的对话框，在"项目名称"文本框下输入创建新的项目名称"Lathe control system"，在"保存位置"文本框下选择项目文件的路径，在"模板"下拉列表中选择默认项目模板"IEC_tpl001.ept"。

单击"确定"按钮，显示项目创建进度对话框，如图 9-52 所示，进度条完成后，弹出"项目属性"对话框，显示当前项目的图纸的参数属性。默认"属性名 - 数值"列表中的参数，如图 9-53 所示，单击

扫一扫 看视频

图9-51　"创建项目"对话框

"确定"按钮，关闭对话框，在"页"导航器中显示创建的空白新项目"Lathe control system.elk"，如图 9-54 所示。

图9-52　进度对话框

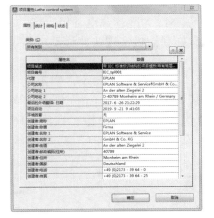

图9-53　"项目属性"对话框

图9-54　空白新项目

（2）图页的创建

① 在"页"导航器中选中项目名称"Lathe control system.elk"，选择菜单栏中的"页"→"新建"命令，或在"页"导航器中选中项目名称单击右键，选择"新建"命令，弹出如图 9-55 所示的"新建页"对话框。

② 在该对话框中"完整页名"文本框内输入电路图页名称，默认名称为"/1"，设置完整页名为"=CC1+AA1/1"，在"页类型"下拉列表中选择"多线原理图（交互式）"，"页描述"文本框输入图纸描述"CA6140 车床电气控制电路原理图"，在"属性名 - 数值"列表中默认显示图纸的表格名称、图框名称、图纸比例与栅格大小。在"属性"列表中单击"新建"按钮，弹出"属性选择"对话框，选择"创建者的特别注释"属性，如图 9-56 所示，单击"确定"按钮，在添加的属性"创建者的特别注释"栏的"数值"列输入"三维书屋"，完成设置的对话框如图 9-57 所示。

图9-55　"新建页"对话框

③ 单击"确定"按钮，在"页"导航器中创建原理图页 1。在"页"导航器中显示添加原理图页结果，如图 9-58 所示。

图9-56　"属性选择"对话框

图9-57　"新建页"对话框

图9-58　新建图页文件

9.5.2 绘制主电路

扫一扫 看视频

主电路有 3 台电动机：M1 为主轴电动机，拖动主轴带着工件旋转，并通过进给运动链实现车床刀架的进给运动；M2 为冷却泵电动机，拖动冷却泵输出冷却液；M3 为溜板与刀架快速移动电动机，拖动溜板实现快速移动。

（1）插入电机元件

① 选择菜单栏中的"插入"→"符号"命令，弹出如图 9-59 所示的"符号选择"对话框，选择需要的元件——电机，完成元件选择后，单击"确定"按钮，原理图中在光标上显示浮动的元件符号，选择需要放置的位置，单击鼠标左键，在原理图中放置元件，自动弹出"属性（元件）：常规设备"对话框，输入设备标识符"-M1"，如图 9-60 所示。

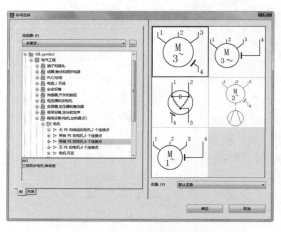

图9-59　"符号选择"对话框

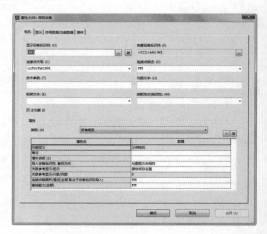

图9-60　"属性（元件）：常规设备"对话框

② 打开"部件"选项卡，单击 ![按钮] 按钮，弹出"部件选择"对话框，如图 9-61 所示，选择电机设备部件，部件编号为"SEW.DRN90L4/FE/TH"，添加部件后如图 9-62 所示。单击"确定"按钮，关闭对话框，放置 M1。

③ 放置电机元件 M2，部件编号为"SEW.DRN90L4/FE/TH"；放置电机元件 M3，部件编号为"SEW.K19DRS71M4/TF"，结果如图 9-63 所示。同时，在"设备"导航器中显示新添加的电机元件 M1、M2、M3，如图 9-64 所示。

图9-61　"部件选择"对话框

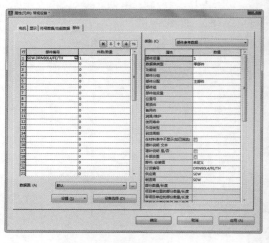

图9-62　添加部件

图9-63 放置电机元件

图9-64 显示放置的元件

提示：

　　直接插入元件符号，不添加部件，在"设备"导航器中显示电机元件，如图 9-65 所示。为插入的元件 M3 添加部件"SEW.K19DRS71M4/TF"，如图 9-66 所示。也可以直接选择菜单栏中的"插入"→"设备"命令，插入设备"SEW.K19DRS71M4/TF"，结果与图 9-66 相同。

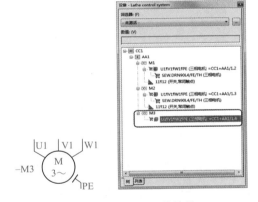

图9-65 插入元件符号

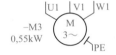

图9-66 插入电机设备

（2）插入过载保护热继电器元件

　　选择菜单栏中的"插入"→"符号"命令，弹出如图 9-67 所示的"符号选择"对话框，选择需要的元件——热过载继电器，单击"确定"按钮，关闭对话框。

　　这时光标变成十字形状并附加一个交叉记号，将光标移动到原理图电机元件的垂直上方位置，单击完成元件符号插入，在原理图中放置元件，自动弹出"属性（元件）：常规设备"对话框，输入设备标识符 FR1，完成属性设置后，单击"确定"按钮，关闭对话框，显示放置在原理图中的与电机元件 M1 自动连接的热过载继电器元件 FR1，此时鼠标仍处于放置熔断器元件符号的状态，用同样的方法插入热过载继电器 FR2，按右键"取消操作"命令或"Esc"键即可退出该操作，如图 9-68 所示。

（3）插入接触器常开触点

　　选择菜单栏中的"插入"→"符号"命令，弹出如图 9-69 所示的"符号选择"对话框，选择需要的元件——常开触点，单击"确定"按钮，关闭对话框。

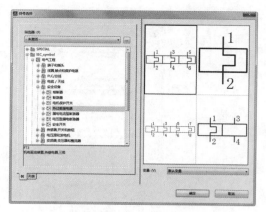

图9-67 选择元件符号

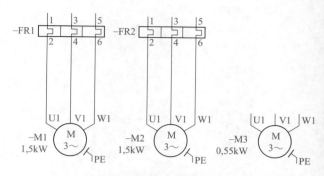

图9-68 放置热过载继电器元件

这时光标变成十字形状并附加一个交叉记号,单击将元件符号插入在原理图中,自动弹出"属性(元件):常规设备"对话框,输入设备标识符"-KM1",如图 9-70 所示,完成属性设置后,单击"确定"按钮,关闭对话框.显示放置在原理图中的与热过载继电器元件 FR1 自动连接的常开触点 KM1 的 1、2 连接点。

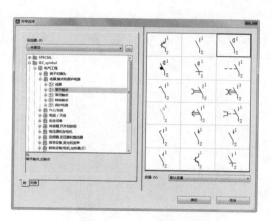

图9-69 选择元件符号

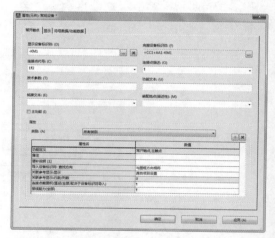

图9-70 "属性(元件):常规设备"对话框

此时鼠标仍处于放置常开触点元件符号的状态,继续插入 KM1 常开触点,自动弹出"属性(元件):常规设备"对话框,输入设备标识符为空,连接点代号为"3¶4",如图 9-71 所示,常开触点 KM1 的 3、4 连接点,用同样的方法继续插入 KM1 常开触点的5、6 连接点,按右键"取消操作"命令或"Esc"键即可退出该操作,如图 9-72 所示。

(4)插入中间继电器

① 选择菜单栏中的"插入"→"设备"命令,弹出如图 9-73 所示的"部件选择"对话框,选择需要的设备——接触器,设备编号为"SIE.3RT2015-1BB41-1AA0",单击"确定"按钮,单击鼠标左键放置元件,如图 9-74 所示。

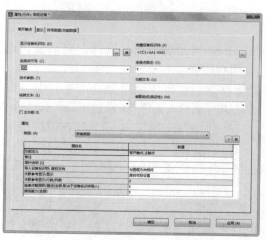

图9-71 "属性(元件):常规设备"对话框

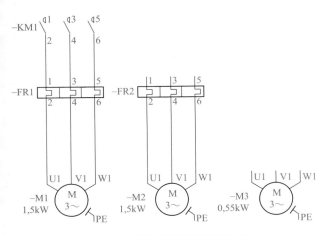

图9-72 放置接触器常开触点KM1

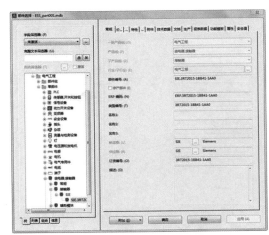

图9-73 "部件选择"对话框

图9-74 放置继电器

② 双击继电器线圈 K1，弹出"属性（元件）：常规设备"对话框，输入设备标识符"-KA1"，如图 9-75 所示。中间继电器线圈 KA1 放置在一侧，用于后面控制电路的绘制。

③ 双击继电器主触点，弹出"属性（元件）：常规设备"对话框，输入设备标识符"-KA1"，如图 9-76 所示。用同样的方法绘制 KA2、KA3。

④ 将继电器 KA1 主触点放置到 M2、M3 上，如图 9-77 所示。

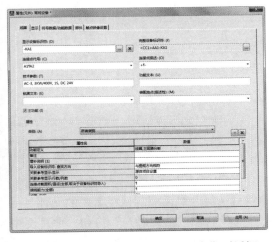

图9-75 "属性（元件）：常规设备"对话框

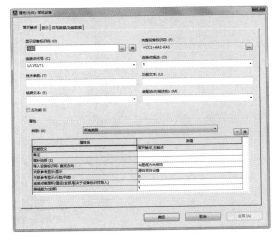

图9-76 "属性（元件）：常规设备"对话框

至此，完成主电路绘制。

9.5.3 绘制控制电路

控制电路中控制变压器 TC 二次侧输出 110V 电压作为控制回路的电源，SB2 作为主轴电动机 M1 的启动按钮，SB1 为主轴电动机 M1 的停止按钮，SB3 为快速移动电动机 M3 的点动按钮，手动开关 QS2 为冷却泵电动机 M2 的控制开关。

扫一扫 看视频

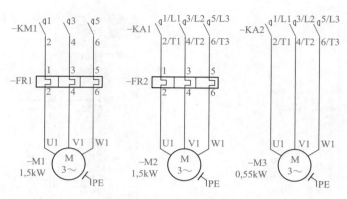

图9-77 放置继电器KA1主触点

（1）插入变压器

选择菜单栏中的"插入"→"符号"命令，弹出如图9-78所示的"符号选择"对话框，选择需要的元件——变压器，完成元件选择后，单击"确定"按钮，原理图中在光标上显示浮动的元件符号，选择需要放置的位置，单击鼠标左键，在原理图中放置元件，自动弹出"属性（元件）：常规设备"对话框，如图9-79所示，输入设备标识符"-TC"，单击"确定"按钮，完成设置，元件放置结果如图9-80所示。

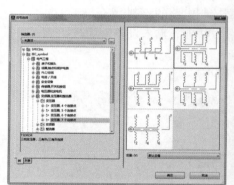

图9-78 "符号选择"对话框

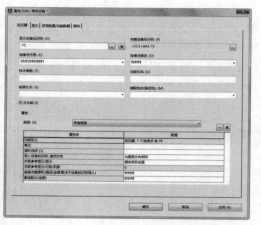

图9-79 "属性（元件）：常规设备"对话框

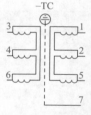

图9-80 放置变压器元件

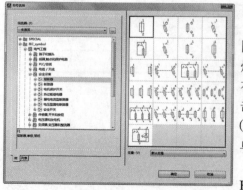

图9-81 "符号选择"对话框

（2）插入熔断器

选择菜单栏中的"插入"→"符号"命令，弹出如图9-81所示的"符号选择"对话框，选择需要的元件——熔断器，完成元件选择后，单击"确定"按钮，原理图中在光标上显示浮动的元件符号，选择需要放置的位置，单击鼠标左键，在原理图中放置熔断器，自动弹出"属性（元件）：常规设备"对话框，输入设备标识符"-FU2"，单击"确定"按钮，完成设置。

此时鼠标仍处于放置熔断器的状态，继续插入熔断器FU3、FU4，结果如图9-82所示。

图9-82中出现文字与图形叠加的情况，选中叠加的元件，单击鼠标右键选择"文本"→"移动属性文本"命令，激活属性文移动命令，单击需要移

动的属性文本，将其放置到元件一侧，结果如图 9-83 所示。

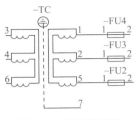

图9-82　放置熔断器

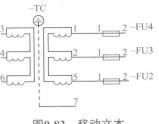

图9-83　移动文本

提示：

在原理图绘制过程中再次出现叠加、压线的情况，同样采取此种方法，书中不再一一介绍步骤。

（3）插入保护热继电器常闭触点

选择菜单栏中的"插入"→"符号"命令，弹出如图 9-84 所示的"符号选择"对话框，选择需要的元件——常闭触点，完成元件选择后，单击"确定"按钮，原理图中在光标上显示浮动的元件符号，选择需要放置的位置，单击鼠标左键，在原理图中放置常闭触点，自动弹出"属性（元件）：常规设备"对话框，输入设备标识符"-FR1"，单击"确定"按钮，完成设置，常闭触点放置结果如图 9-85 所示。

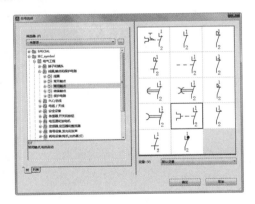

图9-84　"符号选择"对话框

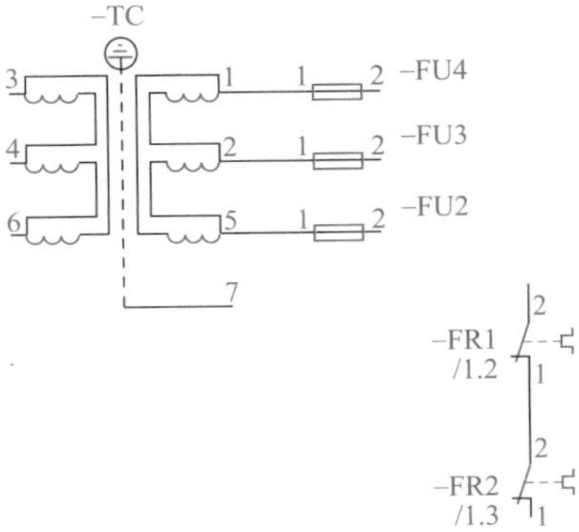

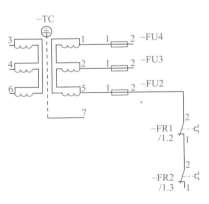

图9-85　放置常闭触点

（4）添加连接节点

选择菜单栏中的"插入"→"连接符号"→"角（左下）"命令，或单击"连接符号"工具栏中的"左下角"按钮，放置角，结果如图 9-86 所示。放置完毕，按右键"取消操作"命令或"Esc"键即可退出该操作。

（5）插入开关/按钮

选择菜单栏中的"插入"→"符号"命令，弹出如图 9-87所示的"符号选择"对话框，选择需要的开关/按钮，在原理图中放置 SB1、SB2、SB3、KM1、QS2，放置结果如图 9-88所示。

复制中间继电器 KA1 的线圈，利用节点连接与角连接，与开关按钮进行连接，结果如图 9-89 所示。

图9-86　角连接

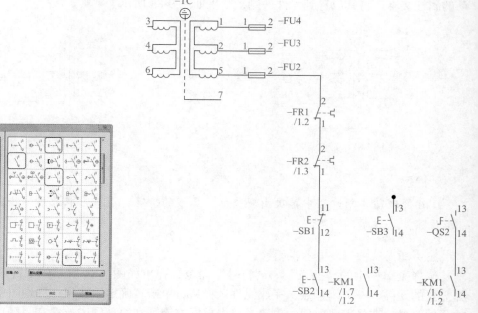

图9-88 放置开关/按钮

图9-87 "符号选择"对话框

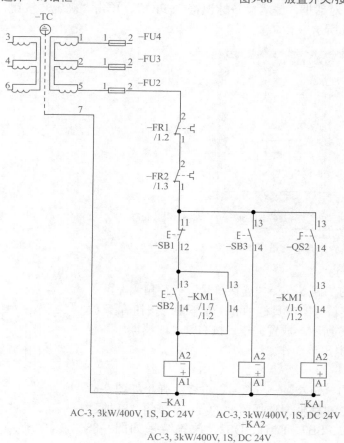

AC-3, 3kW/400V, 1S, DC 24V

AC-3, 3kW/400V, 1S, DC 24V

AC-3, 3kW/400V, 1S, DC 24V

图9-89 绘制控制电路

至此，完成控制电路绘制。

9.5.4 绘制照明电路

机床照明电路由控制变压器 TC 供给交流 24V 安全电压，并由手控开关 SA 直接控制照明灯 EL；机床电源信号灯 HL 由控制变压器 TC 供给 6V 电压，当机床引入电源后点亮，提醒操作员机床已带电，要注意安全。

插入信号灯：

① 选择菜单栏中的"插入"→"设备"命令，弹出如图 9-90 所示的"部件选择"对话框，选择需要的设备——信号灯，设备编号为"SIE.3SU1001-6AA50-0AA0"，单击"确定"按钮，单击鼠标左键放置元件，如图 9-91 所示。

② 选择手控开关 QS，选择菜单栏中的"编辑"→"复制"命令，选择菜单栏中的"编辑"→"粘贴"命令，粘贴手控开关，修改设备标识符为"-SA"，结果如图 9-92 所示。

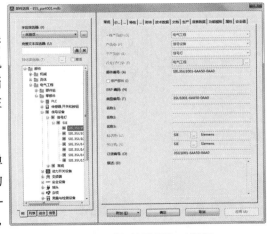

图9-90 "部件选择"对话框

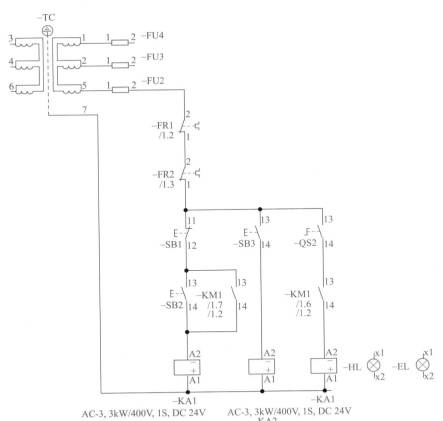

图9-91 放置信号灯

③ 利用节点连接与角连接，连接控制电路与照明电路原理图，结果如图 9-93 所示。至此，完成照明电路绘制。

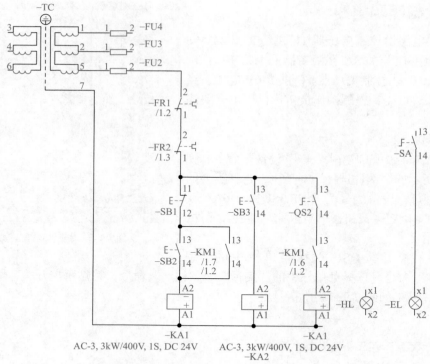

图9-92　粘贴手控开关SA

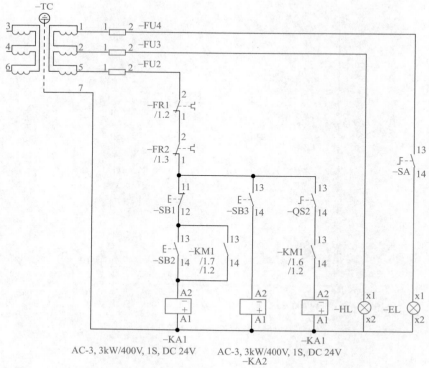

图9-93　照明电路

9.5.5 绘制辅助电路

扫一扫 看视频

控制电路、信号电路、照明电路均没有短路保护功能，分别由熔断器FU2、FU3、FU4实现。

（1）插入熔断器

选择菜单栏中的"插入"→"符号"命令，弹出如图9-94所示的"符号选择"对话框，选择需要的元件——熔断器，完成元件选择后，单击"确定"按钮，原理图中在光标上显示浮动的元件符号，选择需要放置的位置，单击鼠标左键，在原理图中放置熔断器，自动弹出"属性（元件）：常规设备"对话框，输入设备标识符"-FU"，单击"确定"按钮，完成设置。此时鼠标仍处于放置熔断器的状态，继续插入熔断器FU1，结果如图9-95所示。

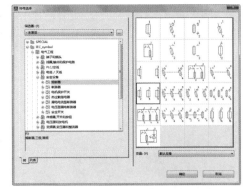

图9-94　"符号选择"对话框

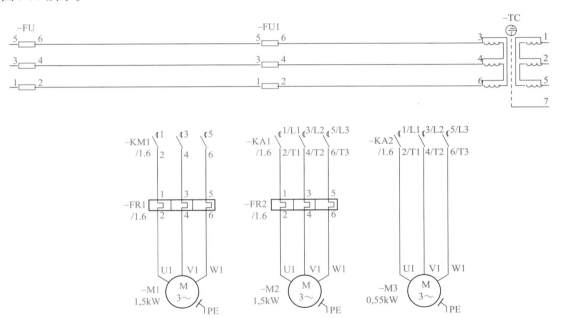

图9-95　放置熔断器

（2）插入控制开关

选择菜单栏中的"插入"→"符号"命令，弹出如图9-96所示的"符号选择"对话框，选择需要的元件——开关，完成元件选择后，单击"确定"按钮，原理图中在光标上显示浮动的元件符号，选择需要放置的位置，单击鼠标左键，在原理图中放置开关，自动弹出"属性（元件）：常规设备"对话框，输入设备标识符"-QS1"，单击"确定"按钮，完成设置，结果如图9-97所示。

（3）插入中断点

选择菜单栏中的"插入"→"连接符号"→"中断点"命令，此时光标变成交叉形状并附加一个中断点符号◄▬，

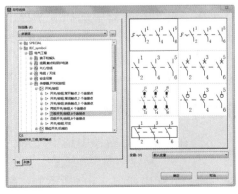

图9-96　"符号选择"对话框

插入中断点 L1、L2、L3，如图 9-98 所示。中断点插入完毕，按右键"取消操作"命令或"Esc"键即可退出该操作。

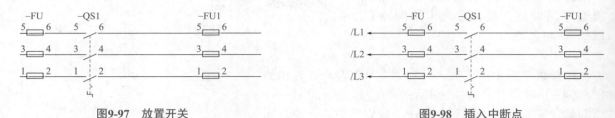

图9-97　放置开关　　　　　　　　　　　　图9-98　插入中断点

利用节点连接与角连接，连接控制电路与辅助电路原理图，结果如图 9-99 所示。

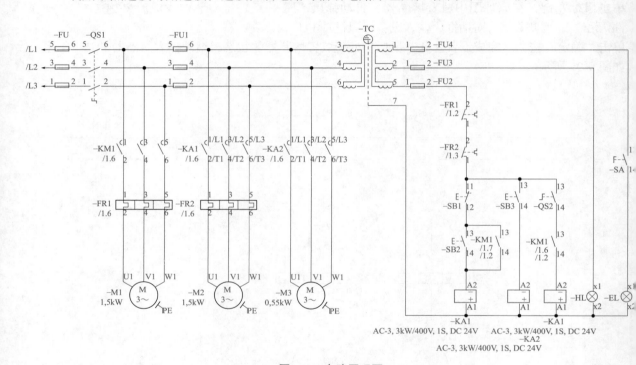

图9-99　电路原理图

9.5.6　导出PDF文件

在"页"导航器中选择需要导出的图纸页 1，选择菜单栏中的"页"→"导出"→"PDF..."命令，弹出"PDF 导出"对话框，如图 9-100 所示。

单击"确定"按钮，在"\ Lathe control system.edb\DOC"目录下生成 PDF 文件"Lathe control system.pdf"，如图 9-101 所示。

扫一扫 看视频

9.5.7　创建分页电路

① 在"页"导航器中选中项目名称"Lathe control system.elk"，选择菜单栏中的"页"→"新建"命令，或在"页"导航器中选中项目名称并单击右键，选择"新建"命令，弹出如图 9-102 所示的"新建页"对话框。

扫一扫 看视频

图9-100 "PDF导出"对话框

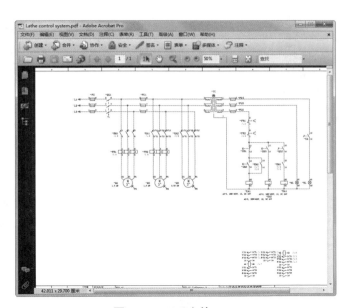

图9-101 PDF文件

② 在该对话框中"完整页名"文本框内显示电路图页名称，单击 按钮，弹出"完整页名"对话框，输入多页电路图的结构标识符，如图9-103所示。单击"确定"按钮，返回"新建页"对话框，在"页描述"文本框中输入"控制电路主电路"，结果如图9-104所示。单击"应用"按钮，在"页"导航器中创建原理图页1。

图9-102 "新建页"对话框

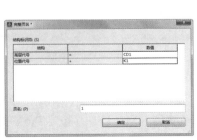

图9-103 "完整页名"对话框

图9-104 创建原理图页1

③ 此时，"新建页"对话框中"完整页名"文本框内电路图页名称自动递增为"/2"，如图9-105所示。"页描述"文本框输入图纸描述"控制电路控制电路"。单击"应用"按钮，在"页"导航器中重复创建原理图页2。

④ 用同样的方法创建原理图页3，"页描述"文本框输入图纸描述"控制电路照明电路"，如图9-106所示。

⑤ 用同样的方法创建原理图页4，"页描述"文本框输入图纸描述"控制电路辅助电路"，如图9-107所示。单击"确定"按钮，完成图页添加，在"页"导航器中显示添加原理图页结果，如图9-108所示。

图9-105 创建原理图页2

图9-106　创建原理图页3

图9-107　创建原理图页4

图9-108　新建图页文件

9.5.8　绘制原理图页原理图

分模块绘制主电路，如图 9-109 所示。

扫一扫 看视频

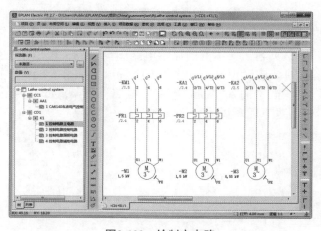

图9-109　绘制主电路

（1）插入中断点

选择菜单栏中的"插入"→"连接符号"→"中断点"命令，此时光标变成交叉形状并附加一个中断点符号 ➡，将光标移动到 KM1 上方，按"Tab"键，旋转中断点，单击插入中断点，在弹出的属性对话框中输入设备标识符 A1，如图 9-110 所示，此时光标仍处于插入中断点的状态，重复上述操作可以继续插入其他的中断点 A2、A3，如图 9-111 所示。中断点插入完毕，按右键"取消操作"命令或"Esc"键即可退出该操作。

（2）添加连接节点

选择菜单栏中的"插入"→"连接符号"→"角"命令，或单击"连接符号"工具栏中的"角"按钮，放置角；选择菜单栏中的"插入"→"连接符号"→"T 节点"命令，或单击"连接符号"工具栏中的"T 节点"按钮，连接原理图，结果如图 9-112 所示。放置完毕，按右键"取消操作"命令或"Esc"键即可退出该操作。

用同样的方法分模块绘制控制电路、照明电路、辅助电路，结果如图 9-113 ～图 9-115 所示。

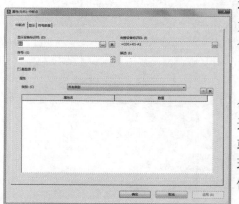

图9-110　"属性（元件）：中断点"对话框

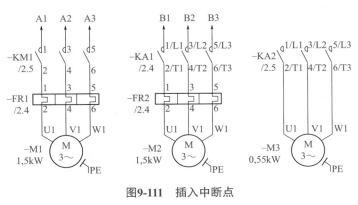

图9-111 插入中断点

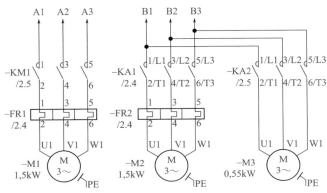

图9-112 导线连接

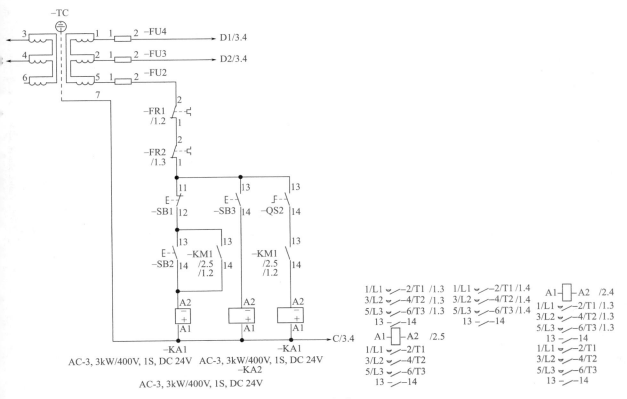

图9-113 控制电路

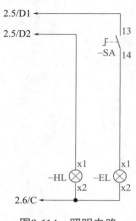

图9-114　照明电路

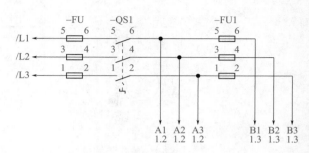
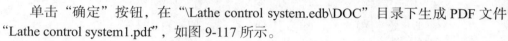

图9-115　辅助电路

9.5.9　导出PDF文件

在"页"导航器中选择需要导出的图纸页 1，选择菜单栏中的"页"→"导出"→"PDF..."命令，弹出"PDF 导出"对话框，如图 9-116 所示。

单击"确定"按钮，在"\Lathe control system.edb\DOC"目录下生成 PDF 文件"Lathe control system1.pdf"，如图 9-117 所示。

扫一扫 看视频

图9-116　"PDF导出"对话框

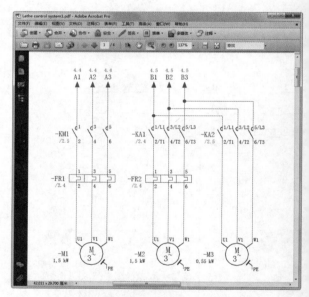

图9-117　PDF文件

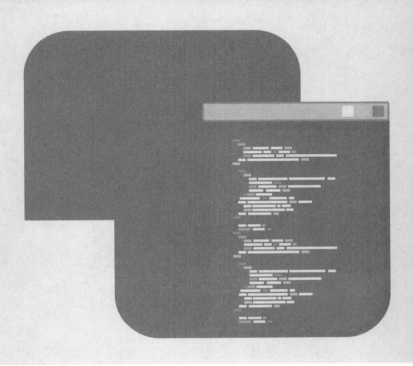

第 10 章

图框与表格

表格是以图形形式输出分析过程中的信息或结果，图框是将信息完整框定的设计布局，流程图是用图形标识算法思路的一种方法。本章讲解使用图形信息进行数据表达的表格、图框、流程图在电气工程图中的设计方法与应用。

10.1
图框

图框的编辑包括图框的选择、行列的设置、文本的输入和属性。

在"页"导航器项目下添加文件，在该图框文件上单击鼠标右键，选择"属性"命令，弹出"图框属性"对话框，在"属性名 - 数值"列表中显示的提示信息与打开的图框中属性对话框中显示相同，如图 10-1 所示。

10.1.1 图框的打开

选择菜单栏中的"工具"→"主数据"→"图框"→"打开"命令，弹出"打开图框"对话框，如图 10-2 所示，选择保存在 EPLAN 默认数据库中的图框模板，勾选"预览"复选框，在预览框中显示图框的预览图形及提示信息。

图10-1 "图框属性"对话框

单击"打开"按钮，打开图框模板文件后，在"页"导航器项目下添加文件，在"图框属性"对话框"属性名 - 数值"列表中显示的提示信息与打开的图框中属性对话框中显示相同，如图 10-3 所示。

图10-2 "打开图框"对话框

图10-3 打开图框文件

10.1.2 图框的创建

选择菜单栏中的"工具"→"主数据"→"图框"→"新建"命令,如图10-4所示,弹出"创建图框"对话框,新建一个名为"新图框1"的图框,如图10-5所示。单击"保存"按钮,在"页"导航器中显示创建的新图框1,并自动进入图框编辑环境,如图10-6所示。

图10-4 菜单命令

图10-5 "创建图框"对话框

10.1.3 行列的设置

选择菜单栏中的"视图"→"路径"命令,打开路径,在图框中显示行与列,如图10-7所示。"图框属性"对话框中"属性名-数值"列表的行数与列数,默认为1行10列,如图10-8所示,修改为10行10列,如图10-9所示。同时,还可以设置行高与列宽,如图10-10所示。

10.1.4 文本的输入

图框顶部每一列显示列号,每一行显示行号,底部标题栏显示的图框信息文本还根据信息分为项目属性文本、页属性文本等,均需要进行编辑,这些文本不是普通文本,有其特殊名称,行号称为行文本,列号为列文本。

选择菜单栏中的"插入"→"特殊文本"命令,弹出如图10-11所示的子菜单,选择不同的命令,分别插入不同属性的文本。

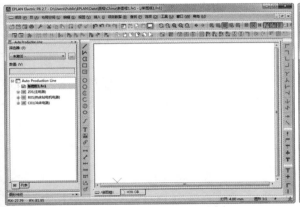

图10-6　图框编辑环境

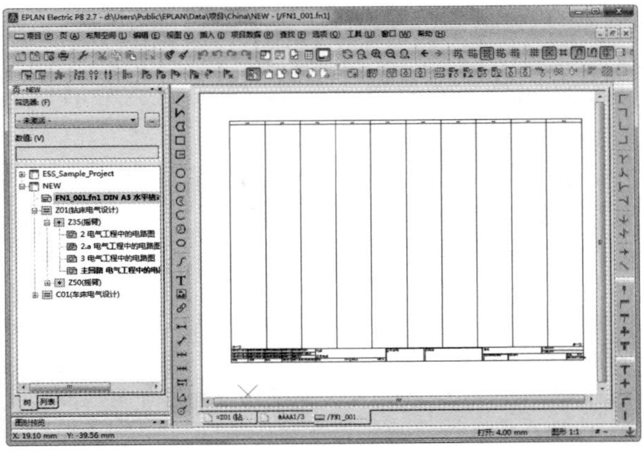

图10-7　显示行与列

图10-8　"图框属性"对话框

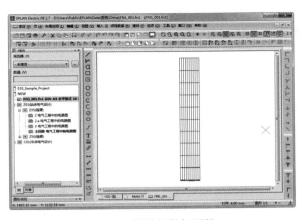

图10-9　修改行数与列数

图10-10　设置行高与列宽

图10-11　"特殊文本"子菜单

10.2
表格

在 EPLAN 中，项目的连接图表是系统创建自动化表格，包括标识符总览、部件清单表、电缆连接图表、端子插头连接图表等一系列自动化报表，通过一些报表的组合基本可以代替电气接线图。

10.2.1 表格式列表视图

在表格式列表视图中显示消息管理等信息。

（1）"编辑功能数据"导航器

在"页"导航器中选中原理图文件，选择右键"表格式编辑"命令，或选择菜单栏中的"编辑"→"表格式"命令，系统弹出"编辑功能数据"导航器，显示表格式列表视图，包括三个选项卡：功能、连接、宏边框，如图10-12所示。

(a) "功能"选项卡

(b) "连接"选项卡

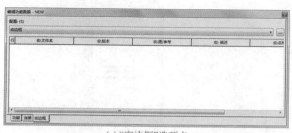

(c) "宏边框"选项卡

图10-12 "编辑功能数据"导航器

表格式列表视图中显示不同元件的连接点、功能定义、主功能、表达类型等参数，可以更改和优化元件的显示和排序顺序。

（2）设置宽度

① 将鼠标放置在参数列右侧，激活分栏符号，如图10-13所示，向左右两侧拖动即可调整选中的参数列列宽。一般需要将列宽调整到所有参数完整可见即可。

② 在列表中单击鼠标右键，选择快捷命令"调整列宽"，系统自动以所有参数完整可见为基准调整列宽，结果如图10-14所示。

图10-13 调整列宽

图10-14 自动调整列宽

10.2.2 复制和粘贴数据

在表格式列表视图中显示消息管理等信息，在结构标识管理中，编辑端子排和插头时，需要大量相同数据，可以以不同的方式复制和粘贴表格中的数据，可以将相同或不同表格内的数据进行相互复制和粘贴。

（1）复制单元格

选中"编辑功能数据"导航器中的某一单元格，复制单元格的方法有以下5种。

① 菜单命令。选择菜单栏中的"编辑"→"复制"命令，复制被选中的单元格。

② 工具栏命令。单击"默认"工具栏中的"复制"按钮 📋，复制被选中的单元格。

③ 快捷命令。单击右键弹出快捷菜单选择"复制"命令，复制被选中的元件。

④ 功能键命令。在键盘中按住"Ctrl+C"组合键，复制被选中的单元格。

⑤ 拖拽的方法。按住"Ctrl"键，拖动要复制的单元格，即复制出相同的单元格。

（2）粘贴单元格

粘贴单元格的方法有以下3种。

① 菜单命令。选择菜单栏中的"编辑"→"粘贴"命令，粘贴被选中的单元格。

② 工具栏命令。单击"默认"工具栏中的"粘贴"按钮 📋，粘贴复制的单元格。

③ 功能键命令。在键盘中按住"Ctrl+V"键，粘贴复制的单元格。

根据已选中的原始单元格的排列方式（上下排列或并排排列），单元格及复制的数据将填充在首个目标单元格的下面或一侧。

若复制时选中整行或整栏，则一同复制行标题/栏标题，若粘贴的是只读单元格，则需要忽略粘贴的数值。

10.3 流程图

流程图是以特定的图形符号加上说明来表示算法的图，流程图不管是在学习还是工作中都受到很多人的青睐，熟练地运用各种工具，这样才能提高工作效率。

10.3.1　流程图的组成

流程图使用一些标准符号代表某些类型的动作，如决策用菱形框表示，具体活动用方框表示。但比这些符号规定更重要的，是必须清楚地描述工作过程的顺序。流程图也可用于设计改进工作过程，具体做法是先画出事情应该怎么做，再将其与实际情况进行比较。

流程图的基本结构包括顺序结构、条件结构（又称选择结构）、循环结构、分支结构。

10.3.2　流程图绘制工具

单击"流程图"工具栏中的按钮，与"插入"菜单下"流程图"命令子菜单中的各项命令具有对应关系，包括 GRAFCET（顺序流程图的步）、箭头、信号点、条件结构（和、或），均是流程图图形绘制工具，如图 10-15 所示。

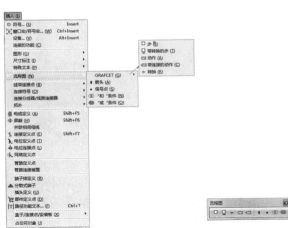

图10-15　流程图工具

10.3.3 绘制流程图

流程图包括 GRAFCET、箭头、信号点、条件结构（和、或），GRAFCET 包括步、带转换的步、动作、带连接的动作、转换，如图 10-16 所示，这些符号均由长方形、直线、文本分别组成。

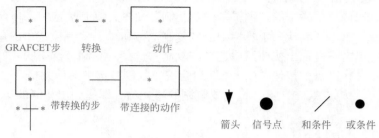

图10-16　绘制工具

（1）GRAFCET 步

GRAFCET 步是长方形与文本的组合体，绘制步骤如下：

① 选择菜单栏中的"插入"→"流程图"→"GRAFCET"→"步"命令，或者单击"图形"工具栏中的"GRAFCET 步"按钮，这时光标变成交叉形状并附带步符号。

图10-17　绘制 GRAFCET 步

② 移动光标到需要放置"GRAFCET 步"的起点处，单击确定 GRAFCET 步的位置，单击右键选择"取消操作"命令或按"Esc"键，GRAFCET 步绘制完毕，退出当前 GRAFCET 步的绘制，如图 10-17 所示。

（2）设置 GRAFCET 步属性

双击 GRAFCET 步，系统弹出"对象选择"对话框，如图 10-18 所示，显示步由文本和长方形组成，选择"文本"选项，弹出"属性（文本）"对话框，如图 10-19 所示，设置文本属性与内容；选择"长方形"选项，弹出"属性（长方形）"对话框，在该对话框中可以对坐标、线宽、类型和长方形的颜色等属性进行设置，如图 10-20 所示。完成属性设置的 GRAFCET 步如图 10-21 所示。

图10-18　"对象选择"对话框　　图10-19　"属性（文本）"对话框　　图10-20　"属性（长方形）"对话框

（3）箭头

① 选择菜单栏中的"插入"→"流程图"→"箭头"命令，或者单击"图形"工具栏中的（箭头）按钮，这时光标变成交叉形状并附带步符号。

② 移动光标到需要放置箭头的起点处，单击确定箭头的位置，单击右键选择"取消操作"命令或按"Esc"键，箭头绘制完毕，退出当前箭头的绘制，如图 10-22 所示。

图10-21　GRAFCET步

（4）设置箭头属性

双击箭头，系统弹出"对象选择"对话框，如图 10-23 所示，显示步由折线和直线组成。

图10-22　绘制箭头

图10-23　"对象选择"对话框

10.3.4　实例——三台电动机顺序启动控制电路的工序图

扫一扫　看视频

某设备有三台电动机，控制要求是：按下启动按钮，第一台电动机 M1 启动；运行 5s 后，第二台电动机启动；M2 运行 15s 后，第三台电动机 M3 启动；按下停止按钮，三台电动机全部停机。

工序图是工作过程按一定步骤有序动作的图形，是一种通用的技术语言。本节讲解如何绘制三台电动机顺序启动控制电路的工序图。

（1）创建项目

选择菜单栏中的"项目"→"新建"命令，或单击"默认"工具栏中的 （新项目）按钮，弹出如图 10-24 所示的对话框，在"项目名称"文本框下输入创建新的项目名称"Sequential Starting Control Circuit"，在"保存位置"文本框下选择项目文件的路径，在"模板"下拉列表中选择默认国家标准项目模板"GB_tpl001.ept"。

单击"确定"按钮，显示项目创建进度对话框，如图 10-25 所示，进度条完成后，弹出"项目属性"对话框，显示当前项目的图纸的参数属性。默认"属性名 - 数值"列表中的参数，如图 10-26 所示，单击"确定"按钮，关闭对话框，在"页"导航器中显示创建的空白新项目"Motor Sequential Starting Control Circuit.elk"，如图 10-27 所示。

图10-24　"创建项目"对话框

图10-25　进度对话框

（2）图页的创建

① 在"页"导航器中选中项目名称"Motor Sequential Starting Control Circuit.elk"，选择菜单栏中的"页"→"新建"命令，或在"页"导航器中选中的项目名称上单击右键，选择"新建"命令，弹出如图 10-28 所示的"新建页"对话框。

② 在该对话框中"完整页名"文本框内输入电路图页名称，默认名称为"/1"，弹出如图 10-29 所示的"完整页名"对话框，设置高层代号与位置代号，得到完整的页名。从"页类型"

下拉列表中选择需要页的类型。在"页类型"下拉列表中选择"多线原理图（交互式）"，"页描述"文本框输入图纸描述"工序图"，完成设置的对话框如图 10-30 所示。

图10-26　"项目属性"对话框

图10-27　空白新项目

图10-28　"新建页"对话框

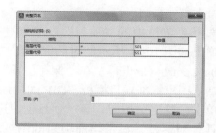

图10-29　"完整页名"对话框

③ 单击"确定"按钮，完成图页添加，在"页"导航器中显示添加原理图页结果，进入原理图编辑环境，如图 10-31 所示。

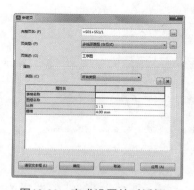

图10-30　完成设置的对话框

图10-31　新建图页文件

（3）绘制步

① 绘制带转换的 GRAFCET 步。

a. 选择菜单栏中的"插入"→"流程图"→"GRAFCET"→"带转换的步"命令，或者单击"图形"工具栏中的"带转换的 GRAFCET 步"按钮，这时光标变成交叉形状并附带转换的 GRAFCET 步符号。

b. 单击确定带转换的 GRAFCET 步的位置，单击右键选择"取消操作"命令或按"Esc"键，带转换的 GRAFCET 步绘制完毕，退出当前带转换的 GRAFCET 步的绘制，如图 10-32 所示。

② 绘制 GRAFCET 步。

a. 选择菜单栏中的"插入"→"流程图"→"GRAFCET"→"步"命令，或者单击"图形"工具栏中的"GRAFCET 步"按钮，这时光标变成交叉形状并附带步符号。

b. 移动光标到需要放置"GRAFCET 步"的起点处，单击确定 GRAFCET 步的位置，单击右键选择"取消操作"命令或按"Esc"键，GRAFCET 步绘制完毕，退出当前 GRAFCET 步的绘制，如图 10-33 所示。

③ 绘制带连接的 GRAFCET 动作。

a. 选择菜单栏中的"插入"→"流程图"→"GRAFCET"→"带连接的动作"命令，或者单击"图形"工具栏中的"带连接的 GRAFCET 动作"按钮，这时光标变成交叉形状并附带连接的 GRAFCET 动作。

b. 单击确定带连接的 GRAFCET 动作的位置，单击右键选择"取消操作"命令或按"Esc"键，带连接的 GRAFCET 动作绘制完毕，退出当前带连接的 GRAFCET 动作的绘制，如图 10-34 所示。

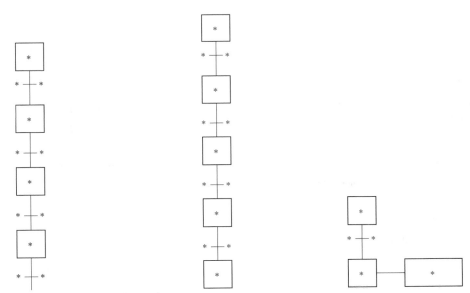

图10-32 绘制带转换的GRAFCET步　　**图10-33** 绘制GRAFCET步　　**图10-34** 绘制带连接的GRAFCET动作

④ 同样的方法继续放置带连接的 GRAFCET 动作、GRAFCET 步，工序图结构绘制结果如图 10-35 所示。

⑤ 双击带连接的 GRAFCET 动作，弹出"对象选择"对话框，如图 10-36 所示，选择"长方形"，弹出"属性（长方形）"对话框，设置动作长方形的宽度，如图 10-37 所示。放置的步或动作的长方形根据文字大小可以自动加大长方形宽度，也可自行设置，结果如图 10-38 所示。

（4）输入文本

双击带连接的 GRAFCET 动作或步，弹出"对象选择"对话框，如图 10-39 所示，选择"文本"，弹出"属性（文本）"对话框，输入步或动作中文本内容及文本的高度，如图 10-40 所示。

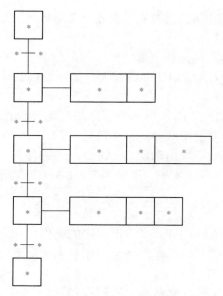

图10-35 绘制工序图结构

图10-36 "对象选择"对话框

图10-37 "属性（长方形）"对话框

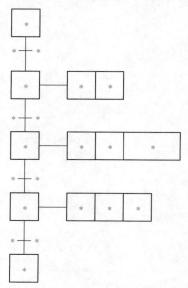

图10-38 长方形设置结果

图10-39 "对象选择"对话框

图10-40 "属性（文本）"对话框

步及动作是文本、长方形及直线的组合，绘制过程中，遇到多余的文本无法删除的情况，需要取消对象的组合。

选择菜单栏中的"编辑"→"其他"→"取消组合"命令，取消选中组合，分开对象，删除多余文本。文本输入结果如图 10-41 所示。

（5）绘制箭头

①选择菜单栏中的"插入"→"流程图"→"箭头"命令，或者单击"图形"工具栏中的"箭头"按钮，这时光标变成交叉形状并附带步符号。

②移动光标到工序下的转换定点，放置箭头，单击确定箭头的位置，单击右键选择"取消操作"命令或按"Esc"键，箭头绘制完毕，退出当前箭头的绘制，如图 10-42 所示。

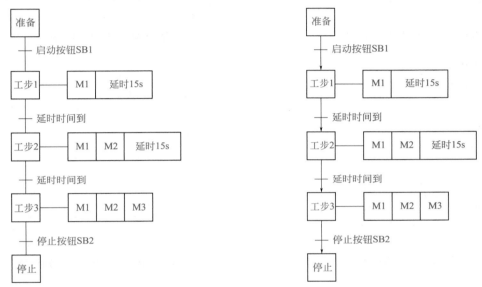

图10-41　文本设置结果　　　　　　　　图10-42　绘制箭头

从工序图可以看出，整个工作过程依据电动机的工作状况分成若干个工步，工步之间的转换需要满足特定条件。

10.4
操作实例——绘制图框

扫一扫 看视频

10.4.1　打开项目

选择菜单栏中的"项目"→"打开"命令，弹出如图 10-43 所示的对话框，选择项目文件的路径，打开项目文件"Auto Production Line.elk"，如图 10-44 所示。

10.4.2　创建图框

选择菜单栏中的"工具"→"主数据"→"图框"→"新建"命令，如图 10-45 所示，弹出"创建图框"对话框，新建一个名为"新图框1"的图框，如图 10-46 所示。单击"保存"按钮，在"页"导航器中显示创建的新图框 1，并自动进入图框编辑环境，如图 10-47 所示。

图10-43 "打开项目"对话框

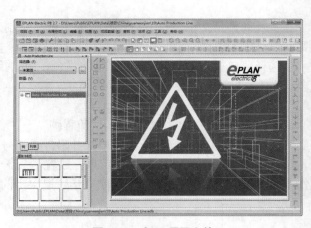

图10-44 打开项目文件

图10-45 菜单命令

图10-46 "创建图框"对话框

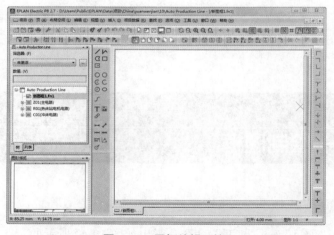

图10-47 图框编辑环境

10.4.3 绘制图框

①选择菜单栏中的"插入"→"图形"→"长方形"命令，或者单击"图形"工具栏中的"长方形"按钮□，这时光标变成交叉形状并附带长方形符号□。

②移动光标到需要放置"长方形"的起点处，单击确定长方形的角点，再次单击确定另一个

角点，绘制两个嵌套的任意大小的矩形，单击右键选择"取消操作"命令或按"Esc"键，长方形绘制完毕，退出当前长方形的绘制，内外图框如图 10-48 所示。

③ 双击外侧的长方形图框，弹出"属性（长方形）"对话框，在"格式"选项卡下设置长方形的起点与终点坐标，如图 10-49 所示。外图框属性：起点为 0mm，0mm；终点为 420mm，297mm。内图框属性：起点为 5mm，5mm；终点为 415mm，292mm。同样的方法，设置外图框大小，设置结果如图 10-50 所示。

| 图10-48 长方形绘制 | 图10-49 "属性（长方形）"对话框 | 图10-50 图框大小 |

10.4.4 定义栅格

默认的栅格间距太小，为了放置文本时能保证精确的位置，下面介绍如何重新定义栅格。

① 选择菜单栏中的"选项"→"设置"命令，或单击"默认"工具栏中的"设置"按钮 ，系统弹出"设置"对话框，选择"用户"→"图形的编辑"→"2D"，打开二维图形编辑环境的设置界面，修改默认栅格，如图 10-51 所示。

② 定义列间距：420/10=42；定义行间距：297/6=49.5。位置文本需要放置在中间，因此栅格间距为间距除以 2，列间距：42/2=21；行间距：49.5/2=24.75。即定义栅格 A 为 21mm，栅格 B 为 24.75mm，栅格修改结果如图 10-52 所示。

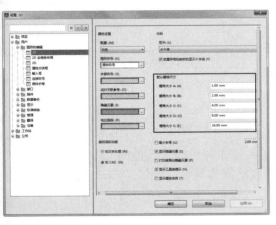

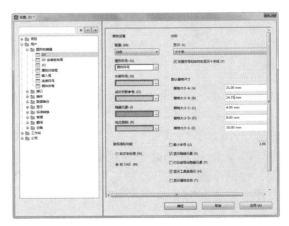

| 图10-51 "2D"选项卡 | 图10-52 设置栅格 |

③ 单击"确定"按钮，关闭对话框，完成栅格修改。单击"视图"工具栏中的"栅格"按钮 ，或按"Ctrl+Shift+F6"快捷键，打开栅格，如图 10-53 所示。

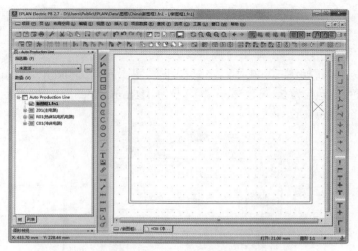

图10-53 定义栅格

10.4.5 插入位置文本

（1）插入列号

单击工具栏中⊞按钮，显示栅格 A，插入列号。

① 选择菜单栏中的"插入"→"特殊文本"→"列文本"命令，弹出"属性（特殊文本）：列文本"对话框，如图 10-54 所示，显示列文本属性，单击"确定"按钮，完成设置，关闭对话框，这时光标变成交叉形状并附带文本符号₊**T**，移动光标到需要放置文本的位置处，单击鼠标左键，完成当前文本放置，如图 10-55 所示。

图10-54 "属性（特殊文本）：列文本"对话框

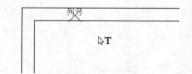

图10-55 放置位置文本

② 此时鼠标仍处于绘制文本的状态，重复步骤①的操作即可放置其他的文本，捕捉栅格放置，每两个栅格间距放置一个列号，单击右键选择"取消操作"命令或按"Esc"键，便可退出操作。工作区列文本显示如图 10-56 所示。

（2）插入行号

单击工具栏中⊞按钮，显示栅格 B，插入列号。

① 选择菜单栏中的"插入"→"特殊文本"→"行文本"命令，弹出"属性（特殊文本）：行文本"对话框，如图 10-57 所示，显示行文本属性，单击"确定"按钮，完成设置，关闭对话框，这时光标变成交叉形状并附带文本符号₊**T**，移动光标到需要放置文本的位置处，单击鼠标左

键，完成当前文本放置，如图 10-58 所示。

② 此时鼠标仍处于绘制文本的状态，重复步骤①的操作即可放置其他的文本，捕捉栅格放置，每两个栅格间距放置一个行号，单击右键选择"取消操作"命令或按"Esc"键，便可退出操作。工作区行文本显示如图 10-59 所示。

（3）调整位置

观察位置文本放置结果发现，因为定义的栅格过大，捕捉位置不精确，行号与列号的位置文本放置的位置不在内外边框的中间，可以重新设置栅格 A、B 的间距大小，也可切换使用栅格 C、栅格 D、栅格 E。

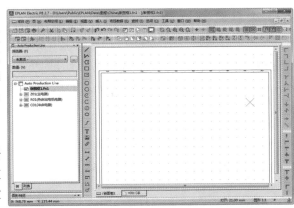

图10-56　放置列号

选择菜单栏中的"选项"→"设置"命令，或单击"默认"工具栏中的"设置"按钮，系统弹出"设置"对话框，选择"用户"→"图形的编辑"→"2D"，还原默认栅格格 A、B 的间距大小。

将光标框选列号，按住鼠标左键不放，拖动鼠标，到达内外边框的中间位置后，释放鼠标左键，列号即被移动到当前光标的位置。用同样的方法移动行号，结果如图 10-60 所示。

图10-57　"属性（特殊文本）：行文本"对话框

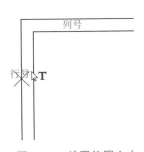

图10-58　放置位置文本

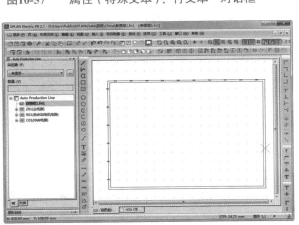

图10-59　放置行号

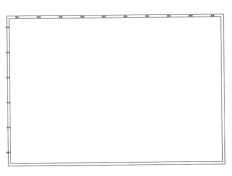

图10-60　调整位置文本位置

10.4.6 创建标题栏宏

① 选择菜单栏中的"页"→"导入"→"DXF/DWG 文件"命令，弹出"DXF/DWG 文件选择"对话框，导入 DXF/DWG 文件"A4 样板图 .dwg"，如图 10-61 所示。

② 单击"打开"按钮，弹出"DXF-/DWG 导入"对话框，在"源"下拉列表中显示要导入的图纸，默认配置信息，如图 10-62 所示，单击"确定"按钮，关闭该对话框，弹出"指定页面"对话框，确认导入的 DXF/DWG 文件复制的图纸页名称，如图 10-63 所示。完成设置后，单击"确定"按钮，完成 DXF/DWG 文件的导入，结果如图 10-64 所示。

图10-61　"DXF/DWG文件选择"对话框

图10-62　"DXF-/DWG导入"对话框

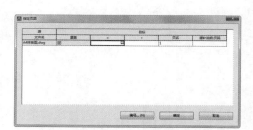

图10-63　"指定页面"对话框

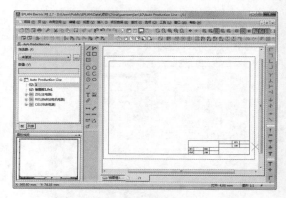

图10-64　导入DXF/DWG文件

③ 框选选中图中所示的标题栏部分，如图 10-65 所示，选择菜单栏中的"编辑"→"创建窗口宏 / 符号宏"命令，或在选中电路上单击鼠标右键选择"创建窗口宏 / 符号宏"命令，或按"Ctrl+5"键，系统弹出如图 10-66 所示的宏"另存为"对话框，在"目录"文本框中输入宏目录，在"文件名"文本框中输入宏名称"NTL.ema"，单击"确定"按钮，在设置的目录下创建宏文件。

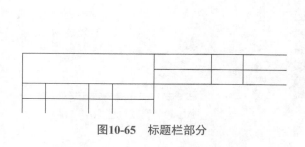

图10-65　标题栏部分

图10-66　"另存为"对话框

10.4.7 插入标题栏

标题栏用来确定图纸的名称、图号、张次、更改和有关人员签署等内容，位于图纸的下方或右下方，也可放在其他位置。图纸的说明、符号均应以标题栏的文字方向为准。

我国没有统一规定标题栏的格式，通常标题栏格式包含内容有设计单位、工程名称、项目名称、图名、图别、图号等。

① 选择菜单栏中的"插入"→"窗口宏/符号宏"命令，或按"M"键，系统弹出如图10-67所示的宏"选择宏"对话框，在目录下选择创建的"NTL.ema"宏文件。

图10-67 "选择宏"对话框

② 单击"打开"命令，此时光标变成交叉形状并附加选择的宏符号，如图10-68所示，将光标移动到需要插入宏的位置上，在原理图中单击鼠标左键确定插入标题栏，按右键"取消操作"命令或"Esc"键即可退出该操作，将标题栏插入到图框的右下角，如图10-69所示。

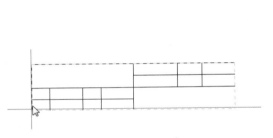

图10-68 显示标题栏符号

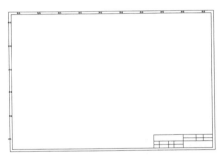

图10-69 插入标题栏

③ 选择菜单栏中的"插入"→"特殊文本"→"页属性"命令，弹出"属性（特殊文本）：页属性"对话框，如图10-70所示，单击 ... 按钮，弹出"属性选择"对话框，选择"页号"，如图10-71所示，单击"确定"按钮，返回"属性（特殊文本）：页属性"对话框，显示加载的属性。单击"确定"按钮，完成设置，关闭对话框，这时光标变成交叉形状并附带属性符号，移动光标到需要放置属性的位置处，单击鼠标左键，完成当前属性放置，如图10-72所示。

图10-70 "属性（特殊文本）：页属性"对话框

图10-71 "属性选择"对话框

④ 同样的方法，在标题栏中放置"页名（完整）"属性，至此，新图框绘制完成，结果如图 10-73 所示。

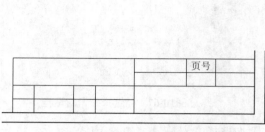

图10-72　放置页号

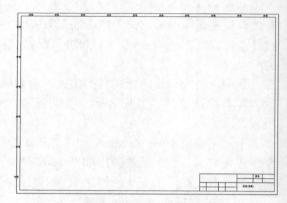

图10-73　绘制新图框

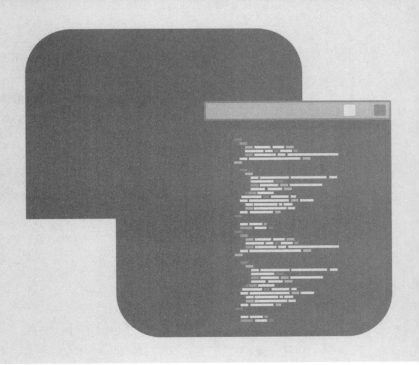

第11章

PLC设计

电气控制随着科学技术水平的不断提高及生产的工艺的不断完善而迅速发展。电气控制的发展经历了从最早的手动控制到自动控制，从简单控制设备到复杂控制系统。PLC 控制系统由于其功能强大、简单易用，在机械、放置、冶金、化工等行业应用越来越广泛。

在 EPLAN 中的数据交换支持新的 PLC 类型，按照规划，将来不同的软件、硬件、软硬件都能够进行数据的互联互通，它们之间的通信规范由 OPC UA 协议来完成［OPC UA（OPC Unified Architecture）是工业自动化领域的通信协议，由 OPC 基金会管理］。

11.1
PLC设计基础

可编程控制器（Programmable Controller）原本应简称 PC，为了与个人计算机专称 PC 相区别，所以可编程控制器简称定为 PLC（Programmable Logic Controller），但并非说 PLC 只能控制逻辑信号。PLC 是专门针对工业环境应用设计的，自带直观、简单并易于掌握编程语言环境的工业现场控制装置。

11.1.1 PLC系统的组成

PLC 有着与计算机类似的结构，由硬件系统和软件系统两大部分组成，三菱公司的 PLC 如图 11-1 所示。

PLC 基本组成包括中央处理器（CPU）、存储器、输入 / 输出接口（缩写为 I/O，包括输入接口、输出接口、外部设备接口、扩展接口等）、外部设备编程器及电源模块组成，如图 11-2 所示。PLC 内部各组成单元之间通过电源总线、控制总线、地址总线和数据总线连接，外部则根据实际控制对象配置相应设备与控制装置构成 PLC 控制系统。

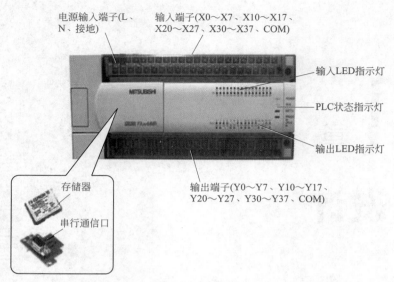

电源输入端子(L、N、接地)

输入端子(X0~X7、X10~X17、X20~X27、X30~X37、COM)

输入LED指示灯

PLC状态指示灯

输出LED指示灯

存储器

串行通信口

输出端子(Y0~Y7、Y10~Y17、Y20~Y27、Y30~Y37、COM)

图11-1 PLC外形

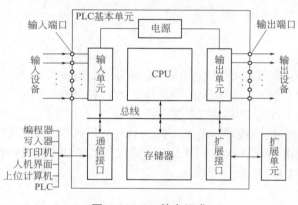

图11-2 PLC基本组成

（1）中央处理器

中央处理器（CPU）由控制器、运算器和寄存器组成并集成在一个芯片内。CPU 通过数据总线、地址总线、控制总线和电源总线与存储器、输入 / 输出接口、编程器和电源相连接。

小型 PLC 的 CPU 采用 8 位或 16 位微处理器或单片机，如 8031、M68000 等，这类芯片价格很低；中型 PLC 的 CPU 采用 16 位或 32 位微处理器或单片机，如 8086、96 系列单片机等，这类芯片主要特点是集成度高、运算速度快且可靠性高；而大型 PLC 则需采用高速位片式微处理器。

CPU 按照 PLC 内系统程序赋予的功能指挥 PLC 控制系统完成各项工作任务。

（2）存储器

PLC 内的存储器主要用于存放系统程序、用户程序和数据等。

① 系统程序存储器。PLC 系统程序决定了 PLC 的基本功能，该部分程序由 PLC 制造厂家编写并固化在系统程序存储器中，主要有系统管理程序、用户指令解释程序和功能程序与系统程序调用等部分。

系统管理程序主要控制 PLC 的运行，使 PLC 按正确的次序工作，用户指令解释程序将 PLC 的用户指令转换为机器语言指令，传输到 CPU 内执行；功能程序与系统程序调用则负责调用不同的功能子程序及其管理程序。

系统程序属于需长期保存的重要数据，所以其存储器采用 ROM 或 EPROM。ROM 是只读存储器，该存储器只能读出内容，不能写入内容。ROM 具有非易失性，即电源断开后仍能保存已存储的内容。

EPROM 为可电擦除只读存储器，须用紫外线照射芯片上的透镜窗口才能擦除已写入内容，可电擦除可编程只读存储器还有 E^2PROM、FLASH ROM 等。

② 用户程序存储器。用户程序存储器用于存放用户载入的 PLC 应用程序，载入初期的用

户程序因需修改与调试，所以称为用户调试程序，存放在可以随机读写操作的随机存取存储器 RAM 内以方便用户修改与调试。

通过修改与调试后的程序称为用户执行程序，由于不需要再作修改与调试，故用户执行程序就被固化到 EPROM 内长期使用。

③ 数据存储器。PLC 运行过程中需生成或调用中间结果数据（如输入 / 输出元件的状态数据、定时器、计数器的预置值和当前值等）和组态数据（如输入 / 输出组态、设置输入滤波、脉冲捕捉、输出表配置、定义存储区保持范围、模拟电位器设置、高速计数器配置、高速脉冲输出配置、通信组态等），这类数据存放在工作数据存储器中，由于工作数据与组态数据不断变化，且不需要长期保存，故采用随机存取存储器 RAM。

RAM 是一种高密度、低功耗的半导体存储器，可用锂电池作为备用电源，一旦断电就可通过锂电池供电，保持 RAM 中的内容。

（3）接口

输入 / 输出接口是 PLC 与工业现场控制或检测元件和执行元件连接的接口电路。PLC 的输入接口有直流输入、交流输入、交直流输入等类型；输出接口有晶体管输出、晶闸管输出和继电器输出等类型。晶体管和晶闸管输出为无触点输出型电路，晶体管输出型用于高频小功率负载，晶闸管输出型用于高频大功率负载；继电器输出为有触点输出型电路，用于低频负载。

（4）编程器

编程器作用是将用户编写的程序下载至 PLC 的用户程序存储器，并利用编程器检查、修改和调试用户程序，监视用户程序的执行过程，显示 PLC 状态、内部器件及系统的参数等。

目前 PLC 制造厂家大都开发了计算机辅助 PLC 编程支持软件，当个人计算机安装了 PLC 编程支持软件后，可用作图形编程器，进行用户程序的编辑、修改，并通过个人计算机和 PLC 之间的通信接口实现用户程序的双向传送、监控 PLC 运行状态等。

（5）电源

PLC 的电源将外部供给的交流电转换成供 CPU、存储器等所需的直流电，是整个 PLC 的能源供给中心。PLC 大都采用高质量的工作稳定性好、抗干扰能力强的开关稳压电源，许多 PLC 电源还可向外部提供直流 24V 稳压电源，用于向输入接口上的接入电气元件供电，从而简化外围配置。

11.1.2 PLC 工作过程

PLC 上电后，在系统程序的监控下周而复始地按一定的顺序对系统内部的各种任务进行查询、判断和执行等，如图 11-3 所示。

（1）上电初始化

PLC 上电后，首先对系统进行初始化，包括硬件初始化、I/O 模块配置检查、停电保持范围设定及清除内部继电器、复位定时器等。

（2）CPU 自诊断

在每个扫描周期须进行自诊断，通过自诊断对电源、PLC 内部电路、用户程序的语法等进行检查，一旦发现异常，CPU 使异常继电器接通，PLC 面板上的异常指示灯 LED 亮，内部特殊寄存器中存入出错代码并给出故障显示标志。如果不是致命错误则进入 PLC 的停止（STOP）状态；如果是致命错误，则 CPU 被强制停止，等待错误排除后才转入 STOP 状态。

（3）与外部设备通信

与外部设备通信阶段，PLC 与其他智能装置、编程器、终端设备、彩色图形显示器、其他 PLC 等进行信息交换，然后进行 PLC 工作状态的判断。

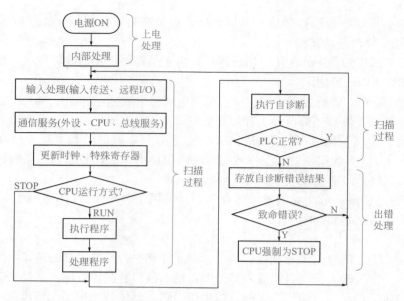

图11-3　PLC工作过程

PLC 有 STOP 和 RUN 两种工作状态，如果 PLC 处于 STOP 状态，则不执行用户程序，将通过与编程器等设备交换信息，完成用户程序的编辑、修改和调试任务；如果 PLC 处于 RUN 状态，则将进入扫描过程，执行用户程序。

（4）扫描过程

以扫描方式把外部输入信号的状态存入输入映像区，再执行用户程序，并将执行结果输出存入输出映像区，直到传送到外部设备。

PLC 上电后周而复始地执行上述工作过程，直至断电停机。

11.1.3　PLC 设计方式

在 EPLAN 中，可以有三种不同的方式来设计 PLC：基于地址点（Address-oriented）、基于板卡（DT-oriented）、基于通道。这三种设计方法无本质区别，区别在于有的是调取符号，有的是调用宏。差异在于，可以选择逐点放置，也可以自定义通道（有点类似于将 PLC 点分组，一个组一个组地放置），或者整个模块一下子放到页面上。

（1）基于地址点

顾名思义，基于地址点是在设计时逐点地使用 PLC 系统的 I/O 点。有一些公司（尤其是在项目较大的情况下）比较倾向于将 PLC 的点拆分开，将控制部分图纸与主回路放在一起，阅读图纸的时候无须来回地翻看。

（2）基于板卡

基于板卡指的是在设计时，把 I/O 板卡定义为宏，在设计时通过插入或拖放宏来完成设计。比如 6ES7-321-1BH02-0AA0，它有 16 个地址点，可以根据习惯，创建两个（推荐每页 8 个点）或一个（每页 16 个点）的宏文件，在导航器中预置了这个设备后，通过两次的拖放，完成两个宏的放置。这种形式的设计就叫基于板卡。这种将 PLC 板卡按 4 点 /8 点 /12 点 /16 点的形式批量放置，相对"基于地址点"来说，绘制图纸的速度显然更快，而且图纸更易读懂，许多公司以此种方式进行图纸表达和绘制。

（3）基于通道

在 PLC 系统中，一个通道通常指的是输入 / 输出模块的一个信号传输路径，PLC 会为它们分配地址。对于数字量，通常一个 DI 或 DO 地址点是一个通道；而对于模拟量，则可能是两个 AI/AO 地址点组成一个通道。

在 EPLAN 中，引入"基于通道"的设计时，除了地址点，也可以将电源点与地址点定义到一个通道中，比如 ET200 模块，在绘制原理图时应该包含电源（+）、电源（-）和地址点，可以为这三个点设置相同的"通道代号"，它们就成为一个通道。在 PLC 导航器中预置了 PLC 设备后，就可以按照通道的形式拖放，完成原理图绘制。

11.2
新建 PLC

EPLAN 中的 PLC 管理可以与不同的 PLC 配置程序进行数据交换，可以分开管理多个 PLC 系统，可以为 PLC 连接点重新分配地址，可以与不同的 PLC 配置程序交换总线系统 PLC 控制系统的配置数据。

在原理图编辑环境中，有专门的 PLC 命令与工具栏，如图 11-4 所示，各种 PLC 按钮与菜单中的各项 PLC 命令具有对应的关系。EPLAN 中使用 PLC 盒子和 PLC 连接点来表达 PLC。

- ：用于创建 PLC 盒子。
- ：用于创建 PLC 连接点，数字输入。
- ：用于创建 PLC 连接点，数字输出。
- ：用于创建 PLC 连接点，模拟输入。
- ：用于创建 PLC 连接点，模拟输出。
- ：用于创建 PLC 卡电源。

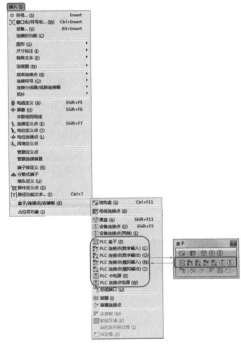

图11-4　PLC工具

11.2.1　创建 PLC 盒子

在原理图中绘制各种 PLC 盒子，描述 PLC 系统的硬件表达。

（1）插入 PLC 盒子

选择菜单栏中的"插入"→"盒子连接点/连接板/安装板"→"PLC 盒子"命令，或单击"盒子"工具栏中的"PLC 盒子"按钮，此时光标变成交叉形状并附加一个 PLC 盒子符号。

将光标移动到需要插入 PLC 盒子的位置上，移动光标，选择 PLC 盒子的插入点，单击确定 PLC 盒子的角点，再次单击确定另一个角点，确定插入 PLC 盒子，如图 11-5 所示。此时光标仍处于插入 PLC 盒子的状态，重复上述操作可以继续插入其他的 PLC 盒子。PLC 盒子插入完毕，按右键"取消操作"命令或"Esc"键即可退出该操作。

（2）设置 PLC 盒子的属性

在插入 PLC 盒子的过程中，用户可以对 PLC 盒子的

图11-5　插入PLC盒子

属性进行设置。双击 PLC 盒子或在插入 PLC 盒子后，弹出如图 11-6 所示的 PLC 盒子属性设置对话框，在该对话框中可以对 PLC 盒子的属性进行设置。

① 在"显示设备标识符"中输入 PLC 盒子的编号，PLC 盒子名称可以是信号的名称，也可以自己定义。

② 打开"符号数据 / 功能数据"选项卡，如图 11-7 所示，显示 PLC 盒子的符号数据，在"编号 / 名称"文本框中显示 PLC 盒子编号名称，单击 ... 按钮，弹出"符号选择"对话框，在符号库中重新选择 PLC 盒子符号，如图 11-8 所示，单击"确定"按钮，返回电缆属性设置对话框。显示选择名称后的 PLC 盒子，如图 11-9 所示。完成名称选择后的 PLC 盒子显示结果如图 11-10 所示。

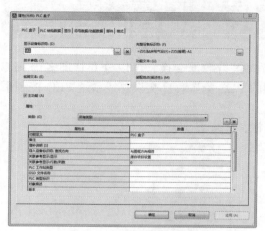

图11-6　PLC盒子属性设置对话框

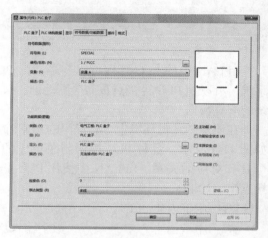

图11-7　"符号数据/功能数据"选项卡

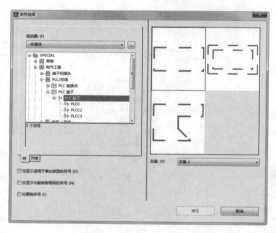

图11-8　"符号选择"对话框

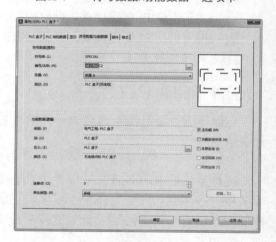

图11-9　设置PLC盒子编号

图11-10　修改后的PLC盒子

③ 打开"部件"选项卡，如图 11-11 所示，显示 PLC 盒子中已添加部件。在左侧"部件编号 - 件数 / 数量"列表中显示添加的部件。单击空白行"部件编号"中的"…"按钮，系统弹出如图 11-12 所示的"部件选择"对话框，在该对话框中显示部件管理库，可浏览所有部件信息，为元件符号选择正确的元件，结果如图 11-13 所示。

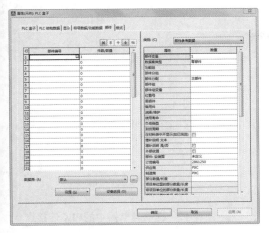

图11-11 "部件"标签

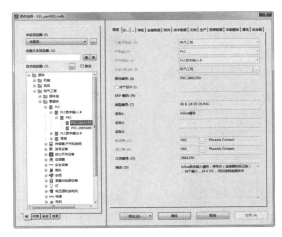

图11-12 "部件选择"对话框

11.2.2 PLC导航器

选择菜单栏中的"项目数据"→"PLC"→"导航器"命令，打开"PLC"导航器，如图11-14所示，包括"树"标签与"列表"标签。在"树"标签中包含项目所有PLC的信息，在"列表"标签中显示配置信息。

在选中的PLC盒子上单击鼠标右键，弹出如图11-15所示的快捷菜单，提供新建和修改PLC的功能。

① 选择"新建"命令，弹出"部件选择"对话框，选择PLC型号，创建一个新的PLC，如图11-16所示，也可以选择一个相似的PLC执行复制命令，进行修改而达到新建PLC的目的。

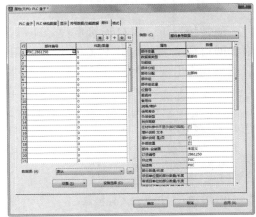

图11-13 选择部件

(a) 选型前　　　　　　　(b) 选型后

图11-14 "PLC"导航器

② 直接将"PLC"导航器中的PLC连接点拖动到PLC盒子上，直接完成PLC连接点的放置，如图11-17所示。若需要插入多个连接点，选择第一个连接点+"Shift"键+最后一个连接点，拖住最后一个连接点放入原理图中即可。

图11-15　快捷菜单

图11-16　新建PLC

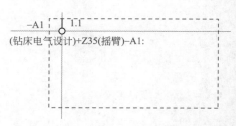

图11-17　拖动导航器中的PLC连接点

11.2.3　PLC连接点

通常情况下，PLC连接点代号在每张卡中仅允许出现一次，而在PLC中可多次出现。如果附加通过插头名称区分PLC连接点，则连接点代号允许在一张卡中多次出现。连接点描述每个通道只允许出现一次，而每个卡可出现多次。卡电源可具有相同的连接点描述。

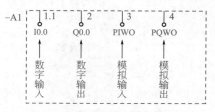

图11-18　常用的PLC连接点

在实际设计中常用的PLC连接点有以下几种，如图11-18所示。

① PLC数字输入（DI）。
② PLC数字输出（DO）。
③ PLC模拟输入（AI）。
④ PLC模拟输出（AO）。
⑤ PLC连接点：多功能（可编程的I/O点）。
⑥ PLC端口和网络连接点。

（1）PLC数字输入

选择菜单栏中的"插入"→"盒子连接点/连接板/安装板"→"PLC连接点（数字输入）"命令，或单击"盒子"工具栏中的"PLC连接点（数字输入）"按钮 ，此时光标变成交叉形状并附加一个"PLC连接点（数字输入）"符号 。将光标移动到PLC盒子边框上，移动光标，单击鼠标左键确定PLC连接点（数字输入）的位置，如图11-19所示。此时光标仍处于放置PLC连接点（数字输入）的状态，重复上述操作可以继续放置其他的PLC连接点（数字输入）。PLC连接点（数字输入）放置完毕，按右键"取消操作"命令或"Esc"键即可退出该操作。

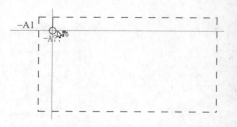

图11-19　放置PLC连接点（数字输入）

在光标处于放置PLC连接点（数字输入）的状态时按"Tab"键，旋转PLC连接点（数字输入）符号，变换PLC连接点（数字输入）模式。

（2）设置PLC连接点（数字输入）的属性

在插入PLC连接点（数字输入）的过程中，用户可以对PLC连接点（数字输入）的属性进行设置。双击PLC连接点（数字输入）或在插入PLC连接点（数字输入）后，弹出如图11-20所示的PLC连接点（数字输入）属性设置对话框，在该对话框中可以对PLC连接点（数字输入）的属性进行设置。

① 在"显示设备标识符"中输入 PLC 连接点（数字输入）的编号。单击 按钮，弹出如图 11-21 所示的"设备标识符"对话框，在该对话框中选择 PLC 连接点（数字输入）的标识符，完成选择后，单击"确定"按钮，关闭对话框，返回 PLC 连接点（数字输入）属性设置对话框。

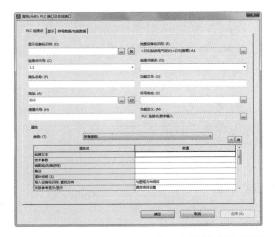

图11-20　PLC连接点（数字输入）属性设置对话框

图11-21　"设备标识符"对话框

② 在"连接点代号"文本框中自动输入 PLC 连接点（数字输入）连接代号 1.1。

③ 在"地址"文本框中自动显示地址 I0.0。其中，PLC（数字输入）地址以 I 开头，PLC 连接点（数字输出）地址以 Q 开头，PLC 连接点（模拟输入）地址以 PIW 开头，PLC 连接点（模拟输出）地址以 PQW 开头。选择菜单栏中的"项目数据"→"PLC"→"地址 / 分配列表"命令，弹出如图 11-22 所示的"地址 / 分配列表"对话框，通过将为编程准备的 I/O 列表直接复制到对应位置，也可以通过"附件"按钮中的"导入分配列表"和"导出分配列表"命令，和不同的 PLC 系统交换数据。导出文件可以有多种格式，如图 11-23 所示。

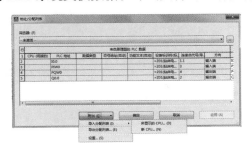

图11-22　"地址/分配列表"对话框

图11-23　放置PLC连接点（数字输入）

PLC 连接点（数字输出）、PLC 连接点（模拟输入）、PLC 连接点（模拟输出）的插入方法与 PLC（数字输入）相同，这里不再赘述。

11.2.4　PLC电源和PLC卡电源

在 PLC 设计中，为避免传感器故障对 PLC 本体的影响，确保安全回路切断 PLC 输出端时 PLC 通信系统仍然能够正常工作，把 PLC 电源和通道电源分开供电。

（1）PLC 卡电源

为 PLC 卡供电的电源称为 PLC 卡电源。

选择菜单栏中的"插入"→"盒子连接点/连接板/安装板"→"PLC卡电源"命令，或单击"盒子"工具栏中的"PLC卡电源"按钮 ，此时光标变成交叉形状并附加一个 PLC 卡电源符号 。

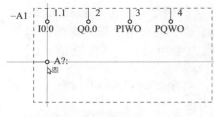

图11-24　放置PLC卡电源

将光标移动到 PLC 盒子边框上，移动光标，单击鼠标左键确定 PLC 卡电源的位置，如图 11-24 所示。此时光标仍处于放置 PLC 卡电源的状态，重复上述操作可以继续放置其他的 PLC 卡电源。PLC 卡电源放置完毕，按右键"取消操作"命令或"Esc"键即可退出该操作。

在光标处于放置 PLC 卡电源的状态时按"Tab"键，旋转 PLC 卡电源符号，变换 PLC 卡电源模式。

（2）设置 PLC 卡电源的属性

在插入 PLC 卡电源的过程中，用户可以对 PLC 卡电源的属性进行设置。双击 PLC 卡电源或在插入 PLC 卡电源后，弹出如图 11-25 所示的 PLC 卡电源属性设置对话框，在该对话框中可以对 PLC 卡电源的属性进行设置。

- 在"显示设备标识符"中输入PLC卡电源的编号。
- 在"连接点代号"文本框中自动输入PLC卡电源连接代号。
- 在"连接点描述"文本框中输入PLC卡电源符号，例如DC、L+、M。

结果如图 11-26 所示。

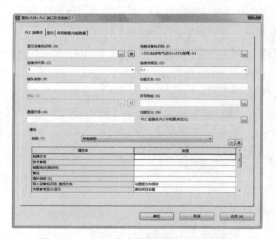

图11-25　PLC卡电源属性设置对话框

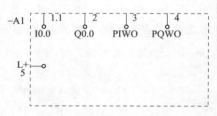

图11-26　放置PLC卡电源

（3）PLC 电源

为 PLC I/O 通道供电的电源为 PLC 连接点电源。

选择菜单栏中的"插入"→"盒子连接点/连接板/安装板"→"PLC 连接点电源"命令，或单击"盒子"工具栏中的"PLC 连接点电源"按钮，此时光标变成交叉形状并附加一个 PLC 连接点电源符号。

将光标移动到 PLC 盒子边框上，移动光标，单击鼠标左键确定 PLC 连接点电源的位置。此时光标仍处于放置 PLC 连接点电源的状态，重复上述操作可以继续放置其他的 PLC 连接点电源。PLC 连接点电源放置完毕，按右键"取消操作"命令或"Esc"键即可退出该操作。

在光标处于放置 PLC 连接点电源的状态时按"Tab"键，旋转 PLC 连接点电源符号，变换 PLC 连接点电源模式。

（4）设置 PLC 连接点电源的属性

在插入 PLC 连接点电源的过程中，用户可以对 PLC 连接点电源的属性进行设置。双击 PLC 连接点电源或在插入 PLC 连接点电源后，弹出如图 11-27 所示的PLC 连接点电源属性设置对话框，在该对话框中可以对 PLC 连接点电源的属性进行设置。

- 在“显示设备标识符”中输入PLC连接点电源的编号。
- 在“连接点代号”文本框中自动输入PLC连接点电源接代号。
- 在“连接点描述”文本框中输入PLC连接点电源，例如1M、2M。

结果如图 11-28 所示。

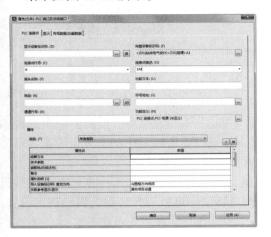

图11-27 PLC连接点电源属性设置对话框

图11-28 放置PLC连接点电源

11.2.5 创建PLC

创建 PLC 包括创建窗口宏和总览宏。

框选 PLC，选择菜单栏中的“编辑”→“创建窗口宏 / 符号宏”命令，或在选中电路上单击鼠标右键选择“创建窗口宏 / 符号宏”命令，或按“Ctrl+5”键，系统弹出如图 11-29 所示的“另存为”对话框。在“目录”文本框中输入 PLC 目录，在“文件名”文本框中输入 PLC 名称。

在“表达类型”下拉列表中显示 EPLAN 中“多线”类型。在“变量”下拉列表中可选择变量 A，勾选“考虑页比例”复选框，单击“确定”按钮，完成 PLC 窗口宏创建。

选择菜单栏中的“插入”→“窗口宏 / 符号宏”命令，或按“M”键，系统弹出如图 11-30 所示的“选择宏”对话框，在之前的保存目录下选择创建的“PLC_A2.ema”宏文件。

图11-29 “另存为”对话框

图11-30 “选择宏”对话框

单击“打开”命令，此时光标变成交叉形状并附加选择的宏符号，如图 11-31 所示，将光标移动到需要插入宏的位置上，在原理图中单击鼠标左键确定插入宏。此时系统自动弹出“插入模式”对话框，选择插入宏的标识符编号格式与编号方式，如图 11-32 所示。此时光标仍处于插入宏的状态，重复上述操作可以继续插入其他的宏。宏插入完毕，按右键"取消操作"命令或"Esc"键即可退出该操作。

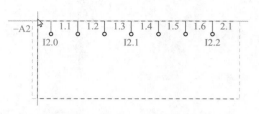

图11-31 显示宏符号

图11-32 "插入模式"对话框

可以发现，插入宏后的电路模块与原电路模块相比（如图11-33所示），仅多了一个虚线组成的边框，称之为宏边框，宏通过宏边框储存宏的信息，如果原始宏项目中的宏发生改变，可以通过宏边框来更新项目中的宏。

图11-33 插入宏后

双击宏边框，弹出如图11-34所示的宏边框属性设置对话框，在该对话框中可以对宏边框的属性进行设置，在"宏边框"选项卡下可设置插入点坐标，改变插入点位置。宏边框属性设置还包括"显示""符号数据""格式""部件数据分配"选项卡，与一般的元件属性设置类似，宏可看作是一个特殊的元件，该元件可能是多个元件和连接导线或电缆的组合，在"部件数据分配"选项卡中显示不同的元件的部件分配。如图11-35所示。

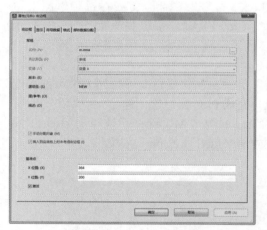

图11-34 宏边框属性设置对话框

图11-35 "部件数据分配"选项卡

11.3
PLC编址

EPLAN中对PLC编址有三种方式：地址、符号地址、通道代号。在PLC的连接点及连接点电源的属性对话框中，可以随意编辑地址，对于PLC卡电源（CPS），地址是无法输入的。

11.3.1　设置PLC编址

选择菜单栏中的"选项"→"设置"命令，弹出"设置"对话框，选择"项目"→"项目名称（NEW）"→"设备"→"PLC"选项，在"PLC相关设置"下拉列表中选择系统预设的一些PLC的编址格式，如图11-36所示。单击 ▦ 按钮，弹出"设置：PLC相关"对话框，单击 ▦ 按钮，添加特殊PLC的编址格式，如图11-37所示。

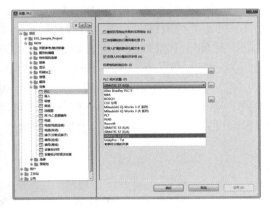

图11-36　"PLC"选项

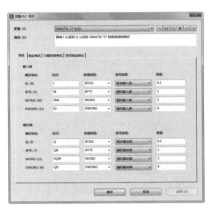

图11-37　"设置：PLC相关"对话框

11.3.2　PLC编址

选择整个项目或者在"PLC"导航器中选择需要编址的PLC，选择菜单栏中的"项目数据"→"PLC"→"编址"命令，弹出"重新确定PLC连接点地址"对话框，如图11-38所示。

在"PLC相关设置"下选择建立的PLC地址格式，勾选"数字连接点"复选框，激活"数字起始地址"选项，输入起始地址的输入端与输出端。勾选"模拟连接点"复选框，激活"模拟起始地址"选项，输入起始地址的输入端与输出端。在"排序"下拉列表中选择排序方式。

- 根据卡的设备标识符和放置（图形）：在原理图中针对每张卡根据其图形顺序对PLC连接点进行编址（只有在所有连接点都已放置时此选项才有效）。
- 根据卡的设备标识符和通道代号：针对每张卡根据通道代号的顺序对PLC连接点进行编址。

图11-38　"重新确定PLC连接点地址"对话框

- 根据卡的设备标识符和连接点代号：针对每张卡根据连接点代号的顺序对PLC连接点进行编址。此时要考虑插头名称并在连接点前排序，也就是说，连接点"-A2-1.2"在连接点"-A2-2.1"之前。

单击"确定"按钮，进行编址，结果如图11-39所示。

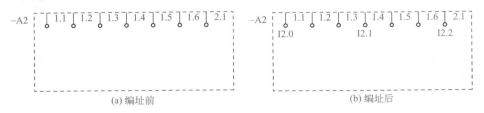

(a) 编址前　　　　　　　　　　　　(b) 编址后

图11-39　PLC编址

图11-40　"显示"选项卡

11.3.3　触点映像

触点映像是指电气图中的触点示意图，包括刀闸和公共触点，常开、常闭触点符号，用于表达电气元件的控制逻辑。在 EPLAN 中，通过线圈和触点使用相同的"显示设备标识"自动生成触点映像，触点映像包括元件上的触点映像和路径上的触点映像。

双击元件，弹出元件属性对话框，打开"显示"选项卡，在"触点映像"下拉列表中选择触点映像的三个类型，包括无、在元件、在路径，如图 11-40 所示。

单击 按钮，弹出"触点映像位置"对话框，勾选"自动排列"复选框，自动排列触点映像。不自动排列触点映像，设置该元件或该路径上触点映像的 X、Y 坐标，如图 11-41 所示。

（1）关联参考

双击元件，弹出如图 11-42 所示的属性设置对话框，打开"部件：触点映像设置"选项卡，未勾选"用户自定义"复选框，则该元件只有关联参考号，无触点映像符号，如图 11-43 所示。

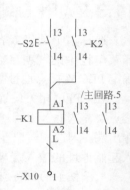

图11-41　"触点映像位置"对话框　　　图11-42　"部件：触点映像设置"选项卡　　　图11-43　选择成对关联参考

（2）元件上的触点映像

选择菜单栏中的"选项"→"设置"命令，弹出"设置"对话框，选择"项目"→"项目名称（NEW）"→"关联参考/触点映像"→"元件上的触点映像"选项，设置整个项目中元件上触点映像的显示格式，显示为自己的关联参考或符号映像，如图 11-44 所示。

双击元件，弹出如图 11-45 所示的属性设置对话框，打开"触点映像设置"选项卡，勾选"用户自定义"复选框，显示该元件的触点映像符号，如图 11-45 所示。

勾选"显示为符号映像"复选框，自动添加元件的符号映像，元件的符号映像在元件旁边显示，通常用于电机保护开关和接触器，如图 11-46 所示。勾选"显示自己的关联参考""显示为符号映像"复选框，自动添加元件的关联参考与符号映像，如图 11-47 所示。

（3）路径中的触点映像

选择菜单栏中的"选项"→"设置"命令，弹出"设置"对话框，选择"项目"→"项目名称（NEW）"→"关联参考/触点映像"→"路径中的触点映像"选项，设置整个项目中路径上触点映像的显示，如图 11-48 所示。

图11-44 "元件上的触点映像"选项

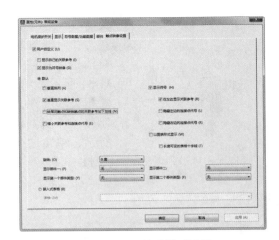

图11-45 属性设置对话框

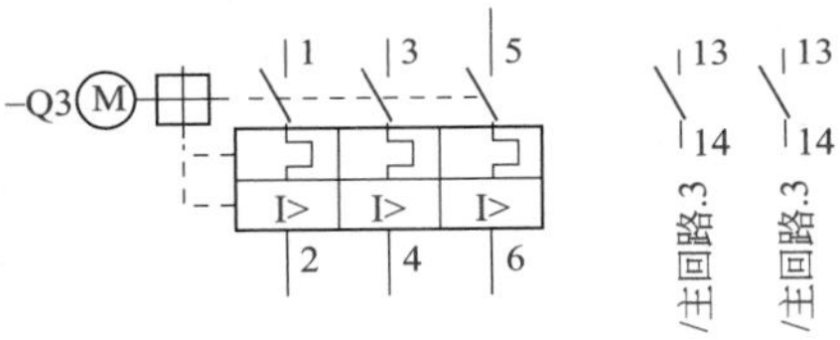

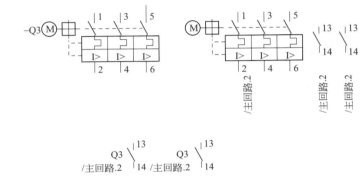

图11-47 添加元件的关联参考与符号映像

图11-46 显示添加元件的符号映像

双击元件，弹出如图 11-49 所示的属性设置对话框，打开"触点映像设置"选项卡，勾选"用户自定义"复选框，显示路径中的触点映像符号，如图 11-49 所示。

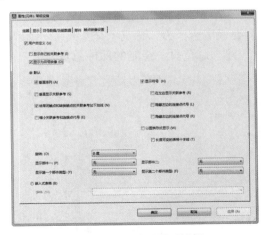

图11-48 "路径中的触点映像"选项

图11-49 属性设置对话框

勾选"显示为符号映像"复选框，自动添加符号映像，一般在标题栏的路径区域中显示。如图 11-50 所示。

（4）触点映像位置

在 EPLAN 中绘制电气图纸时，自动添加触点信息，但添加的触点关联信息显示位置可能需

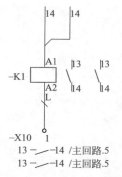

图11-50 自动添加符号映像

要修改。

在原理图页上单击鼠标右键，选择"属性"命令，弹出"页属性"对话框，在"属性名 - 数值"列表中显示当前图纸页的属性，如图11-51所示。单击■按钮，弹出"属性选择"对话框，选择与触点映像相关的属性，<12059> 触点映像间距（元件上）；<12061> 触点映像偏移，控制偏移位置；<12060> 触点映像间距（路径中），如图11-52所示，单击"确定"按钮，将属性添加到"页属性"对话框中，如图11-53所示。

在"属性名"对应的"数值"列中输入对应的间距值。

图11-51 "页属性"对话框

图11-52 "属性选择"对话框

11.3.4 PLC总览输出

在原理图页上单击鼠标右键，选择"新建"命令，弹出"页属性"对话框，在图纸中新建页，"页类型"选择为"总览（交互式）"，如图11-54所示。

建立总览页，绘制的部件总览是以信息汇总的形式出现的，不作为实际电气接点应用。

图11-53 添加属性

图11-54 "页属性"对话框

操作实例——三台电动机顺序启动电路

三台电动机顺序启动 PLC 的输入 / 输出端口分配显示如表 11-1 所示。

表 11-1　三台电动机顺序启动 PLC 的输入/输出端口分配

输入			输出		
输入继电器	输入元件	作用	输出继电器	输出元件	作用
X1	SB1	启动按钮	Y1	接触器KM1	M1
X2	SB2	停止按钮	Y2	接触器KM2	M2
			Y3	接触器KM3	M3

11.4.1　打开项目

选择菜单栏中的"项目"→"打开"命令，弹出如图 11-55 所示的对话框，选择项目文件的路径，打开项目文件"Motor Sequential Starting Control Circuit.elk"，如图 11-56 所示。

扫一扫 看视频

图11-55　"打开项目"对话框

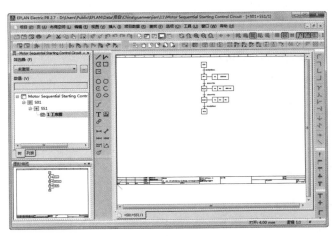

图11-56　打开项目文件

11.4.2　创建图页

① 在"页"导航器中选中项目名称"Motor Sequential Starting Control Circuit.elk"，选择菜单栏中的"页"→"新建"命令，或在"页"导航器中选中项目的名称上单击右键，选择"新建"命令，弹出如图 11-57 所示的"新建页"对话框。

扫一扫 看视频

② 在该对话框中"完整页名"文本框内输入电路图页名称，从"页类型"下拉列表中选择需要页的类型。在"页类型"下拉列表中选择"多线原理图（交互式）"，"页描述"文本框输入图纸描述"控制原理图"，完成设置的对话框如图 11-58 所示。

③ 单击"确定"按钮，完成图页添加，在"页"导航器中

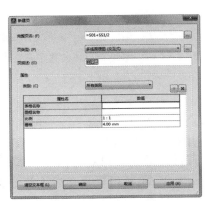

图11-57　"新建页"对话框

显示添加原理图页结果，进入原理图编辑环境，如图11-59所示。

图11-58　新建页设置

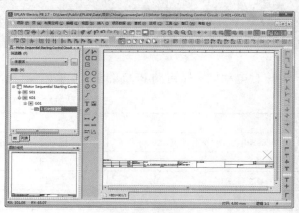

图11-59　新建图页文件

11.4.3　绘制PLC

（1）插入PLC盒子

选择菜单栏中的"插入"→"盒子连接点/连接板/安装板"→"PLC盒子"命令，或单击"盒子"工具栏中的"PLC盒子"按钮，此时光标变成交叉形状并附加一个 PLC盒子符号，单击确定PLC盒子的角点，再次单击确定另一个角点，确定插入PLC盒子。弹出如图11-60所示的PLC盒子属性设置对话框，在"显示设备标识符"中输入PLC盒子的编号，如图11-61所示。此时光标仍处于插入PLC盒子的状态，按右键"取消操作"命令或"Esc"键即可退出该操作。

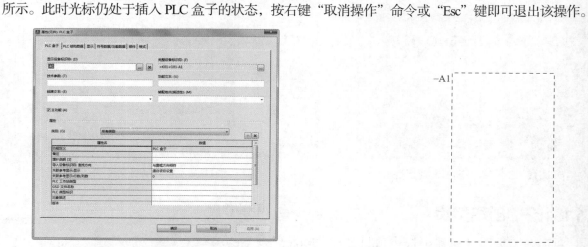

图11-60　PLC盒子属性设置对话框

–A1

图11-61　插入PLC盒子

（2）插入PLC连接点

① 选择菜单栏中的"插入"→"盒子连接点/连接板/安装板"→"PLC连接点（数字输入）"命令，或单击"盒子"工具栏中的"PLC连接点（数字输入）"按钮，此时光标变成交叉形状并附加一个PLC连接点（数字输入）符号，将光标移动到PLC盒子边框上，移动光标，单击鼠标左键确定PLC连接点（数字输入）的位置。

② 确定PLC连接点（数字输入）的位置后，系统自动弹出PLC连接点（数字输入）属性设置对话框，在"连接点代号"中输入PLC连接点（数字输入）的编号X1。在"地址"栏默认地址为I0.0，单击按钮，归还地址；单击按钮，弹出如图11-62所示的"选择以使用现有设备"

对话框，显示定义的地址。单击"确定"按钮，关闭对话框，返回属性设置对话框，如图 11-63 所示，单击"确定"按钮，关闭对话框。

③ 此时光标仍处于放置 PLC 连接点（数字输入）的状态，重复上述操作可以继续放置 PLC 连接点（数字输入）X2，结果如图 11-64 所示，按右键"取消操作"命令或"Esc"键即可退出该操作。

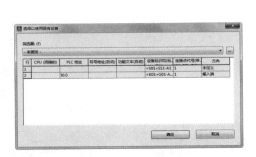

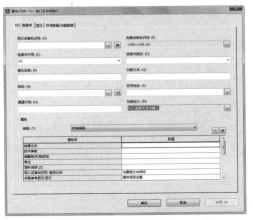

图11-62　"选择以使用现有设备"对话框　　图11-63　PLC连接点（数字输入）属性设置对话框

④ 选择菜单栏中的"插入"→"盒子连接点/连接板/安装板"→"PLC 连接点（数字输出）"命令，或单击"盒子"工具栏中的"PLC 连接点（数字输出）"按钮 ，此时光标变成交叉形状并附加一个 PLC 连接点（数字输出）符号 ，放置 PLC 连接点（数字输出）Y1、Y2、Y3，结果如图 11-65 所示，按右键"取消操作"命令或"Esc"键即可退出该操作。

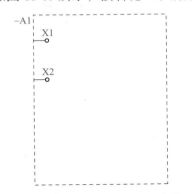

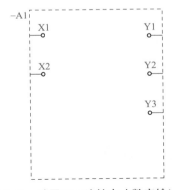

图11-64　放置PLC连接点（数字输入）

图11-65　放置PLC连接点（数字输出）

（3）PLC 电源

选择菜单栏中的"插入"→"盒子连接点/连接板/安装板"→"PLC 连接点电源"命令，或单击"盒子"工具栏中的"PLC 电源"按钮 ，此时光标变成交叉形状并附加一个 PLC 连接点电源符号 ，放置 PLC 连接点电源 COM，弹出如图 11-66 所示的 PLC 连接点电源属性设置对话框，在该对话框中可以对 PLC 连接点电源的属性进行设置，在"连接点代号"中输入 PLC 连接点电源的编号，结果如图 11-67 所示。重复上述操作可以继续放置其他的 PLC 连接点电源 COM1。PLC 连接点电源放置完毕，按右键"取消操作"命令或"Esc"键即可退出该操作。

在光标处于放置 PLC 连接点电源的状态时按"Tab"键，旋转 PLC 连接点电源符号，变换 PLC 连接点电源模式。

（4）组成 PLC

框选绘制完成的 PLC，选择菜单栏中的"编辑"→"其他"→"组合"命令，组合 PLC 盒子、

PLC 连接点与 PLC 电源，将其组成一体。

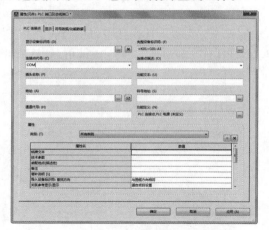

图11-66　PLC连接点电源属性设置对话框

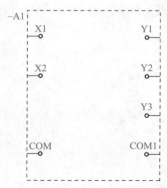

图11-67　放置PLC连接点电源

图11-68　"部件选择"对话框

11.4.4　绘制原理图

扫一扫 看视频

（1）插入熔断器

选择菜单栏中的"插入"→"设备"命令，弹出如图 11-68 所示的"部件选择"对话框，选择需要的元件部件——熔断器，单击"确定"按钮，完成设置，原理图中在光标上显示浮动的元件符号，选择需要放置的位置，单击鼠标左键，在原理图中放置熔断器 F1。

双击设备，弹出"属性（元件）：常规设备"对话框，输入设备标识符"-FU2"，如图 11-69 所示。放置结果如图 11-70 所示。

（2）插入开关

选择菜单栏中的"插入"→"设备"命令，弹出如图 11-71 所示的"部件选择"对话框，选择需要的元件部件——开关，单击"确定"按钮，完成设置，原理图中在光标上显示浮动的元件符号，选择需要放置的位置，单击鼠标左键，在原理图中放置开关 S1、S2。

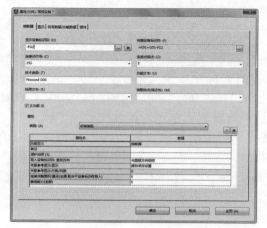

图11-69　"属性（元件）：常规设备"对话框

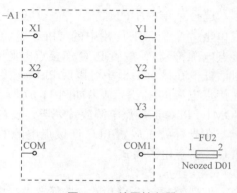

图11-70　放置熔断器

双击设备，弹出"属性（元件）：常规设备"对话框，输入设备标识符"-SB1、-SB2"，结果如图 11-72 所示。

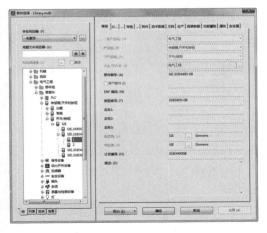

图11-71 "部件选择"对话框

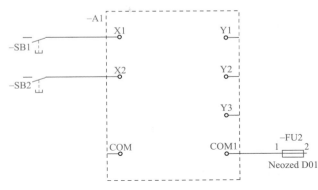

图11-72 放置开关

（3）插入继电器线圈

选择菜单栏中的"插入"→"设备"命令，弹出如图 11-73 所示的"部件选择"对话框，选择需要的元件部件——线圈，单击"确定"按钮，完成设置，原理图中在光标上显示浮动的元件符号，选择需要放置的位置，单击鼠标左键，在原理图中放置线圈 KM1，结果如图 11-74 所示。

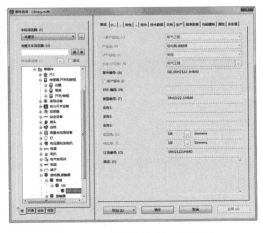

图11-73 "部件选择"对话框

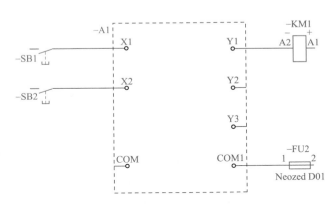

图11-74 放置继电器线圈

选择继电器线圈 KM1，再选择菜单栏中的"编辑"→"复制"命令，然后选择菜单栏中的"编辑"→"粘贴"命令，粘贴继电器线圈 KM1，设置插入模式为"编号"，插入线圈 KM2、KM3，结果如图 11-75 所示。

（4）插入继电器常闭触点

选择菜单栏中的"插入"→"符号"命令，弹出如图 11-76 所示的"符号选择"对话框，选择需要的元件——常闭触点，完成元件选择后，单击"确定"按钮，原理图中在光标上显示浮动的元件符号，选择需要放置的位置，单击鼠标左键，在原理图中放置常闭触点，自动弹出"属性（元件）：常规设备"对话框，输入设备标识符"-KR1"，单击"确定"按钮，完成设置，继续插入常闭触点 KR2、KR3，常闭触点放置结果如图 11-77 所示。

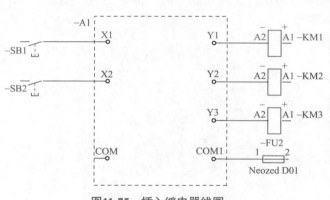

图11-75　插入继电器线圈

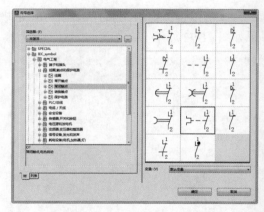

图11-76　"符号选择"对话框

（5）连接原理图

选择菜单栏中的"插入"→"连接符号"→"T节点（向右）"命令，或单击"连接符号"工具栏中的"T节点，向右"按钮 ，选择菜单栏中的"插入"→"连接符号"→"角（右下）"命令，或单击"连接符号"工具栏中的"右下角"按钮 ，或单击"连接符号"工具栏中的"T节点，向右"按钮 ，连接原理图，如图 11-78 所示。

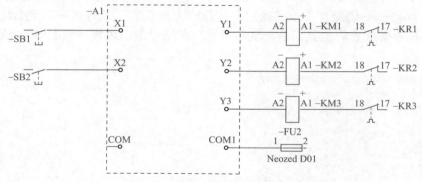

图11-77　放置常闭触点

（6）插入端子符号

选择菜单栏中的"插入"→"符号"命令，弹出如图 11-79 所示的"符号选择"对话框，选中 1 个连接点的端子元件符号，单击"确定"按钮，完成选择。

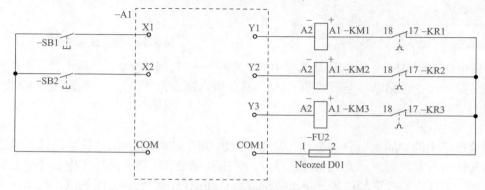

图11-78　连接原理图

自动激活元件放置命令，这时光标变成十字形状并附加一个交叉记号，将光标移动到原理图开关元件的垂直上方位置，单击完成元件符号插入，在原理图中放置元件，此时鼠标仍处于放置端子元件符号的状态，继续放置端子，按右键"取消操作"命令或"Esc"键即可退出该操作，如图 11-80 所示。

（7）放置文本标注

选择菜单栏中的"插入"→"图形"→"文本"命令，或者单击"图形"工具栏中的"文本"按钮 **T**，弹出"属性（文本）"对话框，在文本框中输入"～220V"，如图 11-81 所示。

单击"确定"按钮，关闭对话框，此时光标变成交叉形状并附带文本符号 **T**，移动光标到需要放置文本的位置处，单击鼠标左键，完成当前文本放置。

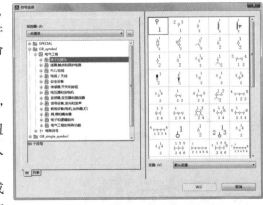

图11-79 选择元件符号

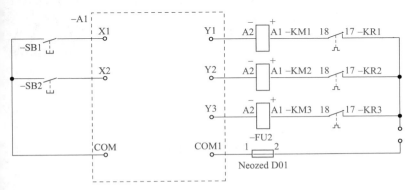

图11-80 放置端子

图11-81 文本框属性设置对话框

此时鼠标仍处于绘制文本的状态，继续绘制其他的文本，单击右键选择"取消操作"命令或按"Esc"键，便可退出操作，原理图标注结果如图 11-82 所示。

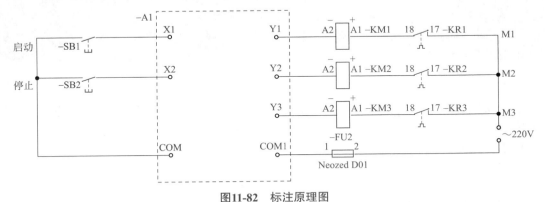

图11-82 标注原理图

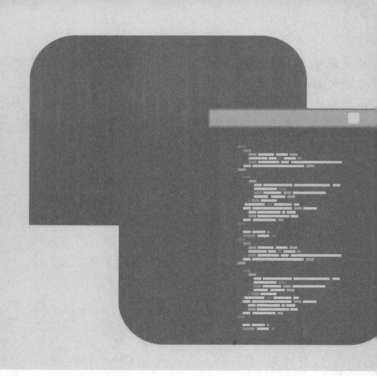

第12章

安装板设计

原理图设计得再完美，如果安装板设计得不合理则性能将大打折扣，严重时甚至不能正常工作。制板商要参照用户所设计的安装板图来进行生产。由于要满足功能上的需要，安装板设计往往有很多的规则要求，如要考虑到实际中的散热和干扰等问题，因此相对于原理图的设计来说，对安装板的设计则需要设计者更细心和耐心。

本章主要介绍安装板的制作方法，以使读者能对安装板的设计有一个全面的了解。

12.1
新建安装板文件

安装板布局（交互式）图页用于进行安装板布局图设计。

① 在"页"导航器中选中项目名称，选择菜单栏中的"页"→"新建"命令，或在"页"导航器中选中项目名称并单击右键，弹出快捷菜单，选择"新建"按钮，弹出如图 12-1 所示的"新建页"对话框，从"页类型"下拉列表中选择需要页的类型"安装板布局（交互式）"。

② 在"完整页名"文本框内输入电路图页名称，默认名称为"/1"，单击"完整页名"文本框后的"扩展"按钮 ⊡，弹出"完整页名"对话框，在已存在的结构标识中选择，可手动输入标识，也可创建新的标识，如图 12-2 所示。设置原理图页的命名，页结构命名一般采用的是"高层代号 + 位置代号 + 页名"，该对话框中设置"高层代号""位置代号"与"页名"。

③ 单击 确定 按钮，返回"页属性"对话框，显示创建的图纸页完整页名为"=M01+A01/1"，如图 12-3 所示。在"属性名 - 数值"列表中默认显示图纸的表格名称、图框名称、图纸比例与栅格大小。安装板与原理图不同，默认情况下，原理图的图纸比例为 1：1，安装板图纸比例为 1：10。

图12-1　"新建页"对话框

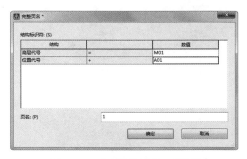

图12-2　"完整页名"对话框

单击"应用"按钮，可重复创建相同参数设置的多张图纸。每单击一次，创建一张新原理图页，在创建者框中会自动输入用户标识。

④ 单击"确定"按钮，完成安装板图页添加，在"页"导航器中显示添加安装板图页结果，如图 12-4 所示。

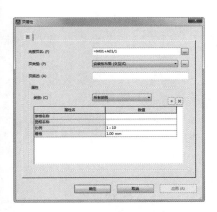

图12-3　"页属性"对话框

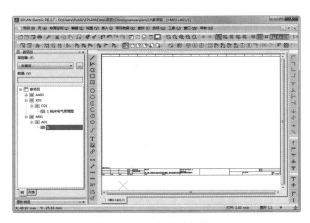

图12-4　新建图页文件

12.2
安装板布局

将单个或多个部件放置在安装板上，根据部件管理中的尺寸排列、不叠加放置，使其符合安装板的功能需要和元器件电气要求，还要考虑到安装方式、放置安装孔等。

12.2.1　安装板部件

选择菜单栏中的"工具"→"部件"→"管理"命令，或单击"项目编辑"工具栏中的"部件管理"按钮，系统弹出如图 12-5 所示的"部件管理"对话框，在"机械"行业选项下显示部件库中的安装板，在"图形预览"窗口中显示选中部件的模型图，如图 12-6 所示。

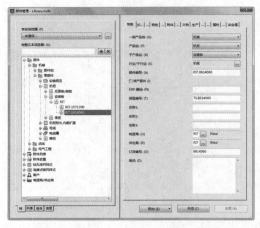

图12-5　"部件管理"对话框

图12-6　"图形预览"窗口

12.2.2　放置空白安装板

安装板可以是箱体的底板，也可以是箱体的门板或侧板。

（1）插入安装板

选择菜单栏中的"插入"→"盒子连接点/连接板/安装板"→"安装板"命令，此时光标变成交叉形状并附加一个安装板符号 。

图12-7　插入安装板

将光标移动到需要插入安装板的位置上，移动光标，选择安装板的插入点，在原理图中单击鼠标左键确定插入安装板第一点，向外拖动安装板，单击鼠标左键，确定安装板另一角点，如图12-7所示。此时光标仍处于插入安装板的状态，重复上述操作可以继续插入其他的安装板。空白安装板插入完毕，按右键"取消操作"命令或"Esc"键即可退出该操作。

（2）设置安装板的属性

在插入安装板的过程中，用户可以对安装板的属性进行设置。双击安装板或在插入安装板后，弹出如图12-8所示的安装板属性设置对话框，在该对话框中可以对安装板的属性进行设置，在"显示设备标识符"中输入安装板的编号。

打开"格式"选项卡，设置安装板长方形的外观属性，如图12-9所示。

图12-8　安装板属性设置对话框

图12-9　"格式"选项卡

在该选项卡中可以对安装板的坐标、线宽、类型和长方形的颜色等属性进行设置。

① "长方形"选项组。在该选项组下输入长方形的起点、终点的 X 坐标和 Y 坐标，宽度、高

度和角度。

②"格式"选项组。

- 线宽：用于设置直线的线宽。下拉列表中显示固定值，包括0.50mm、0.13mm、0.18mm、0.20mm、0.25mm、0.35mm、0.40mm、0.50mm、0.70mm、1.00mm、2.00mm这11种线宽供用户选择。
- 颜色：单击该颜色显示框，用于设置直线的颜色。
- 隐藏：控制直线的隐藏与否。
- 线型：用于设置直线的线型。
- 式样长度：用于设置直线的式样长度。
- 线端样式：用于设置直线截止端的样式。
- 层：用于设置直线所在层。
- "填充表面"复选框：勾选该复选框，填充长方形，如图12-10所示。
- "倒圆角"复选框：勾选该复选框，对长方形倒圆角。
- "半径"：在该文本框中显示圆角半径，圆角半径根据安装板尺寸自动设置，如图12-11所示。

(a) 填充前　　(b) 填充后

图12-10　填充长方形

(a) 倒圆角前　　(b) 倒圆角后

图12-11　长方形倒圆角

打开"部件"选项卡，如图12-12所示，在左侧"部件编号-件数/数量"列表中显示添加的部件。单击空白行"部件编号"中的"…"按钮，系统弹出如图12-13所示的"部件选择"对话框，在该对话框中显示部件管理库，可浏览所有部件信息，为安装板选择正确的部件编号，选择"箱柜"，如图12-14所示，表示为箱柜进行布局设置，如图12-15所示。

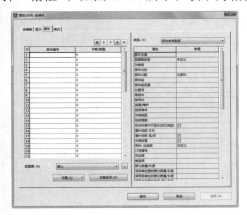

图12-12　"部件"选项卡

图12-13　"部件选择"对话框

图12-14　选择部件

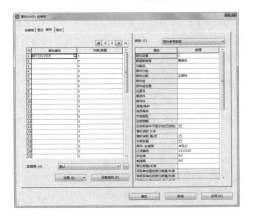

图12-15　"部件"选项卡

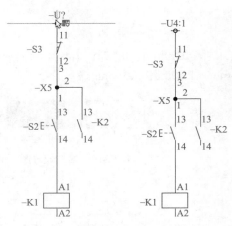

图12-16 插入母线连接点

12.2.3 母线连接点

母线连接点指的是母线排，既可以是铜母线排，也可以是汇流排等。它的特点是母线连接点具有相同的 DT 时，所有的连接点是相互连通的，可以传递电位和信号。电气图纸中最常见的就是接地母排使用"母线连接点"来表达。

（1）插入母线连接点

选择菜单栏中的"插入"→"盒子连接点 / 连接板 / 安装板"→"母线连接点"命令，此时光标变成交叉形状并附加一个母线连接点符号 ⊕。

将光标移动到需要插入母线连接点的元件水平或垂直位置上，出现红色的连接符号表示电气连接成功。移动光标，选择母线连接点的插入点，在原理图中单击鼠标左键确定插入母线连接点，如图 12-16 所示。此时光标仍处于插入母线连接点的状态，重复上述操作可以继续插入其他的母线连接点。母线连接点插入完毕，按右键"取消操作"命令或"Esc"键即可退出该操作。

（2）确定母线连接点方向

在光标处于放置母线连接点的状态时按"Tab"键，旋转母线连接点连接符号，变换母线连接点连接模式。

（3）设置母线连接点的属性

在插入母线连接点的过程中，用户可以对母线连接点的属性进行设置。双击母线连接点或在插入母线连接点后，弹出如图 12-17 所示的母线连接点属性设置对话框，在该对话框中可以对母线连接点的属性进行设置，在"显示设备标识符"中输入母线连接点的编号，母线连接点名称可以是信号的名称，也可以自己定义。

12.2.4 放置锁定区域

安装板中的锁定区域是指不放置设备的区域。

（1）插入锁定区域

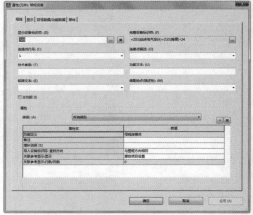

图12-17 母线连接点属性设置对话框

选择菜单栏中的"插入"→"盒子连接点 / 连接板 / 安装板"→"锁定区域"命令，此时光标变成交叉形状。

将光标移动到需要插入锁定区域的位置上，移动光标，选择锁定区域的插入点，在原理图中单击鼠标左键确定插入锁定区域第一点，向外拖动锁定区域，单击鼠标左键，确定锁定区域另一角点，如图 12-18 所示。此时光标仍处于插入锁定区域的状态，重复上述操作可以继续插入其他的锁定区域。锁定区域插入完毕，按右键"取消操作"命令或"Esc"键即可退出该操作。

（2）设置锁定区域的属性

双击锁定区域，弹出如图 12-19 所示的锁定区域属性设置对话框，在该对话框中可以对锁定区域的属性进行设置，与长方形的属性设置相同，这里不再赘述。

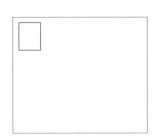

图12-18　插入锁定区域

图12-19　锁定区域属性设置对话框

12.2.5　安装板布局导航器

选择菜单栏中的"项目数据"→"设备/部件"→"2D安装板布局导航器"命令，打开"2D安装板布局"导航器，如图12-20所示。在"图形预览"窗口中显示导航器中选中元件的模型图，如图12-21所示。

在导航器中选中设备，单击鼠标右键，弹出如图12-22所示的快捷键，对安装板中的设备进行编辑与放置，下面介绍快捷命令。

图12-20　"2D安装板布局"导航器

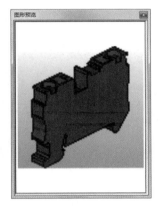

图12-21　"图形预览"窗口

图12-22　快捷键

- 新设备：选择该命令，弹出"部件选择"对话框，选择需要放置的设备部件编号。
- 锁定区域：选择该命令，鼠标上显示浮动的锁定区域符号，激活放置锁定区域命令。
- 删除：选择该命令，删除选中的安装板部件。
- 放到安装板上：选择该命令，将部件放置到安装板上。
- 放到安装导轨上：选择该命令，将部件放置到导轨上，DIN导轨可显示在直线、折线、多边形、长方形上，在圆、椭圆上不允许使用。
- 更新主要组件：选择该命令，更新安装板编辑环境中的主要组件信息。
- 更新部件尺寸：选择该命令，更新安装板编辑环境中的部件尺寸。
- 编辑图例位置：选择该命令，编辑图例位置。
- 编辑修订标记：选择该命令，编辑修订标记。
- 删除修订标记：选择该命令，删除修订标记。
- 转到（图形）：选择该命令，在编辑环境中自动将选中对象放大，切换到编辑环境中并高亮显示。

- 插入查找结果列表：选择该命令，弹出查找结果列表，显示查找对象。
- 设置：选择该命令，弹出"设置：2D安装板布局"对话框，如图12-23所示，显示安装板部件放置的尺寸与角度等设置信息。
- 配置显示：选择该命令，弹出"配置显示"对话框，如图12-24所示，显示图纸配置信息。
- 视图：选择该命令，弹出视图显示依据子命令，包括基于宏、基于标识字母。
- 属性：选择该命令，弹出"属性（元件）：部件放置"对话框，显示放置的部件属性信息，如图12-25所示。
- 属性（全局）：选择该命令，弹出"属性（全局）：部件放置"对话框，显示放置的部件全局属性信息，如图12-26所示。

图12-23　"设置：2D安装板布局"对话框

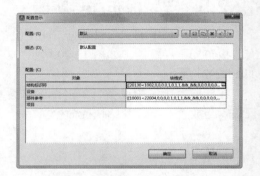

图12-24　"配置显示"对话框

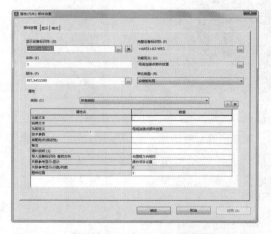

图12-25　"属性（元件）：部件放置"对话框

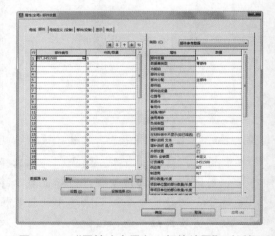

图12-26　"属性（全局）：部件放置"对话框

12.2.6　放置部件

放置部件即在安装板上放置设备。

（1）直接放置

选中"2D安装板布局"导航器中的设备，单击鼠标右键，选择快捷命令"放置到安装板上"，在光标上显示浮动的设备符号，选择需要放置的位置，单击鼠标左键，将设备放置到安装板，如图 12-27 所示。

提示：

安装在导轨时，只需卡在导轨上而不用螺钉固定，是不同于安装在安装板上的一种安装方式。

（2）菜单栏命令

选择菜单栏中的"插入"→"设备"命令，弹出如图12-28所示的"部件选择"对话框，选择需要的零部件或部件组，完成零部件选择后，单击"确定"按钮，原理图中在光标上显示浮动的设备符号，选择需要放置的位置，单击鼠标左键，设备被放置在原理图中，如图12-29所示。同时，在"设备"导航器中显示新添加的插头设备 F，如图12-30所示。

图12-27　放置设备

图12-28　"部件选择"对话框

图12-29　显示浮动设备符号

图12-30　显示放置的零部件

12.3
图例

图例中包括并显示信息，通过图例还可以将图形中的信息转移到另一个未占用的区域中。

12.3.1　生成图例

图例包括窗口图例与页图例。在安装板页中生成的图例为窗口图例，其中所含信息包括设备标识符，还可自由定位为图形对象并插入到不同位置，可以设置属性。作为表格单独输出为页的为页图例，因此与之对应的安装板页中不显示图例，图例中不包含设备标识符，并显示组建的行数。

下面介绍如何生成页图例。

① 选择菜单栏中的"工具"→"报表"→"生成"命令，弹出"报表"对话框，如图12-31所示，在该对话框中打开"报表"选项卡，选择"页"选项，展开"页"选项。

② 单击"新建"按钮 ▒，打开"确定报表"对话框，选择"箱柜设备清单"选项，勾选"手动选择"复选框，如图12-32所示。单击"确定"按钮，完成图纸页选择。

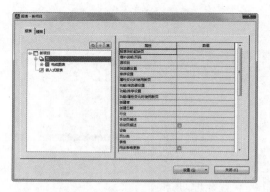

图12-31 "报表"对话框

图12-32 "确定报表"对话框

③ 弹出"手动选择"对话框，在"可使用的"列表下显示安装板图纸页，将其添加到右侧"选定的"列表下，如图 12-33 所示，单击"确定"按钮，关闭对话框。

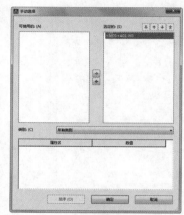

图12-33 "手动选择"对话框

④ 弹出"设置 - 箱柜设备清单"对话框，如图 12-34 所示，选择功能筛选器，单击"确定"按钮，完成图纸页设置。弹出"箱柜设备清单（总计）"对话框，如图 12-35 所示，显示箱柜设备清单的结构设计，选择当前高层代号与位置代号。

图12-34 "设置-箱柜设备清单"对话框

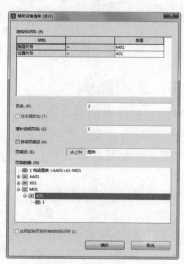

图12-35 "箱柜设备清单（总计）"对话框

⑤ 单击"确定"按钮，完成图纸页设置，返回"报表"对话框，在"页"选项下添加箱柜设备清单页，如图 12-36 所示。单击"确定"按钮，关闭对话框，完成箱柜设备清单页的添加，在"页"导航器下显示添加的箱柜设备清单页，如图 12-37 所示。

图12-36 "报表"对话框

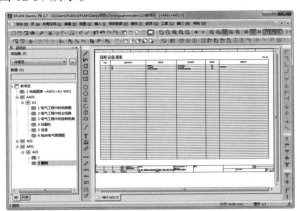

图12-37 生成箱柜设备清单页

12.3.2 编辑图例

在安装板编辑环境中，选择安装板或部件，选择菜单栏中的"项目数据"→"设备/部件"→"2D 安装板布局"→"编辑图例位置"命令，打开"编辑图例位置"对话框，如图 12-38 所示。

在该对话框中显示安装板或部件的图例位置编号，单击右上角的 ↑ ↓ 不 坐 按钮，调整部件的图例位置。

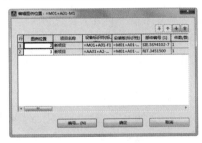

图12-38 "编辑图例位置"对话框

12.4
安装板的定位

在安装板编辑环境中，为了方便电气设计，系统提供了一个坐标系，用于定位。它以图纸的左下角为坐标原点，用户也可以根据需要建立自己的坐标系。

12.4.1 基点

EPLAN 中的基点如同其他制图软件中坐标系的原点（0，0）。在进行 2D 或 3D 安装板布局时，需要准确定位（比如"直接坐标输入"功能），此时输入的坐标值就是相对于基点的绝对坐标值。

图 12-39 中，移动前矩形的左下角点的坐标位置是相对于基点的绝对坐标值（90，16），将基点移到该矩形的左下角点，然后左下角点（0，0）是相对于这个"临时"基点的相对坐标。

新的基点通过一个小的十字坐标系图标显示，此时，状态栏中新的基点坐标显示的不再是一般坐标，而是相对坐标。移动基点后状态栏坐标前添加字母 D。

选择菜单栏中的"选项"→"移动基点"命令，激活移动基点，临时地改变基点的位置。执行此命令后，光标变成交叉形状并附加一个移动基点符号↖，将光标移到要设置成原点的位置单击即可，如图 12-40 所示。

若要恢复为原来的坐标系，选择菜单栏中的"选项"→"移动基点"命令，取消移动基点操作。

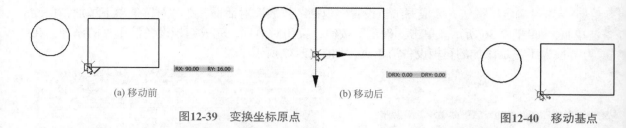

(a) 移动前   RX: 90.00   RY: 16.00   (b) 移动后   DRX: 0.00   DRY: 0.00

图12-39　变换坐标原点   图12-40　移动基点

> **提示：**
>
> EPLAN 中的坐标系统，编辑电气原理图时，"电气工程"坐标的基点是在图框左上角；编辑图框表格时，"图形"坐标的基点在左下角。

12.4.2　坐标位置

在状态栏中显示光标的坐标，不同的坐标下显示不同的坐标值。

（1）绝对坐标

选择菜单栏中的"选项"→"坐标"命令，系统弹出"输入坐标"对话框，如图 12-41 所示，在"坐标系"选项组下选择不同工程下的坐标系，在"当前坐标位置"选项组下输入 X、Y 轴新坐标，输入新坐标后，将光标点位置从旧坐标点移动至新坐标点。

（2）相对坐标

选择菜单栏中的"选项"→"相对坐标"命令，系统弹出"输入相对坐标"对话框，如图 12-42 所示，在"间隔"选项组下输入坐标点在 X、Y 轴移动的数据。

图12-41　"输入坐标"对话框

图12-42　"输入相对坐标"对话框

12.4.3　实例——绘制开关符号

选择菜单栏中的"插入"→"图形"→"直线"命令，或者单击"图形"工具栏中的"插入直线"按钮，这时光标变成交叉形状并附带直线符号。

扫一扫 看视频

（1）绘制第一条直线

选择菜单栏中的"选项"→"输入坐标"命令，系统弹出"输入坐标"对话框，输入起点坐标（32，29），如图 12-43 所示，单击"确定"按钮，关闭对话框，确定起点。

完成起点确认后，光标随着移动，如图 12-44 所示，变化坐标的坐标信息。选择菜单栏中的"选项"→"输入相对坐标"命令，系统弹出"输入相对坐标"对话框，输入第二点相对第一点移动坐标（1，0），如图 12-45 所示，单击"确定"按钮，关闭对话框，完成第一条直线的绘制，如图 12-46 所示。

图12-43　"输入坐标"对话框

（2）绘制第二条直线

此时鼠标仍处于绘制直线的状态，捕捉第一条直线的终点作为第二条直线的起点，选择菜单栏中的"选项"→"输入相对坐标"命令，系统弹出"输入相对坐标"对话框，输入第二点相对第一点移动坐标（2，-1），如图12-47所示，单击"确定"按钮，关闭对话框，确定终点，完成第二条直线的绘制，如图12-48所示。

图12-44 移动光标 　　　图12-45 "输入相对坐标"对话框 　　　图12-46 第一条直线

（3）绘制第三条直线

此时鼠标仍处于绘制直线的状态，选择菜单栏中的"选项"→"输入坐标"命令，系统弹出"输入坐标"对话框，输入起点坐标（40，29），如图12-49所示，单击"确定"按钮，关闭对话框，在原理图中确定起点。

图12-47 "输入相对坐标"对话框 　　　图12-48 第二条直线 　　　图12-49 "输入坐标"对话框

完成起点确认后，光标随移动，选择菜单栏中的"选项"→"输入相对坐标"命令，系统弹出"输入相对坐标"对话框，输入第二点相对第一点移动坐标（2，0），如图12-50所示，单击"确定"按钮，关闭对话框，确定终点，完成第三条直线的绘制，如图12-51所示。

图12-50 "输入相对坐标"对话框 　　　图12-51 第三条直线

12.4.4 增量

增量标识最小的增长单位，X、Y轴增长最小默认为1。

选择菜单栏中的"选项"→"增量"命令，系统弹出"选择增量"对话框，在"当前增量"选项下显示X、Y轴增长最小默认值，如图12-52所示。

图12-52 "选择增量"对话框

12.5
标注尺寸

正确地进行尺寸标注是设计图形符号绘图工作中非常重要的一个环节，EPLAN Electric P8 提

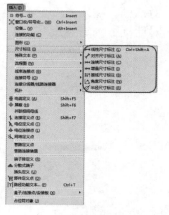

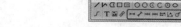

供了方便快捷的尺寸标注方法，可通过执行命令实现，也可利用菜单或工具按钮实现。本节重点介绍如何对各种类型的尺寸进行标注。

单击"图形"工具栏中的标注相关按钮，与"插入"菜单下"尺寸标注"命令子菜单中的各项命令具有对应关系，均是图形标注工具，如图 12-53 所示。

（1）放置线性尺寸标注

① 启动命令后，移动光标到指定位置，单击确定标注的起始点。

② 移动光标到另一个位置，再次单击确定标注的终止点。

图12-53　尺寸标注工具

③ 继续移动光标，可以调整标注的位置，在合适位置单击完成一次标注，这种命令标注，不论标注什么方向的线段，尺寸线总保持水平或垂直放置。

④ 此时仍可继续放置尺寸标注，也可右击退出。

（2）放置对齐尺寸标注

① 启动命令后，移动光标到指定位置，单击确定标注的起始点。

② 移动光标到另一个位置，再次单击确定标注的终止点。

③ 继续移动光标，可以调整标注的位置，在合适位置单击完成一次标注。

④ 此时仍可继续放置尺寸标注，也可右击退出。这种命令标注的尺寸线与所标注轮廓线平行，标注的是起始点到终点之间距离尺寸。

（3）放置连续尺寸标注

连续标注又叫尺寸链标注，用于产生一系列连续的尺寸标注，后一个尺寸标注均把前一个标注的第二条尺寸界线作为它的第一条尺寸界线。适用于长度型尺寸、角度型尺寸和坐标标注。在使用连续标注方式之前，应该先标注出一个相关的尺寸。

① 启动命令后，移动光标到指定位置，单击确定标注的起始点。

② 移动光标到另一个位置，再次单击确定标注的终止点。

③ 以上一个位置为标注的起点，继续移动光标，到另一个位置，确定标注的终止点。

④ 此时仍可继续放置下一个标注，也可右击退出。

（4）放置增量尺寸标注

增量尺寸标注与连续标注类似，这里不再赘述。

（5）放置基线尺寸标注

基线标注用于产生一系列基于同一尺寸界线的尺寸标注，适用于长度尺寸、角度和坐标标注。在使用基线标注方式之前，应该先标注出一个相关的尺寸作为基线标准。

① 启动命令后，移动光标到基线位置，单击确定标注基准点。

② 移动光标到下一个位置，单击确定第二个参考点，该点的标注被确定，移动光标可以调整标注位置，在合适位置单击确定标注位置。

③ 移动光标到下一个位置，按照上面的方法继续标注。标注完所有的参考点后，右击退出。

（6）放置角度尺寸标注

① 启动命令后，移动光标到要标注的角的顶点或一条边上，单击确定标注第一个点。

② 移动光标，在同一条边上距第一点稍远处，再次单击确定标注的第二点。

③ 移动光标到另一条边上，单击确定第三点。

④移动光标，在第二条边上距第三点稍远处再次单击。

⑤此时标注的角度尺寸确定，移动光标可以调整位置，在合适位置单击完成一次标注。

⑥此时可以继续放置尺寸标注，也可右击退出。

（7）放置半径尺寸标注

①启动命令后，移动光标到圆或圆弧的圆周上，单击确定半径尺寸。

②移动光标，调整位置，在合适位置单击完成一次标注。

③此时可以继续放置尺寸标注，也可右击退出。

尺寸标注放置在单独的层，防止可能的文字与电路交叉错误，一般地，尺寸会变为蓝色。

选择菜单栏中的"选项"→"层管理"命令，系统打开如图 12-54 所示的"层管理"对话框，在该对话框中选中"图形→尺寸标注"，在该界面中可以设置标注图层的线型、颜色、线宽等参数。

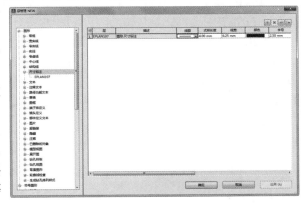

图12-54 "层管理"对话框

12.6
操作实例——机床控制电路

某机床电气原理图包括主电路、控制电路及照明电路，如图 12-55 所示。从电源到三台电动机的电路称为主电路，这部分电路中通过的电流大；由接触器、继电器组成的电路称为控制电路，采用 110V 电源供电；照明电路中指示灯电压为 6V，照明灯的电压为 24V 安全电压。

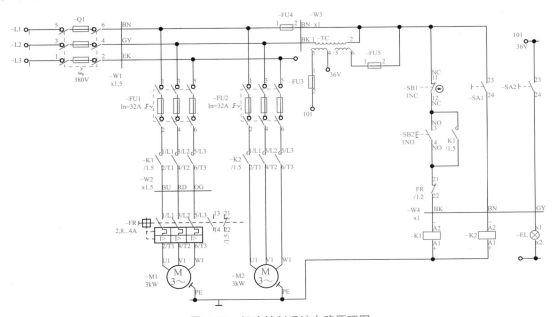

图12-55 机床控制系统电路原理图

12.6.1　设置绘图环境

（1）创建项目

扫一扫 看视频

选择菜单栏中的"项目"→"新建"命令，或单击"默认"工具栏中的 ▦ （新项目）按钮，弹出如图 12-56 所示的对话框，在"项目名称"文本框下输入创建新的项目名称"Machine Tool Control Circuit"，在"保存位置"文本框下选择项目文件的路径，在"模板"下拉列表中选择默认国家标准项目模板"GB_tpl001.ept"。

单击"确定"按钮，显示项目创建进度对话框，如图 12-57 所示，进度条完成后，弹出"项目属性"对话框，显示当前项目的图纸的参数属性。默认"属性名 - 数值"列表中的参数，如图 12-58 所示，单击"确定"按钮，关闭对话框，在"页"导航器中显示创建的空白新项目"Machine Tool Control Circuit.elk"，如图 12-59 所示。

图12-56　"创建项目"对话框

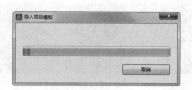

图12-57　进度对话框

图12-58　"项目属性"对话框

（2）图页的创建

在"页"导航器中选中项目名称"Machine Tool Control Circuit.elk"，选择菜单栏中的"页"→"新建"命令，或在"页"导航器中选中项目名称并单击右键，选择"新建"命令，弹出如图 12-60 所示的"新建页"对话框。

图12-59　空白新项目

图12-60　"新建页"对话框

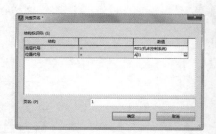

图12-61　"完整页名"对话框

在该对话框中"完整页名"文本框内输入电路图页名称，默认名称为"/1"，弹出如图 12-61 所示的"完整页名"对话框，设置高层代号与位置代号，得到完整的页名。在"页类型"下拉列表中选择"多线原理图（交互式）"，"页描述"文本框输入图纸描述"电气原理图"，在"属性名 - 数值"列表中默认显示图纸的表格名称、图框名称、图纸比例与栅格大小。完成设置的对话框如

图 12-62 所示。

单击"确定"按钮，在"页"导航器中创建原理图页 1。在"页"导航器中显示添加原理图页结果，如图 12-63 所示。

图12-62 "新建页"对话框

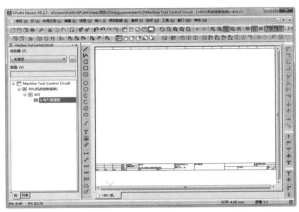

图12-63 新建图页文件

12.6.2 绘制主电路

扫一扫 看视频

主电路有 2 台电动机：M1 为主电动机，拖动主轴带着工件旋转；M2 为冷却泵电动机，拖动冷却泵输出冷却液。

（1）插入电机元件

选择菜单栏中的"插入"→"设备"命令，弹出如图 12-64 所示的"部件选择"对话框，选择需要的元件部件——电机，在"图形预览"对话框中显示选中元件的符号，如图 12-65 所示，完成元件选择后，单击"确定"按钮，原理图中在光标上显示浮动的元件符号，选择需要放置的位置，单击鼠标左键，在原理图中放置元件。

双击电机，弹出"属性（元件）：常规设备"对话框，技术参数改为"3 kW"，如图 12-66 所示。

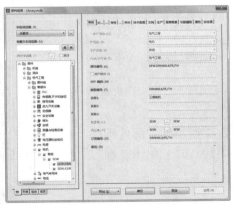

图12-64 "部件选择"对话框

图12-65 图形预览

图12-66 "属性（元件）：常规设备"对话框

继续放置电机 M2，结果如图 12-67 所示。同时，在"设备"导航器中显示新添加的电机元件 M1、M2，如图 12-68 所示。

（2）插入电机保护开关

选择菜单栏中的"插入"→"设备"命令，弹出如图 12-69

图12-67 放置电机元件

所示的"部件选择"对话框，选择需要的部件——电机保护开关，单击"确定"按钮，关闭对话框。

图12-68　显示放置的元件

图12-69　选择部件

这时光标变成十字形状并附加一个交叉记号，将光标移动到原理图电机元件的垂直上方位置，单击完成部件插入，在原理图中放置部件，如图12-70所示。

双击电机保护开关Q1，自动弹出"属性（元件）：常规设备"对话框，修改设备标识符FR，单击"确定"按钮，关闭对话框，同样的方法修改电机保护开关的常闭触点，修改结果如图12-71所示。

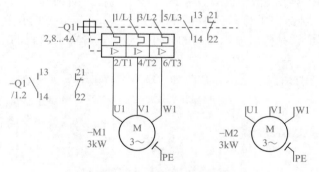

图12-70　放置电机保护开关

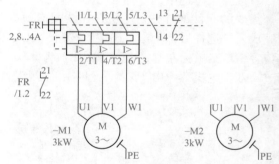

图12-71　编辑电机保护开关

（3）插入接触器

选择菜单栏中的"插入"→"设备"命令，弹出如图12-72所示的"部件选择"对话框，选择需要的设备——接触器，设备编号为"SIE.3RT2015-1BB41-1AA0"，单击"确定"按钮，单击鼠标左键放置元件，如图12-73所示。

（4）插入三极熔断器

选择菜单栏中的"插入"→"设备"命令，弹出如图12-74所示的"部件选择"对话框，选择需要的部件——安全开关，单击"确定"按钮，关闭对话框。

这时光标变成十字形状并附加一个交叉记号，单击完成部件插入，在原理图中放置部件Q1、Q2。双击保护开关Q1、Q2，自动弹出"属性（元件）：常规设备"对话框，修改设备标识符FU1、FU2，单击"确定"按钮，关闭对话框，如图12-75所示。

至此，完成主电路绘制。

图12-72　"部件选择"对话框

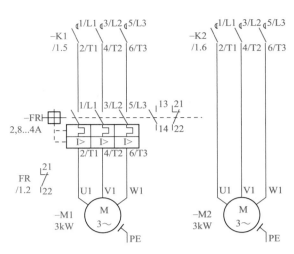

图12-73　放置接触器K1、K2主触点

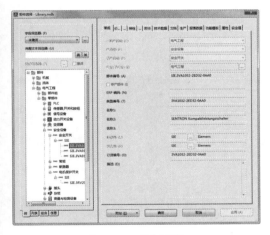

图12-74　选择部件

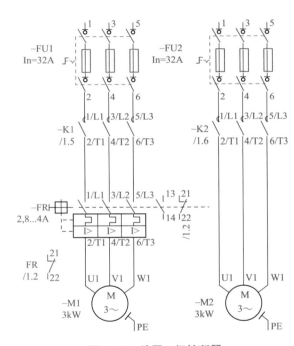

图12-75　放置三极熔断器

12.6.3　绘制变压器

扫一扫　看视频

（1）创建符号库

① 打开符号库。选择菜单栏中的"工具"→"主数据"→"符号库"→"打开"命令，打开"Library"符号库。

② 加载符号库。完成原理图元件符号库创建后，为方便项目使用，需要将原理图元件符号库加载到符号库路径下。

选择菜单栏中的"选项"→"设置"命令，系统弹出"设置：项目库"对话框，如图 12-76 所示，在"项目"→"项目名称（Spinning Frame Control Circuit）"→"管理"→"符号库"选项下，在"符号库"列下单击 按钮，弹出"选择符号库"对话框，选择要加载的新建的符号库

Library，单击"打开"按钮，完成符号库的加载，如图 12-77 所示。完成设置后，原理图中添加新建的符号库。

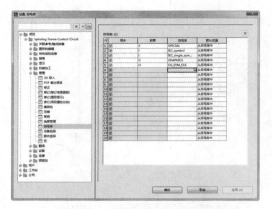

图12-76　"设置：项目库"对话框

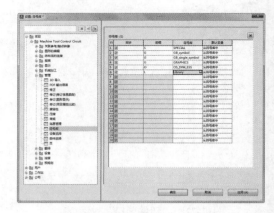

图12-77　加载符号库

（2）创建符号变量 A

选择菜单栏中的"工具"→"主数据"→"符号"→"新建"命令，弹出"生成变量"对话框，目标变量选择"变量 A"，如图 12-78 所示，单击"确定"按钮，关闭对话框，弹出"符号属性"对话框。

在"符号编号"文本框中命名符号编号；在"符号名"文本框中命名符号名 TC；在"功能定义"文本框中选择功能定义，单击▣按钮，弹出"功能定义"对话框，可根据绘制的符号类型，选择功能定义，如图 12-79 所示，功能定义选择"变压器，6 个连接点"，在"连接点"文本框中定义连接点，连接点为"6"，设置结果如图 12-80 所示。

图12-78　"生成变量"对话框　　　　图12-79　"功能定义"对话框　　　　图12-80　"符号属性"对话框

默认连接点逻辑信息，单击"确定"按钮，进入符号编辑环境，绘制符号外形。

（3）绘制原理图符号

① 在图纸上绘制变压器元件的弧形部分。选择菜单栏中的"插入"→"图形"→"圆弧通过中心点"命令，或者单击"图形"工具栏中的"圆弧通过中心点"按钮🕃，这时光标变成交叉形状并附带圆弧符号🕃，在图纸上绘制一个如图 12-81 所示的弧线，双击圆弧，系统弹出相应的圆弧属性编辑对话框，设置线宽为 0.25mm，如图 12-82 所示。

因为变压器的左右线圈由 16 个圆弧组成，所以还需要另外 15 个类似的弧线。可以用复制、粘贴的方法放置其他的 15 个弧线，再将它们一一排列好，如图 12-83 所示。

图12-81 绘制弧线 　　**图12-82** 属性面板 　　**图12-83** 放置其他的圆弧 　　**图12-84** 绘制引出线

② 绘制线圈上的引出线。选择菜单栏中的"插入"→"图形"→"直线"命令，或者单击"图形"工具栏中的"插入直线"按钮 ，这时光标变成交叉形状并附带直线符号 ，在线圈上绘制出 2 条引出线，如图 12-84 所示。

③ 绘制线圈上的连接点。选择菜单栏中的"插入"→"连接点左"命令，这时光标变成交叉形状并附带连接点符号 ，按住"Tab"键，旋转连接点方向，单击确定连接点位置，自动弹出"连接点"属性对话框，在该对话框中，默认显示连接点号 1，如图 12-85 所示。绘制 7 个引脚，如图 12-86 所示。

变压器元件符号就创建完成了，如图 12-87 所示。

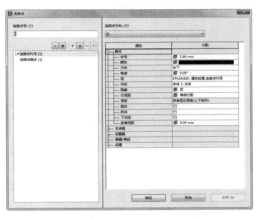

图12-85 设置连接点属性

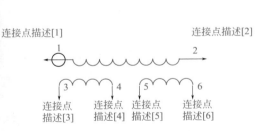

图12-86 绘制连接点

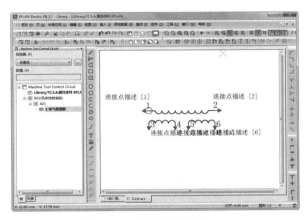

图12-87 变压器绘制完成

选择菜单栏中的"工具"→"主数据"→"符号"→"关闭"命令，退出符号编辑环境。

12.6.4 绘制控制电路

控制电路中控制变压器 TC 二次侧输出 36V 电压作为控制回路的电源，SB2 作为主电动机 M1 的启动按钮，SB1 为主电动机 M1 的停止按钮，手动开关 SA1 为冷却泵电动机 M2 的控制开关。

扫一扫 看视频

（1）插入变压器

选择菜单栏中的"插入"→"符号"命令，弹出如图 12-88 所示的"符号选择"对话框，选择需要的元件——变压器 TC，完成元件选择后，单击"确定"按钮，原理图中在光标上显示浮动的元件符号，选择需要放置的位置，单击鼠标左键，在原理图中放置元件，自动弹出"属性（元件）：常规设备"对话框，如图 12-89 所示，输入设备标识符"-TC"，单击"确定"按钮，完成设置。

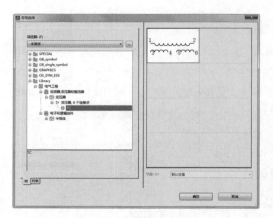

图12-88 "符号选择"对话框

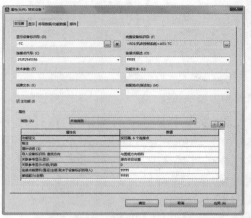

图12-89 "属性（元件）：常规设备"对话框

打开"显示"选项卡，元件属性显示为空，单击"新建"按钮 ，弹出"属性选择"对话框，选择"名称（可见）"，如图 12-90 所示，单击"确定"按钮，显示添加的属性，如图 12-91 所示。

图12-90 "属性选择"对话框

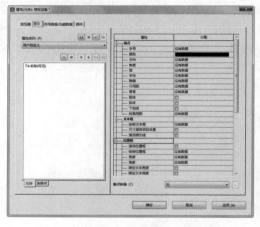

图12-91 "显示"选项卡

图12-92 "部件选择"对话框

打开"部件"选项卡，单击 按钮，弹出"部件选择"对话框，如图 12-92 所示，在部件库中选择部件，单击"确定"按钮，关闭对话框，弹出"冲突"对话框，单击"确定"按钮，关闭"冲突"对话框，完成变压器的选型，"部件"选项卡如图 12-93 所示。单击"确定"按钮，关闭"属性（元件）：常规设备"对话框，显示设置的变压器 TC，如图 12-94 所示。

（2）插入熔断器

选择菜单栏中的"插入"→"设备"命令，弹出如图 12-95 所示的"部件选择"对话框，选择需要的部件——熔断器，完成部件选择后，单击"确定"按钮，原理图中在光标上显示浮动的部件符号，选择需要放置的位置，单击鼠标左键，在原理图中放置熔断器 F1、F2、F3。

双击熔断器，自动弹出"属性（元件）：常规设备"对话框，输入设备标识符"-FU3""-FU4""-FU5"，结果如图 12-96 所示。

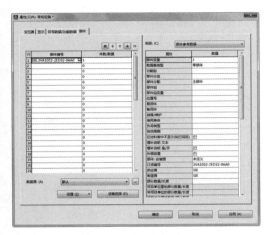

图12-93　部件选型

图12-94　放置变压器

图12-95　"部件选择"对话框

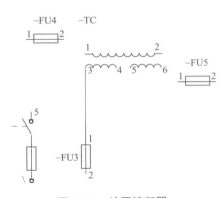

图12-96　放置熔断器

（3）插入常开触点

选择菜单栏中的"插入"→"设备"命令，弹出如图 12-97 所示的"部件选择"对话框，选择需要的部件，完成部件选择后，单击"确定"按钮，原理图中在光标上显示浮动的部件符号，选择需要放置的位置，单击鼠标左键，在原理图中放置，修改设备标识符"-SB1""-SB2"，单击"确定"按钮，完成设置，常开、常闭触点放置结果如图 12-98 所示。

（4）连接原理图

选择菜单栏中的"插入"→"连接符号"→"角（右下）"命令，或单击"连接符号"工具栏中的"右下角"按钮，选择菜单栏中的"插入"→"连接符号"→"T 节点（向右）"命令，或单击"连接符号"工具栏中的"T 节点，向右"按钮，连接原理图，如图 12-99 所示。

至此，完成控制电路绘制。

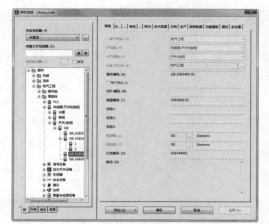

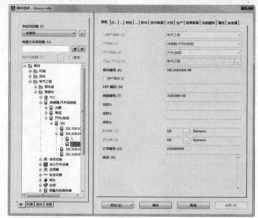

图12-97　"部件选择"对话框

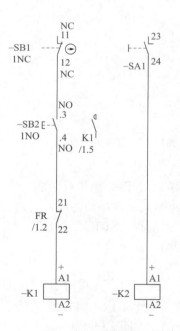

图12-98　放置触点

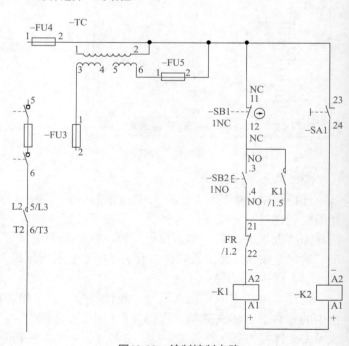

图12-99　绘制控制电路

12.6.5　绘制照明电路

机床照明电路由控制变压器 TC 供给交流 36V 安全电压，并由手控开关 SA2 直接控制照明灯 EL，当机床引入电源后点亮，提醒操作员机床已带电，要注意安全。

（1）插入信号灯

选择菜单栏中的"插入"→"设备"命令，弹出如图 12-100 所示的"部件选择"对话框，选择需要的设备——信号灯，设备编号为"SIE.3SU1001-6AA50-0AA0"，单击"确定"按钮，单击鼠标左键放置元件。

选择手控开关 SA1，选择菜单栏中的"编辑"→"复制"命令，选择菜单栏中的"编辑"→"粘贴"命令，粘贴手控开关，修改设备标识符为"-SA2"。

（2）插入端子符号

选择菜单栏中的"插入"→"符号"命令，弹出"符号选择"对话框，选择需要的元件——端子，1 个连接点，完成元件选择后，单击"确定"按钮，单击鼠标左键，在原理图中放置端子，连接原理图，如图 12-101 所示。

图12-100　"部件选择"对话框

图12-101　放置端子

至此，完成照明电路绘制。

12.6.6　绘制辅助电路

（1）插入三极熔断器

选择菜单栏中的"插入"→"设备"命令，弹出如图 12-102 所示的"部件选择"对话框，选择需要的部件——安全开关，单击"确定"按钮，关闭对话框。

这时光标变成十字形状并附加一个交叉记号，单击完成部件插入，在原理图中放置部件 Q1，如图 12-103 所示。

（2）插入端子符号

选择菜单栏中的"插入"→"符号"命令，弹出如图 12-104 所示的"符号选择"对话框，选择需要的元件——端子，1 个连接点，完成元件选择后，单击

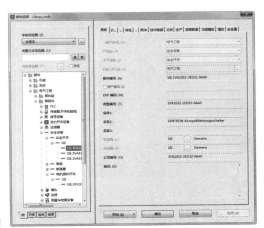

图12-102　选择部件

"确定"按钮，单击鼠标左键，在原理图中放置端子，连接原理图，如图 12-105 所示。

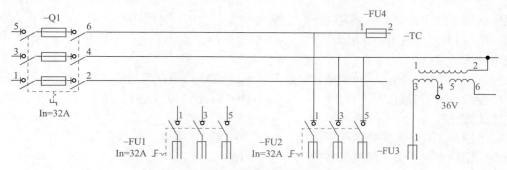

图12-103　放置三极熔断器

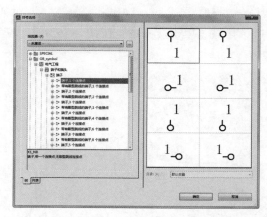

图12-104　"符号选择"对话框

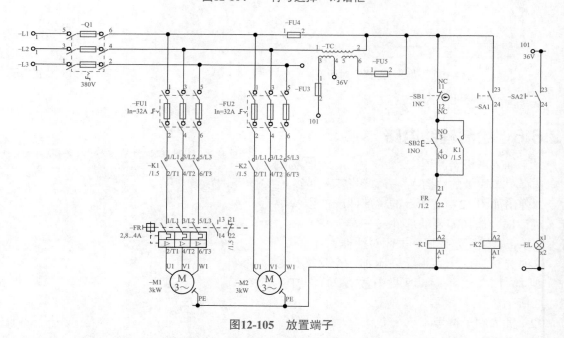

图12-105　放置端子

选择菜单栏中的"插入"→"符号"命令，弹出如图 12-106 所示的"符号选择"对话框，选择需要的接地元件，单击"确定"按钮，关闭对话框，放置结果如图 12-107 所示。

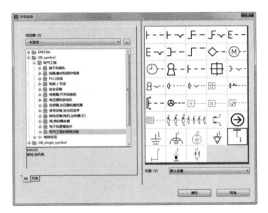

图12-106 选择元件符号

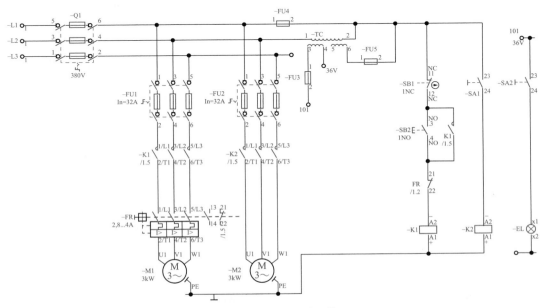

图12-107 插入接地元件

（3）插入电缆

选择菜单栏中的"插入"→"电缆定义"命令，此时光标变成交叉形状并附加一个电缆符号 ⊞，在原理图中单击鼠标左键确定插入电缆，选择单位为 mm²，电缆插入完毕，按右键"取消操作"命令或"Esc"键即可退出该操作，如图12-108 所示。

12.6.7　生成报表文件

扫一扫 看视频

（1）生成标题页

① 选择菜单栏中的"工具"→"报表"→"生成"命令，弹出"报表"对话框，如图 12-109 所示，在该对话框中打开"报表"选项卡，选择"页"选项，展开"页"选项，显示该项目下的图纸页为空。

② 单击"新建"按钮 ✳，打开"确定报表"对话框，选择"标题页/封页"选项，如图 12-110 所示。单击"确定"按钮，完成图纸页选择。

③ 弹出"设置-标题页/封页"对话框，如图 12-111 所示，选择筛选器，单击"确定"按钮，完成图纸页设置。弹出"标题页/封页（总计）"对话框，显示标题页的结构设计，选择当前高层

代号与位置代号，如图 12-112 所示。

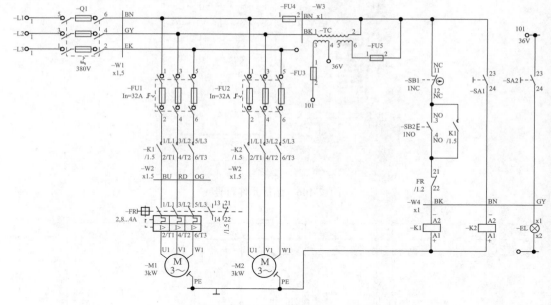

图12-108　插入电缆

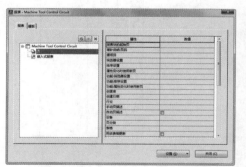

图12-109　"报表"
对话框

图12-110　"确定报表"
对话框

图12-111　"设置-标题页/封页"
对话框

图12-112　"标题页/封页
（总计）"对话框

④ 单击"确定"按钮，完成图纸页设置，返回"报表"对话框，在"页"选项下添加标题页，如图 12-113 所示。单击"确定"按钮，关闭对话框，完成标题页的添加，在"页"导航器下显示添加的标题页，如图 12-114 所示。

（2）生成端子图表

① 在"报表"对话框中"页"选项下单击"新建"按钮，打开"确定报表"对话框，选择"端子图表"选项，如图 12-115 所示。单击"确定"按钮，完成图纸页选择。

② 弹出"设置 - 端子图表"对话框，选择筛选器，单击"确定"按钮，完成图纸页设置。弹出"端子图表（总计）"对话框，如图 12-116 所示，在"页导航器"列表下选择当前原理图的位置。

③ 单击"确定"按钮，完成图纸页设置，返回"报表"对话框，在"页"选项下添加端子图表页，如图 12-117 所示。单击"确定"按钮，关闭对话框，完成端子图表页的添加，在"页"导航器下显示添加的

端子图表页，如图 12-118 所示。

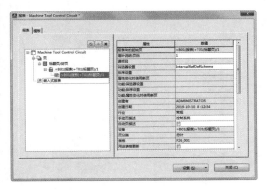

图12-113　"报表"对话框

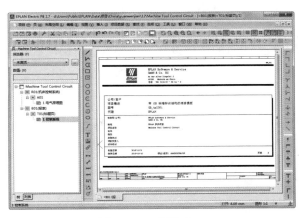

图12-114　标题页

图12-115　"确定报表"对话框

图12-116　"端子图表（总计）"对话框

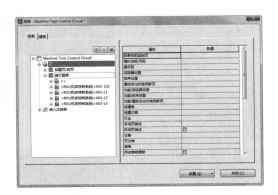

图12-117　"报表"对话框

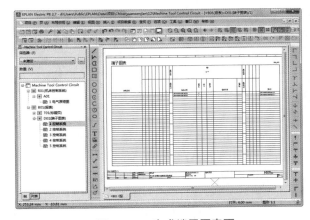

图12-118　生成端子图表页

（3）生成电缆图表

选择菜单栏中的"工具"→"报表"→"生成"命令，弹出"报表"对话框，在该对话框中选择"页"选项，单击"新建"按钮 ，打开"确定报表"对话框，选择"电缆图表"，如图 12-119 所示，单击"确定"按钮，完成图纸页选择。弹出"设置-电缆图表"对话框，选择筛选器，单击"确定"按钮，完成图纸页设置。弹出"电缆图表（总计）"对话框，如图 12-120 所示，显示电缆图表页的结构设计，选择当前高层代号与位置代号。

图12-119 "确定报表"对话框

图12-120 "电缆图表（总计）"对话框

单击"确定"按钮，完成图纸页设置，返回"报表"对话框，在"页"选项下添加电缆图表页，如图 12-121 所示。单击"确定"按钮，关闭对话框，完成电缆图表页的添加，在"页"导航器下显示添加的电缆图表页，如图 12-122 所示。

图12-121 "报表"对话框

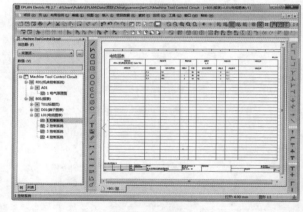

图12-122 生成电缆图表

（4）编译项目

选择菜单栏中的"项目数据"→"消息"→"执行项目检查"命令，弹出"执行项目检查"对话框，如图 12-123 所示，单击"确定"按钮，完成项目检查。

单击"确定"按钮，自动进行检测。选择菜单栏中的"项目数据"→"消息"→"管理"命令，弹出"消息管理"对话框，如图 12-124 所示，显示系统的自动检测结果。根据错误信息进行修改，修改完成后，重新进行检查，若"消息管理"对话框中不显示消息文本，表明电气检查通过。

（5）导出 PDF 文件

在"页"导航器中选择需要导出的图纸页"=R01（机床控制系统）+A01/1"，选择菜单栏中的"页"→"导出"→"PDF..."命令，弹出"PDF 导出"对话框，如图 12-125 所示。

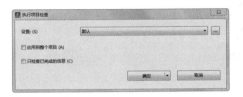

图12-123　"执行项目检查"对话框　　　　　　　图12-124　编译后的"消息管理"对话框

单击"确定"按钮，在"\Machine Tool Control Circuit.edb\DOC"目录下生成 PDF 文件，如图 12-126 所示。

图12-125　"PDF导出"对话框

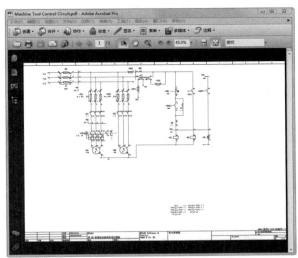

图12-126　PDF文件

12.6.8　新建安装板文件

扫一扫 看视频

① 在"页"导航器中选中项目名称，选择菜单栏中的"页"→"新建"命令，或在"页"导航器中选中项目名称并单击右键，弹出快捷菜单，选择"新建"按钮，弹出"新建页"对话框，从"页类型"下拉列表中选择需要页的类型"安装板布局（交互式）"。

单击"完整页名"文本框后的"扩展"按钮⬛，弹出"完整页名"对话框，创建新的标识，单击 ▭确定▭ 按钮，返回"新建页"对话框，显示创建的图纸页完整页名为"=M01（安装板布局）+A01/1"，在"属性名 - 数值"列表中默认显示图纸的表格名称、图框名称、图纸比例与栅格大小，如图 12-127 所示。

单击"确定"按钮，完成安装板图页添加，在"页"导航器中显示添加安装板图页结果，如图 12-128 所示。

② 插入安装板。选择菜单栏中的"插入"→"盒子连接点 / 连接板 / 安装板"→"安装板"命令，此时光标变成交叉形状并附加一个安装板符号▛，移动光标，在图中插入安装板，弹出如图 12-129 所示的"属性（元件）：安装板"对话框，在"显示设备标识符"中输入安装板的编号，在"格式"选项卡下输入安装板的宽度与长度，安装板设置结果如图 12-130 所示。按右键"取消操作"命令或"Esc"键即可退出该操作。

③ 选择菜单栏中的"项目数据"→"设备 / 部件"→"2D 安装板布局导航器"命令，打开"2D 安装板布局"导航器，显示原理图中所有设备的部件，如图 12-131 所示。在选中部件上单击

右键，选择"放置到安装板上"命令，在光标上显示浮动的部件符号，在安装板内选择需要放置的位置，单击鼠标左键，将部件放置到安装板，结果如图 12-132 所示。

图12-127　"新建页"对话框

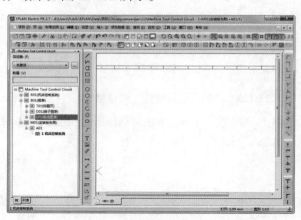

图12-128　新建图页文件

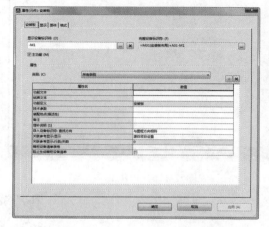

图12-129　"属性（元件）：安装板"对话框

图12-130　插入安装板

图12-131　"2D安装板布局"导航器

④ 图 12-132 中部件编号、设备标识符出现重叠，为方便显示，设置标识符显示形式。选中安装板中全部的部件，单击鼠标右键选中"属性"命令，弹出"属性（元件）：部件放置"对话框，打开"显示"选项卡，设置"属性排列"为"用户自定义"，单击"删除"按钮，删除自定义属性列表中的属性，如设备标识符、图例位置等，如图 12-133 所示。

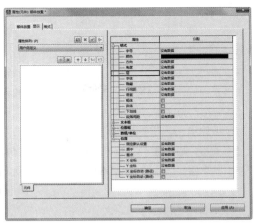

图12-132　放置部件　　　　　　　图12-133　"属性（元件）：部件放置"对话框

单击"新建"按钮，弹出"属性选择"对话框，选择"设备标识符（标识性，无项目结构）"选项，如图 12-134 所示，新建属性，在"格式"→"字号"下拉列表中设置字号为 15，如图 12-135 所示。完成所有属性文本设置后，安装板部件显示结果如图 12-136 所示。

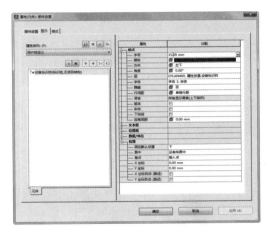

图12-134　"属性选择"对话框　　　　　　图12-135　新建属性

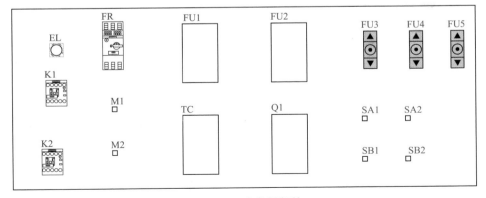

图12-136　安装板部件

参 考 文 献

［1］谭政，吴爱国，张俊. EPLAN Electric P8官方教程［M］. 北京：机械工业出版社，2018：122-132.

［2］张福辉. EPLAN Electric P8教育版使用教程［M］. 北京：人民邮电出版社，2015：25-39.

［3］张彤，张文涛，张瓒. EPLAN电气设计实例入门［M］. 北京：北京航空航天大学出版社，2014：166-168.

［4］王建华. 电气工程师手册［M］. 第3版. 北京：机械工业出版社，2016：100-115.

［5］王超，胡仁喜. Cadence 16.6电路设计与仿真从入门到精通［M］. 北京：人民邮电出版社，2016：25-26.

［6］耿立明，闫聪聪. PADS 9.5电路设计与仿真从入门到精通［M］. 北京：人民邮电出版社，2015：2-15.